混亂的中程

創業是1%的創意+99%的堅持
熬過低谷，趁著巔峰不斷提升，終能完成旅程！

史考特・貝爾斯基（Scott Belsky）著
方祖芳 譯

THE MESSY MIDDLE
Finding Your Way Through the Hardest and Most Crucial Part of Any Bold Venture

感謝艾瑞卡、克洛伊和麥爾斯，
幫助我走完這段混亂的中程。

目錄

混亂的中程

從無到有創造事業或產品的過程變化莫測，很多人喜歡討論創業的起點和終點，但其中的過程往往更重要，可惜很少人提及，甚至備受誤解。

你得忍受低谷，熬過中程，趁著巔峰不斷提升、茁壯成長。只有歸納整理從別人那裡汲取到的經驗與自己的發現，才能找出合適的路徑。你也許會迷路，有時甚至失去希望，但只要保持好奇心，同時了解自己的能力，直覺和信念就會是你最好的指南針。

雖然這段時期很難熬，我們也想快速通過，但裡頭蘊含的道理卻能磨鍊你的能力；中程雖然混亂，卻會帶來出乎意料的收穫，可能讓一切因此不同。

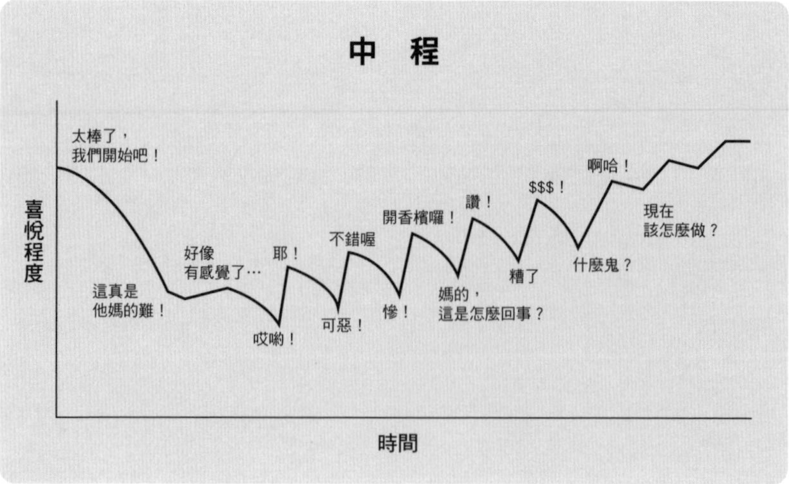

導言

既然這本書是關於執行計畫與創業旅程的中程，你可能期待我先分享自己的故事。創業前五年不靠募資、完全以自己的能力支應開銷，遇過種種創業上的挑戰，這的確是我分享經歷的好機會，但說實話，我什麼都記不得了，不是因為失憶，而是那段過程真的是一片模糊。

所以，我只好請出這段日子以來，現代人常見的求助對象：我的手機。我把照片滑到成立第一間網路平台公司 Behance 的那幾年，希望能喚醒記憶。我是在二〇〇六年八月成立 Behance、二〇一二年十二月和 Adobe 簽下併購合約，所以我去看二〇〇九年的手機照片，那絕對是最中間的時期。手機裡有數千張縮圖影像，包含網站的設計問題、失敗的文案、社群媒體提及我們或競爭對手的截圖，以及各式對產品的想法和計畫的改變。這些相片橫跨多年，其中幾個月的照片數量超過我的私人照片，讓我不禁想起，當時每晚檢視產品，看著看著就睡著了，以及焦急尋找，卻又不知究竟該找些什麼的景象。

另一種螢幕截圖是客戶的留言和反饋，我記得當時把他們的建議拍下來，除了打算和團隊分享，也因為自己很需要它們。在那段似乎沒人在乎的時候，我希望捕捉、留存一些近似於獎勵的東西。

繼續往下滑，我看到和大學朋友的聚會，然後是我和妻子在泰國度蜜月時與大象的合照，我驚訝地看見自己笑得有多勉強。回憶突然湧現，我想起當時的情緒有多緊繃。我很希望享受這個千載難逢的時刻，卻因為知道家鄉還有一組團隊正工作到筋疲力竭、靠著意志力支撐，而我再過幾個月就可能發不出薪水。離團隊這麼遠的我，覺得自己很不負責任，因此一路上都背負著這樣的重擔。再往下滑，我看到團隊在一間餐廳的廚房舉辦活動，由於經費不足，我們只能自己下廚，但我知道，維繫團隊向心力才是重要的事。我滑著團隊的照片，感動地發現當時雖然辛苦，彼此也難免有歧見，但團隊成員的關係仍非常緊密，且大家對工作都抱持熱忱。在情勢對你們不利，又沒有進帳或利潤保護時，團隊反而會發展出特殊的革命情感。那已經不單單是工作，而是努力求生與自我發現。

這些照片令我回想起當時的疲憊和不確定，我們只能靠著堅持要做出很棒的東西來支撐。也許在這段拚命掙扎的時期，由於全心工作，加上各種情緒，使我們無暇顧及其他事物？或者我們不記得中程發生的事，只因為我們不想記得？

•●⬤●•

你之所以讀這本書，也許因為你即將踏上冒險之旅，或已置身其中，無論你是作家、創業者、希望在大公司創新的人還是藝術家，都會有相同的希望和恐懼。

你可能在跨國企業、小型非營利組織、新成立的創意工作室，或自己的公司上班，無論你想創造或改變什麼，很多人都以為，成功的旅程是從很棒的點子開始，然後遇到種種困難，接著就是直線上升、漸入佳境，直到抵達終點線。

但是旅程不會是一條直線，你不可能在有了很棒的點子後，接著就穩步取得進展。尋求穩定旅程的人也可能成功，卻不太可能創新。

真實的旅程中程非常不穩定，你會遇到一連串高低起伏、擴張收縮，蜜月期一旦結束，你就必須面對殘酷的現實。你覺得迷網，然後找到一個新方向；你取得進展，接著又跌了一跤。

每次取得進展，新問題也會隨之浮現；重大的打擊帶來新領悟、引發突破性的進展。在最好的情況下，你向前走兩步、後退一步；最糟的情況則是發現自己幾個月來，完全走錯了路。下一頁，是旅程的真實狀況。

我把創造事物的旅程稱為「相對快樂」，你必須熬過低谷並充分運用高點，讓曲線成為正斜率，也就是每次的低點都高於之前的低點，每次的高點都比之前的高點再高一些。你在當下，只能看到前方是往上或往下，但日子一久，你就會找到中間值，幫助你朝正確的方向前進。

這場拉鋸戰充滿不確定性，因此讓人覺得難熬，所以不要過度關注每天的進展，而是追求整體看來達到正斜率的結果。要做到這點，完全取決於我們如何駕馭混亂的中程。

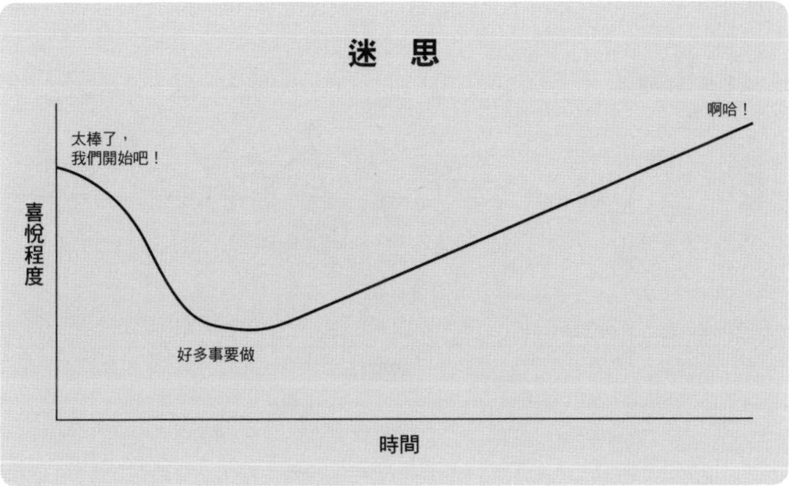

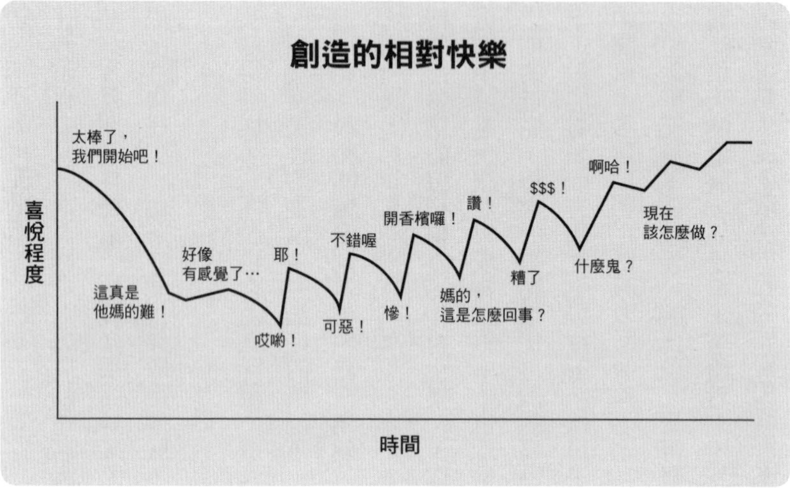
創造的相對快樂
喜悅程度
時間
太棒了，
我們開始吧！
這真是
他媽的難！
好像
有感覺了…
哎喲！
耶！
可惡！
不錯喔
慘！
開香檳囉！
媽的，
這是怎麼回事？
讚！
糟了
$$$！
什麼鬼？
啊哈！
現在
該怎麼做？

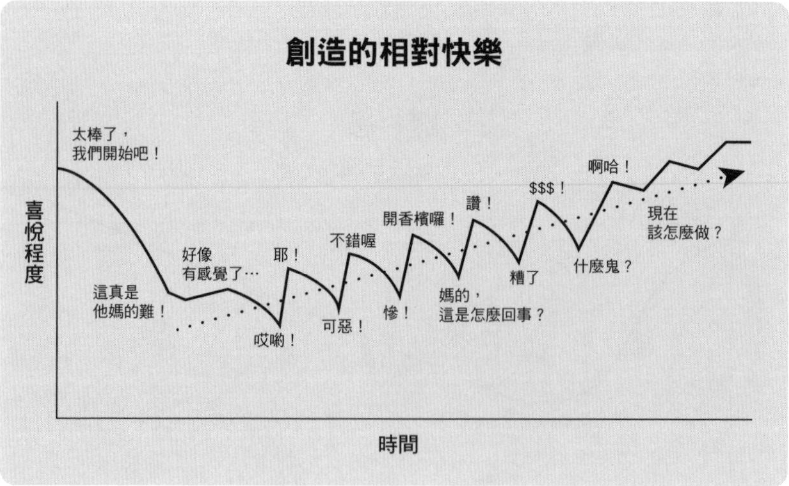
創造的相對快樂
喜悅程度
時間
太棒了，
我們開始吧！
這真是
他媽的難！
好像
有感覺了…
哎喲！
耶！
可惡！
不錯喔
慘！
開香檳囉！
媽的，
這是怎麼回事？
讚！
糟了
$$$！
什麼鬼？
啊哈！
現在
該怎麼做？

重要的不是開始和結束，而是中間的過程

創業過程中，只有極少數令人興奮或風雲險惡的時刻，其中多數發生在旅程開始或結束時（或中途的某一次重新開始或誤以為結束的時刻），我們幾乎只討論這些片刻，但如此一來，就很難了解旅程的本質。

我們喜歡討論開始。

旅程的起點很浪漫，我們愛談，因為它勵志、一點也不複雜，也沒有衝突。概念剛成形時，遠大的目標加上天真無知，會使腎上腺素激增，令我們滿懷雄心壯志，雖然不知如何到達目的地，但想像中的解決方案一片美好，我們還不了解情勢有多險惡。

在這個情況下，無知不僅是幸福，也讓你能在沒那麼理性的狀態下構思出解決方案，且不受到任何束縛。

我們也喜歡討論終點。

我們想像終於成功的興奮、疲憊和驕傲，這麼辛苦不就是為了這一天的到來？考驗終於結束，我們可以鬆一口氣。「終點」可能發生在旅程的不同階段，包括：推出產品、書籍出版、籌得資金、抵達重要的里程碑、獲得收購、結束營業、公司上市、季末結算。媒體喜歡寫這種頭條新聞，我們也愛看，但這類言過其實的報導往往讓我們看不清現實，它們單純只是抽象的目標，雖然吸引人，不過我們無法從中得知太多資訊。

創業領域最奇妙的其中一部分在於，往往對於起點和終點過度偏執，投資人只對起點（他們能夠投資時）和終點（他們得到回收時）感興趣；同樣地，我們通常只關注重大的轉折點，即使是創業家或大公司總裁之間，原本應為相互支持的網絡，也變成同溫層，沒有人想討論驅動他們前進的自我懷疑與不安全感。所有事

業在失敗前，都經營得「有聲有色」，路途上的顛簸只能默默承受。多數過程都沒有紀錄，因為沒那麼有趣，也太私密。

我很年輕就創業了，一直不了解大家為何老是把焦點放在開始和結束上；擔任主管時，我希望任用重視過程而非特定結果的人。越是深入了解新創領域，就越想避免譁眾取寵的故事。只有在旅程中顛簸與真實的時刻，才能幫助你看到自己的潛能。

後來我以投資人的身分，和數十名創業家在不同的創業階段合作，發現過度關注開始和結束會帶來多嚴重的後果。頌揚別人的成功時，我們很可能從排除過程、經過大幅度修改的故事裡汲取教訓，他們到底經歷哪些過程？雖然無法成為聳動的新聞標題，但對我們來說卻非常重要，裡頭包含了如何克服自我懷疑、起伏不定、平凡無趣與默默無聞的時刻。

很少人描述自己經歷的過程，中程只是一團模糊，加上疲憊不堪。我們留下淺薄的表面，為了保留顏面、製造妙語而編輯改寫，把成功歸結到我們希望記得的時刻，而非我們選擇遺忘的事件。更糟的是，由於身旁所有人都不斷傳頌漸入佳境的神話，我們也開始期待自己的旅程也該如此，誤以為成功的旅程必然合乎邏輯。但真實情況並非如此，不要讓別人的故事扭曲你對旅程的理解，模仿別人的故事就像按照頁面遺失的劇本來演戲一樣。

我們不討論混亂的中程，因為我們不以自己製造的混亂或在絕望中採取的行動為榮，分享掙扎和挑戰有損自尊，且到了最後，那些故事不適合登上頭條新聞。

中程並不美好，卻能帶給我們啟發，並幫助我們了解實現目標的方法。該是談論它的時候了。

創造產品或服務的過程反映在結果上，且影響程度也許超乎我們的想像，所以過程非常重要。

想想看，你每天使用的產品是簡單或複雜？包含太多功能，還是剛好？使用時，你覺得樂在其中還是覺得很難用？創作過程的路徑會影響我們的使用經驗，並非塑膠、金屬或畫素帶來成功的產品或服務，而是創造者的深思熟慮以及所有困難的決定，包括：團隊互動、堅持不懈的態度、組織設計（與重新設計）、自我約束、克服的障礙，以及主導如何選擇路徑的價值觀。

本書要告訴你，如何從顛簸動盪和絕望深處挖掘出深切的體悟，以改善團隊、產品和自我，另外，我也希望本書能幫助你熬過創造過程中覺得自己一事無成、沒沒無聞、毫無建樹的時刻。

幾年前，我決定著手了解其他公司創辦人和領導人對於過程中沒有提到的事，我記錄疼痛管理的技巧、優化產品的策略，以及如何靠著直覺，協助團隊熬過這段旅程，同時茁壯成長。

本書彙集了七年來潦草的筆記、匆促在手機裡記下的備忘錄，以及靠著腦袋記得的佳句，其中涵蓋在會議室看到並領悟到的想法、深夜為了解決危機和團隊通上的電話、因反覆思索困難決定而無法成眠的夜晚、與創業者一同腦力激盪，以及長途飛行恍惚之際的靈光乍現。本書的觀點來自許多人和團隊的經驗，從創業家到小型廣告公司的文案、新創公司到推動產業轉型的數十億美元大企業。只要對某個策略或原則感興趣，我就會記錄下來，然後與其他人分享，以尋求反饋或更好的點子，最後的菁華全都寫在這本書裡。書中的建議來自於訪談、我個人的奮鬥，以及多年來協助許多人創業的經驗。雖然我把這些建議分成不同章節，但這本書比較像是自助餐，而非按順序一道道上菜的套餐，所以你可以參考目錄，直接跳到目前最能引起你共鳴的部分。

我希望這些建議之於你，也能像之於我自己那樣，能夠增強信心、鞏固計畫、促使你質疑既定的想法。在你追尋目標、期盼發揮影響力的同時，這本書可以替你點亮路徑。

遺漏的故事

我在二〇〇六年成立Behance，希望能夠連結專業創意人士，讓他們有能力引領自己的職涯發展。我和團隊想解決的問題很簡單：創意領域是最缺乏組織的社群，你無法追蹤特定攝影師的作品、了解什麼人設計什麼商品，或找出廣告背後的動畫師或創意總監是誰。我們希望組織創意人士、團隊和整個創意社群。

這個問題很簡單，不過解決方案完全不是。我們斷斷續續、從跌跌撞撞中學到教訓，前五年，完全靠自己的能力來支應開銷（bootstrapping），最後建立出涵蓋不同面向的公司。Behance的網絡不斷成長，讓超過一千兩百萬名專業創意人士展示作品與彼此聯繫合作，並因此接到案子。這些年來，Behance成為首屈一指的創意事業平台，讓我有機會建立龐大的設計和技術團隊；Behance也逐漸擴展，透過二〇〇七年成立的年度會議「99U」及創建智庫與網站，為創意社群在網路上提供資訊並舉辦線上或線下的實體活動。「99U」取自於愛迪生的名言：「天才是1%的靈感加上99%的汗水。」目的是協助創意人士實現點子，而非著重於創意本身。

二〇一二年年底，全球規模數一數二的科技公司 Adobe 收購 Behance，該公司擁有 Photoshop、Illustrator 和 PDF（可攜式文件格式）及許多創意世界裡的產品。這樣的結果出乎團隊成員意料，我在為了支付帳單而設計文具，並為自由接案設計師舉辦研討會時，也絕對想像不到會有這樣的結果。後來，我擔任 Adobe 的產品副總裁，負責領導行動和雲端產品的改革策略，那三年讓我獲益良多，而且是在我意想不到的層面。我必須逐步中止原有的產品，推出新產品，並引導團隊通過各種不確定性與變化。離開這項職務時，我對於大公司的摩擦和阻礙又有更深一層的了解，例如：這會造成什麼傷害、帶來哪些幫助，以及如何讓大船慢慢前進。

同時跨足設計和科技領域，為我帶來各式各樣的機會，讓我能以投資人和顧問的身分，協助其他創業者建構自己的團隊、品牌和產品。其中一些公司，像是：拼趣（Pinterest）、Uber、沃比派克（Warby Parker）、甜綠（sweetgreen）和潛望鏡（Periscope），目前都經營地有聲有色，至少已經達到一定的目標，其他公司則還在忍受路途的顛簸，或儘量趁著情勢好轉時自我優化。但無論處於哪個階段，唯一不變的就是變化。看著自己的公司抵達終點線且在 Adobe 工作三年後，我轉為擔任全職投資人和顧問，並兼職共同創辦人，與創業者併肩工作，協助他們走過創業的旅程。於是，到了二〇一七年年底，我又回到第一線，擔任 Adobe 的產品長（chief product officer），為創意領域打造產品和服務。

我在分享 Behance 的創業經歷時，通常會跳過中間的挑戰和個人成長的部分，故事通常像這樣：

整整五年，我們完全靠自己的能力支應開銷，直到 Behance 平台開始受到市場矚目。我們因此募得一流創投公司的資金，建立出夢幻團隊，並將產品打造成無所不在的全球創意平台。當Adobe計劃把Photoshop和其他軟體轉換為訂閱服務，需要像Behance這樣的網絡時，時機湊巧、機會剛好，我們因此被Adobe收購。這對團隊來說是很棒的結果，我們後來又繼續開開心心地合作了很多年。

十年的努力，就這樣劃下了完美的句點。

我的故事聽起來就像其他簡短的創業故事一樣，一開始篳路藍縷，然後漸漸有起色，最後取得成功。但當中其實有很多年，似乎除了團隊成員外，沒有人理解或關心我們在做什麼，有時一切似乎瀕臨崩解。事實上，公司剛成立時，我只能靠著服用止吐藥才吃得下東西，所有人都懷疑我們——如果他們會關心的話——我也時常懷疑自己。堅持把理想轉化為現實，比我想像中困難太多；只要是挑戰現狀，都必須經歷苦戰，抗拒、扼殺創意的力量不會區分點子好壞；只要是創新，都得面對惡劣的逆風，很少遇到順風。

第一年，公司只有四個人，我們完全不足以面對挑戰，但缺乏經驗沒有動搖我們的信心和決心，因為我們對點子抱持熱忱，也不知道為了實現理想，必須付出多大的代價。

麥提亞斯・科力亞（Matias Corea）剛從巴塞羅那搬到紐約，只有幾年平面設計的經驗，我們第一次見面時，他給我看他替薩克斯風製造商設計的小冊子。麥提亞斯喜歡爵士樂和字型設計，但從來沒有設計網站的經驗；戴夫・史坦（Dave Stein）則剛從大學畢業，主修心理學，在宿舍裡靠著設計簡單的網站支付學費，履歷表上羅列的，是紐約上州情趣內衣店的網站；第三名員工克里斯・亨利（Chris Henry），大學畢業後一、兩年架設過幾個網站，但從來沒有寫搜尋應用程式或資料庫的經驗。我呢？正職是高盛銀行（Goldman

Sachs）副理，大學修過設計，不過我不是工程師，也沒有領導公司的經驗，當時的工作主要關於金融和組織發展，但卻對創造數位產品和創意產業感興趣。

這支由幾個菜鳥組成的團隊，一起探索如何連結創意領域。情勢對我們絕對不利，我們當時還不知道自己即將踏上長達十年的旅程，我們和全世界的創意社群，都將因此而改變。

坦白說，那些簡潔扼要的成功故事遺漏了一些東西，而我的創業經歷同樣令人費解。一個團隊如何在沒有市場需求、幾乎付不出薪水的情況下，一起工作五年？如何忍受多年沒沒無聞，甚至在告訴別人你們在做什麼的時候，對方的眼神一片茫然？能耐不足的團隊如何招募、管理並留住非常優秀、比我們還有本事的員工？如何在完全不了解的領域存活夠久，進而成為專家？如何在不破壞士氣的情況下不停改變（甚至經常中止）部分業務？我們這個毫無經驗的團隊究竟如何做到？

混亂中程的起伏是沒有人談論的真實故事。我們只能見招拆招、默默熬過低潮，並在巔峰時儘可能地優化；如果眼前的問題似乎難以克服，我們就嘗試不同激勵團隊的方法；我們努力排解令人煩惱的衝突，甚至扮演起魔術師的角色，幫助同事在沒有任何進展的情況下感受到微小的進步。

創業者不願承認的祕密是，成功與失敗只有一線之隔，中程不是造就就是擊潰你；最後的結果取決於你如何管理中間的一切，那需要無比的毅力、深刻的自我了解，再加上技巧和策略，同時也需要抓住收成時機的運氣。

我們從掙扎中得到領悟，困難強迫我們自我提升，我們的直覺越來越敏銳。過程中得到的珍貴體悟，讓你更能面對接下來的挑戰，我就是因為這些考驗，才能成為今天的模樣。

起跑、忍受、優化、終點，然後重複

起跑

一開始純粹是喜悅，因為你不了解自己有多無知，也不知道未來有什麼可怕的阻礙。身處新創世界，就像喝得醉醺醺的人，眼前的景象一片美好。這也是創業的必備條件，否則很少人的心臟夠強，有踏上旅程的膽量。

不過，在新點子的興奮消失後，你不得不面對現實。經營陷入困境，許許多多的未知令你怯步；你努力平衡過度疲勞的腦細胞，彷彿呈現自由落體狀態，不知道底部有多深，更多挑戰漸漸浮現。所有人都質疑你，你看不到進展。你們身處的行業、你的團隊和競爭對手都不喜歡改變，甚至整個社會都不喜歡，包含你的客戶在內。

然後，你重重跌落谷底，慌忙地站起來，不想失去太多時間、金錢或面子，定睛一看，眼前是一座畏人的高峰。

此時，旅程才真正開始。

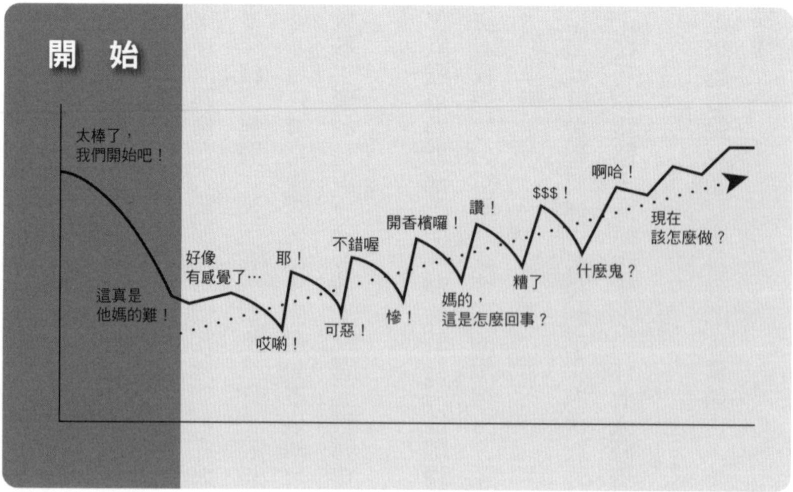

中程：忍受與優化

創業中程必須忍受低谷，並趁著高點優化。一開始的喜悅消退後，你的目標是讓每次的挫折比前一次更容易一些，每次恢復都把你稍微往上提升。

為了達到難以捉摸的正斜率，你必須忍受低潮（挫折和掙扎）、並趁著上升時優化（嘗試所有似乎有效的方法）。進展會帶來成就感，不過，只是相較於前一次挫敗。你只能收穫並整合從中得到的體悟，然後朝著正確的方向前進。

動盪加速是件好事，速度越快、犯的錯越多，學習機會也越多，還能取得超越對手所需的動力。快速移動代表不停實驗，其中很多會失敗；急速轉彎可能把你和團隊弄得頭暈目眩，導致士氣受損或焦慮，但也比較能看到非凡成果。

旅途中程很難熬，但也會出現支撐你們走下去的療癒時刻，例如：在產品裡看到團隊ＤＮＡ的感動、遇到表達誠摯謝意的客戶、看著公司文化逐漸成形，以及你雇用的員工判若兩人，變成領導人物等。一路上，許多類似的時刻鼓勵你繼續前進，只要能忍受低谷，並竭盡所能地優化產品。

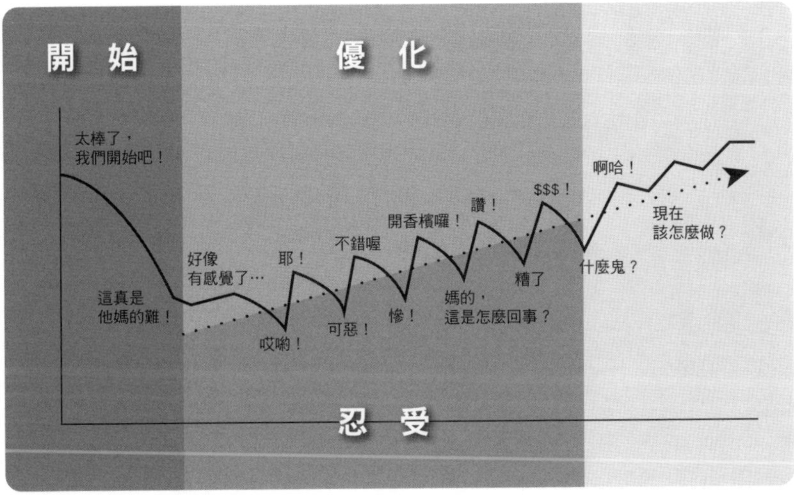

結束

「結束」是旅程的最後一哩路，以及一個計畫與下一個計畫之間的恢復期。我們很難確定終點何時出現，因為你打造的東西裡永遠有一塊你的影子，所以這裡的結束，比較偏向心態上的結束。

不過，每個計畫都會有個轉折點，一切因此而改變，例如：產品上市、賣出公司或書籍出版。儘管比賽尚未結束，但已經有完成的感覺，因為你不再需要和時間賽跑；也許是起伏沒那麼大了，也可能是你不再那麼感興趣，或兩者兼具。你的步伐漸漸放慢，終於讓自己喘一口氣。

結束有許多種形式，且不像表面上那麼確定（或令人嚮往）。事實上，結束不該是最終的目標，你不該追求真正的「結束」，如果挑戰消失，生命也失去了意義。

Behance 剛成立時，我們沒有設下特定的終點。當然，我想像有那麼一天到來，公司能夠賺錢、擁有出色的團隊、對世人影響深遠、品牌和公司令我們感到光榮。但一開始，沒有人想到公司最後會被併購。

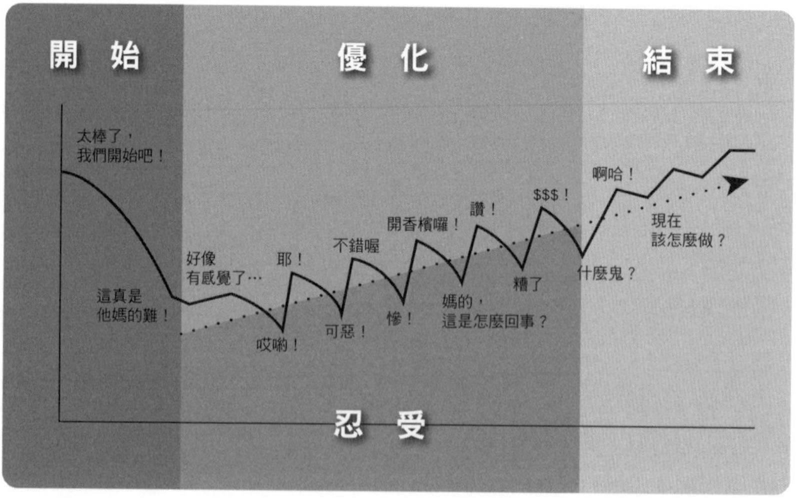

到最後，Behance 獲得收購，故事自然而然劃下句點。旅途上有各種終點，但不會真正結束，你永遠可以再寫下另一個篇章。

我寫這本書的部分動機，就是想「揭露」執行計畫或創業的真相：無止境的忍受和優化。

我把本書的內容組織成不同章節，其中一章討論「忍受」，另一部分關於「優化」，這兩種互補的力量能幫助你克服中程的任何大膽專案。在此必須事先警告的是，「忍受」的部分可能讓你感到不適甚至沮喪。我希望真實描述這些難熬的情緒和時刻，而非淡化傷害、痛苦和懷疑；我認為，了解這些無法避免的挫折、並知道其他人如何克服將帶來不少幫助。在讀完「忍受」的部分後，你會看到比較樂觀、能實際運用的「優化」章節，討論如何充分運用優勢，以及如何改善團隊、產品和自我的所有環節。忍受和優化是創造的節奏，也是所有旅程都會帶你經歷的高低起伏，追求職業生涯的目標如此，人生目標亦如是。

我希望讀者從這本書中領悟到，面對動盪時，我們必須做好準備；目前所處的位置與希望抵達的位置之間的漫長距離，以及途中遭遇的種種困難，都有它存在的原因，所有高低起伏都相互滋養。從禪的角度來看，佛陀會說，與路徑合而為一，你才能踏上那條路；只有擁抱中程，你才能找到脫離中程的路。

隨波逐流最輕鬆，也就是命運把你推向哪裡，你就往哪裡前進，但任憑形勢擺布，你只是被動地參與自己的故事；沒有對抗命運（也就是現狀），你就永遠無法脫離預期。只有忍受旅途中的波折、對路上的顛簸感到好奇，並優化產品、團隊和自我的所有環節，才能將潛能發揮到極致。

第一篇 忍受

創業約三年，還是兩年，也可能是四年後，我不太確定，因為這幾年都模糊不清，我稱之為「迷失的歲月」，因為 Behance 的進展極其緩慢，我們則在跌跌撞撞中學習。現在回想起來，真不知道我們是怎麼存活下來的。

團隊就是我們的小天地，我們設定目標與維護自尊的方式，就和創造產品一樣，靠著想像力和打破格律才能辦到；奮鬥和樂趣都只是戲劇張力的一部分，維繫我們的想像世界。公司勉強運作，多數客戶都是因為想幫忙才加入，當時我們打造出最有價值的東西是同事的情誼和心中抱持的希望。

然而每次走出辦公室，我都覺得自己好渺小；辦公室就在我的公寓裡，離聯合廣場（Union Square）不遠。紐約市總是熙來攘往，在人行道上賣水果的傢伙，顧客比我們還多；晚上出去玩時，我都很怕有人問我：「你在做什麼？」我知道自己說出「打造一間協助組織創意領域的公司」的答案時，對方會一臉茫然。他們該不會以為，我是遭到公司解雇才這麼說的吧？如果說出心中的願景，最後卻失敗，別人會不會瞧不起我？家人和朋友都很想幫我，但他們幫不上忙。我可以感受到每次做決策的壓力，以及那些辭掉工作和我一起打拚的人，他們的未來都重重壓在我肩上，我一個人的肩膀上。

每次回想起那段「迷失的歲月」，就會想到當時的鬱悶和孤單，以及彷彿沒有人理解的痛苦。更難受的是，我得向團隊、潛在客戶及合作夥伴散發出樂觀的氣氛，必須撥開恐懼和現實的表層，到很深很深的地方挖掘出希望來。創業的緊繃、無人聞問、灰心喪志，都令人難以承受；維持積極的態度更讓我筋疲力竭，有時真的讓人覺得好憂鬱。

除了內心的煎熬外，那些年之所以迷失，是因為我們似乎在繞著圈子跑；我們三度重建 Behance 網路平台的核心技術，也更換過供應商、雇用過不合適的員工、做出數不清的錯誤決策。維護平台運作就像打地鼠一樣，每修好一個東西，另一個似乎就會壞掉，不過我們決定把事情做好；產品雖然沒有進展神速，但挫折反而優化了我們的決心。無論在工作中或私底下，團隊成員都找到了方法，熬過每一次低潮。

中程充滿模糊、不確定性、恐懼、拖延、危機、意見分歧，以及做不完的瑣事。每次解開繩結，找到解決問題的方法，又會立即陷入另一個困境，且速度快到超乎你的想像。這些都是我們在中程必須忍受、無法避免、感覺似乎永無止境的

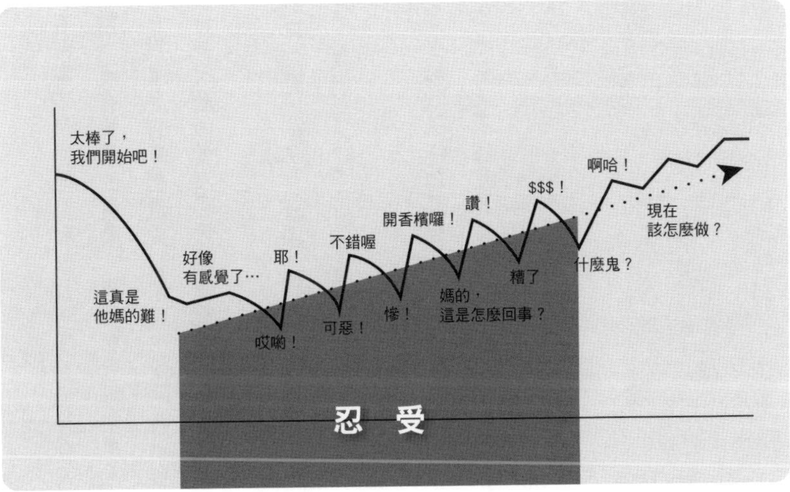

低潮。

忍受不是只包括撐過熬夜加班與似乎看不見收穫的努力，還要有源源不絕的能量和耐力，那並不符合人的天性。假使看不到客戶或進展的跡象，團隊很難感受到認可和激勵；沒有持續的獎勵，我們會覺得空虛。你必須刻意製造的樂觀以填補空白；你要忍受沒沒無聞與挫折感，在計畫和自尊都遭受打擊時，設法找出發自內心的自信。當然，對於想解決的問題抱持熱情也很有幫助，但你要有超級營養品才能在飢餓狀態下跑馬拉松。我們會在這個章節討論，你需要哪些關鍵的想法和信念。

勝利與失敗僅僅一線之隔，你可能做對重要的事，卻因為撐不夠久而失敗了。回想 Behance 完全靠著自己的能力支應開銷那些年，曾經幾度瀕臨瓦解，我至今還是餘悸猶存。我們的團隊一起熬過低潮，相互依賴，在最黑暗的時刻努力找樂子、扭曲現實，以熬過多年的痛苦掙扎。

書裡接下來的內容，將能幫助你做好準備，通過旅程中程的亂流，同時讓你知道自己並不孤單，但我們必須迎頭面對困難、學習忍耐動盪不安，並從中獲益。事先了解失去希望、不確定和疲憊的深淵，你就更能熟悉這類情況，也才有辦法忍受，甚至加以管控。

帶領團隊穿越痛苦與未知

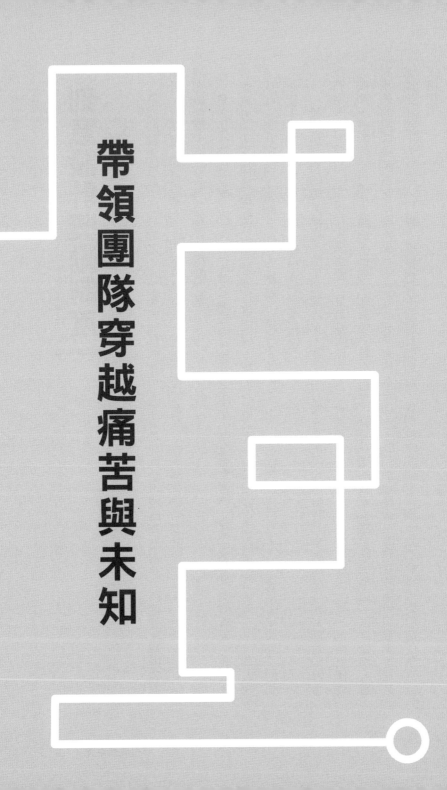

刻意設計獎勵制度

進展的跡象是最大的鼓勵之一。工作若能得到認可（無論外界的認可或財務獎勵），我們就比較能容忍挫折，但在漫長的旅程中，往往不容易看到一般觀念裡的進展。假使沒有客戶或對象，也沒人知道或在乎你們在做什麼，你就必須刻意製造激勵因素。

Behance剛成立的二〇一七年及之後幾年，我花了不少心思激勵團隊。我們沒有太多的成果、收入、媒體報導，或其他傳統觀念中的進展可供慶祝。我們為創意人士推出部落格和簡單的平台，但沒有人知道或在乎那些東西；當時，如果在網路上搜尋Behance，第一個出現的結果會是：「您是不是要查：增強（enhance）？」連Google也覺得我們是個錯誤。

一般網路公司的衡量標準，像是瀏覽人次、客戶、訂閱人數、收入，對我們來說都沒有太大幫助，因為我們完全從零開始、在掙扎中求生存。身為團隊領導人，我試過很多不同的方法鼓舞團隊士氣，包括根據優先順序，針對特定目標下賭注，例如：如果達到特定目標，終身茹素的我就答應要吃一種肉（很奇妙地，這對我們的團隊來說很有激勵效果）；此外，只要有新客戶加入，我們都會慶祝，即使當時用戶還很少；凡是完成掛在牆上的一系列目標，或解決棘手的軟體問題時，我們也會開便宜香檳。我們會盡可能地把任務定位成目標。

在刻意制定的目標中，我最喜歡的其中之一，是克服Google的Behance／enhance錯誤訊息。我們很希望成為正確的搜尋結果，為了實現這個目標，必須運用「反向連結」（back links），影響Google的搜尋運算法。只要在部落格發表越多文章、客戶上傳越多作品，我們就越可能受到網路認可——不是客戶而是Google演算系統的肯定。這是短期目標，達成目標的任務也明確可行，只要肯花時間和精力，就一定做得到。我向團隊保證：「有一天，我們將不再是個錯誤。」

有一天，團隊成員又試著用Google來搜尋，發現Behance居然是第一筆搜尋結果，也沒有更正詞彙的提示。我們終於存在網路上了！這是很小的勝利，也是為了讓團隊感受到進展而刻意設下的目標，但那種感覺實在很棒。

然後，到了二〇〇八年，碧昂絲（Beyoncé）開始走紅，沒跟你開玩笑，我們又變成錯誤了，Google詢問：「您是不是要查：Beyoncé？」不過團隊沒有氣餒，短短幾週後，Behance再次成為正確的搜尋結果。

在孤立無援時，要喚起希望、感受自己的價值並不容易，所以要設法找出近似於進展的目標，然後好好慶祝一番。

創業初期必須忍受長期缺乏回饋和獎勵，參加「網路高峰會」（Web Summit）這類新創大會時，這點格外明顯。網路高峰會是歐洲、中東和亞洲新創公司的年度會議，相較於美國已經建立出完整的新創生態系統，包含：育成中心（incubators）、創投公司（venture capital firms）、天使投資人（angel investors）等等，其他地區的創業家和投資人就得仰賴這種超大型會議，來讓他們齊聚一堂。網路高峰會的展館，都會有幾千個三英尺長的新創公司攤位，只要願意聽他們介紹，他們一定都很樂於和你互動。

看到這麼多剛成形的點子實在很有趣，但充滿活力的同時，我也感受到痛苦和絕望。一個人一旦孤注一擲，公司與創作就和個人身分連結在一起了；如果人們走過代表你未來的三英尺長攤位，連看都不多看你一眼，實在是很大的打擊。

沒沒無聞代表你可以犯錯或大幅度地修正，也不會有人失望，但這只是因為沒人在乎；你必須堅持下去，才能突破這層障礙。所以要刻意製造獎勵因素，才能在缺乏你所仰賴的傳統短期獎勵（例如收入或客戶人數）時，以其他目標來取代。

我們從很小就被訓練要按短期獎勵的制度行事。幼兒時期，我們希望自己的行為能激發父母的關愛，得到即時的滿足感；上學後，只要用功唸書就有好成績，好成績可以讓我們得到家長、老師和同學的認可；進入職場後，我們每個月都能領到薪水和獎金。正如傳奇風險投資家弗雷德·威爾遜（Fred Wilson）在「99 U」大會所說：「人生中，最容易上癮之物就是海洛因和週薪。」

《創業本能》（*The Entrepreneurial Instinct*）一書的作者莫妮卡·梅塔（Monica Mehta）研究腦部化學在創業中扮演的角色，她在《創業家》（*Entrepreneur*）雜誌裡解釋道：「每一次成功，我們的大腦都會分泌一種叫做多巴胺（dopamine）的化學物質，多巴胺流入大腦的獎賞通路（掌管愉悅、學習和動機的部分），不僅讓我們更專注，也希望再次體驗引發這種化學物質的活動。」這種確知能感受到多巴胺的興奮與隨之而來的自信，使我們對短期的獎勵上癮，換句話說：「每次失敗，大腦的多巴胺就會流失，導致我們不僅難以集中注意力，也很難從錯誤中學習。」因此，我們與生俱來就偏好可能在短期內看到成果的行動、決策和計畫，因為延遲滿足將導致焦慮不安。

如果考量人類在演化初期的平均壽命多短暫，這種追求短期獎勵的天性也就不足為奇了；即使到了十七世紀，新英格蘭人的平均預期壽命也只有二十五歲，40％的人活不到成年。對於遠古人類來說，無論目標有多崇高，努力五年或十年才看得到結果的概念都很不理性。難怪我們這麼難把精力投注在長期目標上，人類天生就傾向於放棄必須努力很久才看得到成果的任務，以換取短期的獎勵。

我們如此根深蒂固地依賴短期認可，幾乎難以違抗，所以要接受這個事實。雖然我們知道，要為團隊描繪出精彩的遠景，但很久以後才看得到回報，無法成為長期的動力。渴望實現目標雖然是遠大的理想，但無論多崇高的事業都需要感受到進展，並因此得到回報，所以你必須刻意製造短期獎勵制度，而不是抗拒這種需求。

營造團隊文化時，要降低「勝利」的標準，任何可以慶祝的事都要慶祝，包括得到新客戶或解決棘手的問題。傳統獎勵工具的問題在於缺乏想像力，例如金錢這種可以計算和累積之物。如果必須刻意製造獎勵，就要充分運用旅程的這個階段，如此一來就能鼓勵團隊參與，效果更勝於加薪或獎金。能夠直接連結到進展的目標，是最有效的激勵因素。

別為了尋求正面回饋或慶祝虛假的勝利而犧牲真相

儘管在創業初期，制定並慶祝目標很重要，但要確定，那不是虛假的勝利。雖然我們都希望尋求認可，但刻意尋找正面回饋可能導致不真實的結果。只要想找，你一定能發現，但也可能因此忽略重要的真相。

剛成立Behance與後來協助創辦其他公司，像是專業服務推薦網站Prefer，我都會每天密切追蹤產品並分析數據，例如：今天註冊的人數是否有比昨天多？本週的顧客參與度有沒有超越上週？推特（Twitter）追蹤人數有沒有增加？雖然這些都是必須了解的重要指標，但我只關注正面的趨勢，而非客觀檢視整體狀況。追根究柢來說，我其實是在尋求認可。

產品經理兼科技公司創業家班．埃雷茲（Ben Erez）反省多次創業經驗，談到正面回饋的危險：

> 創業時，任何正面回饋都像美味的牛排。我剛成立公司時，最喜歡聽的就是別人誇獎我的點子有多棒；我沒有小孩，對我來說，新公司就是我的寶寶，我像新手父母一樣到處炫耀，每個人都向你賀喜，誇獎你的公司多完美。現在回想起來，尋求正面回饋其實有害無益，那會讓我們以為，

自己走在正確的軌道上。

你必須從他人的角度客觀檢視自己的創作或產品，試著透過不同觀點拼湊出真相來。抱持懷疑態度的投資人會如何檢視你們的數字？缺乏耐性的新客戶如何瀏覽你們的產品？競爭對手對你的產品有何想法？除了正面趨勢，我們也要積極尋找負面觀點，因為公司能否長久營運，取決於你多了解自己的缺點和優勢。

我們難免都想把苦藥丸裹上糖衣。前進的動能可能讓我們分心，媒體的讚譽也是，但正面指標或讚不絕口的新聞報導不會讓真相消失。渴望看到好消息會導致我們投注太多心力在上面，更糟的是自己去製造好消息。有時，領導人為了激發信心和支持，可能掩藏或遮蔽真相，以至於脫離現實，無法做出困難的決定。

我經常看到領導人讓團隊看正面的報導，以掩蓋公司面臨嚴峻問題的事實。我投資的部分公司也會這樣撰寫致股東報告書，開頭幾乎都是：「一切都非常順利！」然後，埋藏在第五頁的消息則是，團隊人數已減少到只剩兩人，必須搬離共享工作空間（Co-working Space），資金只能再撐五個月，接下來就付不出薪水了。「但《富比士》（*Forbes*）上個月的一篇報導說，我們很有希望！」這就如同給了我們一個做鬼臉的表情符號。

安德森霍洛維茨創投公司（Andreessen Horowitz）的創辦人兼一般合夥人班恩．霍洛維茨（Ben Horowitz）在部落格寫過一篇關於這個主題的文章，他在文中解釋道：「說實話對任何人來說都不容易，那不符合人類天性，也很不自然，我們的天性是告訴別人他們想聽到的事，讓所有人開心……至少那一刻是如此；說實話很難，必須靠著不斷練習且靠著技巧才做得到。」他接著提到如何傳遞痛苦的消息，例如高層主管辭職、大規模裁員計畫、銷量下跌以及其他危險情況等，「你必須實話實說，又不能毀掉公司。要做到這點，你首先要接受自己無法改變事實，雖然如此，但你可以找出其中的意義。」班恩提出三個從真相中找出意義的方法：

清楚、坦白地陳述事實，不要推諉說是因為對方表現有問題，或公司沒有那個人還比較好，雖然那名員工是你好不容易才請到的。要實事求是，讓每個人都了解，你知道說實話的重要性。

如果問題是因你而起，請解釋為什麼。公司擴張的決策過程是否操之過急？你從中學到什麼，如何避免問題再次發生？

解釋你的作法為何有助於完成更重大的任務，以及那項任務有多重要。裁員如果執行得當，就是公司重生的契機，也是為了履行員工當初加入公司時，希望達成的目標與使命所必須採取的行動。身為領導人，你要確保這些人沒有白白失去工作，你的決定必須帶來正面的意義。

儘管你很想這麼做，但不要只著重於「好消息」，反而忘記思考失敗的原因與如何傳遞壞消息。雖然旅程中很需要正面的能量與希望，但也要刻意安排時間和空間檢視自己的不足，也許是每個月定期開會，或是員工到公司外面開會時訂出特定時段，鼓勵團隊成員分享疑慮。有些公司會進行匿名調查，了解員工最擔憂的問題，然後一起分享調查結果。無論採取什麼方法，都不要掩蓋團隊必須聽到的消息，而是開誠布公，讓他們了解你的計畫。不知道自己可能如何失敗，你就不可能獲勝。

慶祝你希望團隊重複的進展或行動，而非與生產力無關的榮譽，例如花錢買來的「媒體報導」，或得到無法代表你們影響力的獎項，這種報導和獎項未必能激勵人心。另一個危險的空虛勝利是募得資金，這種時候你不該慶祝，反而要感到緊張，因為這代表你可能失去更多、必須對更多人負責。如果是穩健的公司，募資是一項策略；對於脆弱的公司來說，募資就只是目標。

以虛幻不實的假象提升自尊、幫助團隊熬過困境，你也可能扭曲自己的價值觀。虛假的勝利如同古柯鹼，以不自然的方式膨脹士氣，你也會因此而跌落，也許跌到更深的地方。

哪些事值得慶祝？我們應該慶祝實質的進展和影響力。團隊執行待辦事項時，往往很難感受到微小的進展，你必須加以彌補，例如達成緊迫的最後期限，甚至提早完成，你就要慶祝；如果你們做的事帶來真正的影響力，就要開香檳；即使只有少數客戶使用新產品或新功能，都是你該慶祝的真實里程碑。

學習接受不確定性

每個人都渴望確定，卻必須學會在茫然狀態下運作。我們希望有人告訴我們，每天喝一杯葡萄酒絕對有益於健康，但生活沒那麼簡單，如果想尋求明確的答案，我們就會從專家的說法或研究中挑選出支持自己既定想法的論點。避開不確定、拚命尋找快速解答，很可能導致我們採取未成熟或不正確的解決方案。只有學會容忍不確定性，才能讓流程發揮作用、看到實驗的結果。

埃姆雷．索耶（Emre Soyer）是土耳其伊斯坦堡安茲耶因大學（Özye in University）商學院的一名行為科學家與助理教授，研究領導人如何處理不確定的情況並制定決策，他表示：「接受不確定的領導人，更能嘗試不同想法，並容許其他人實驗，而非總是宣稱自己知道正確答案。」若想尋求穩定、減少對未知事物的恐懼，就可能抄捷徑或忽視真正的問題。「我們常常渴望專家為我們吸收不確定的因素，做出準確的預測，並告訴我們該怎麼做。」索耶表示：「然而這會帶來虛假的確定感，以及一切都在掌控之下的幻覺，導致我們投注心力於最後可能證實無用，甚至有害的策略或解決辦法上。」相反地，我們應訓練大腦接受灰色地帶，而非執意於追求解決方案。「領導人或高層主管的重要責任是做出明智的決定，」索耶補充道：「然而，不確定性導致這項任務變得格外困難。假使領導人聲稱自己可以掌控不確定的狀況，日後反而會聲譽受損；行事風格若能配合不確定的情況，則讓人覺得誠懇、有能力，即使也許因為運氣不佳，結果未必令人滿意。」

擁抱灰色地帶是必要卻艱鉅的任務，因為你必須每天面對不確定的困擾。Behance 成立初期，完全憑藉自身能力支應開銷那幾年，我就得面對這樣的狀況，前方看不到盡頭，也感受不到確切的成果。我記得，當時經常得強迫自己不要去想，耶誕節、舉辦婚禮那一週，甚至女兒誕生時，雖然我人「都在」，但心思有20%飄到別的地方去，不是在煩惱特定的問題，而是擔心未知的事物，也就是「不知道還有哪些未知數」的感覺。由於缺乏導航的地圖，我總覺得自己無論生活或睡覺，都得一隻眼盯著指南針。

班・埃雷茲回想自己的經歷時說：『當時，我覺得自己有區隔私人生活和工作，但創業時根本不可能做得到這點。你成立一間公司，生活所有層面都與之融合，你無法做出區隔。我以前就聽說過，創業會占據一個人所有的時間和精力，但我不知道會重疊到這種地步。』出現這樣的重疊，是因為你會不停思考沒有絕對解決方案的問題。持續處理不確定是這種「工作即生活」的一部分，你的大腦沒有捷徑，只能深入思考、努力面對。

所以，你必須學習同步處理，才能一邊思考特定問題，同時承受揮之不去的焦慮感。你可以設法減緩焦慮，但不可能完全排除（你也不想這麼做，因為你要慢慢培養直覺）。有些人靠靜坐冥想，有些人相信自己切割的能力，我則提醒自己面對團隊時要專注，把重點放在問題上，同時掌握大局。無論你的內心深處是否在思考別的事，都要儘量對眼前的人或問題感到好奇，尋找可以學習或解決的事物來分散自己的注意力。

無論進行怎樣的創意計畫，不確定都必然存在於每個角落。你和團隊可能因此感到焦慮，但是要努力面對，不要受影響；要接受不確定的負擔，但不要讓它影響你的專注力。

主動承擔痛苦

為了讓萬物按照一定的規律發展，人類對創新的事物具有天然的抵抗力，以質疑、嘲笑和要求一致的壓力展現出來，必須靠著極大的耐力才能承受。

若想與之抗衡，光靠熱情和同理心不夠。在努力實現想法的過程中，你必須承擔痛苦，不是只有願意受苦，而是主動承擔。路普創投公司（Loup Ventures）的投資人道格．克林頓（Doug Clinton）表示，公司創辦人必須願意承擔至少五年的痛苦，他寫道：「這聽起來可能很極端，但創業必得經歷各種挫折，你必須自在地面對一連串拒絕，同時不要讓它摧毀你的意志；你必須忍受無法避免的低潮，例如：突然失去客戶或員工、投資人拒絕投資、稅單、與共同創辦人起爭執。創業家不一定要喜歡面對困難，但那的確很有幫助……通常至少要兩年才能成氣候，確定公司的營運模式可行，再花幾年力求成長，搭建出護城河。到了此時，才能稍微喘一口氣。」

主動承擔痛苦，團隊才能堅持下去，並克服心理上的重大挑戰，例如拋棄一切、另起爐灶。新創公司或產品團隊一旦發現自己走入死胡同，決定要改變，多年心血就這樣付諸流水、必須從頭來過，這對士氣的打擊很大。不過許多我們今天熟悉並喜愛的公司都是從完全不同的點子蛻變而來，像是YouTube，一開始是成不了氣候的約會網站，儘管他們絞盡腦汁吸引用戶；推特最初是名為「Odeo」的播客（podcast）平台，業務始終不見起色；Instagram 原本是結合地理位置服務和網路遊戲的程式，叫做「Burbn」，功能複雜，不易使用，今天我們熟知的 Instagram 正是因此修正而來，以極簡的設計，回應他們從中學到的教訓。對於上述這些例子，世人往往頌揚其突破性的產品，卻沒有去思考維持的信念、從頭開始有多困難。Instagram 創辦人之一凱文．斯特羅姆（Kevin Systrom）曾說，儘管 Burbn 沒什麼前景，那依然是非常困難的決定。這種決定會引發極大的焦慮；雖然也許違背常理，但我們必須主動承擔痛苦。

無論使用什麼招術和策略，你仍會不停受挫，社會的免疫系統十分強大，且不分青紅皂白。所以痛苦是必然的，但只要做好心理準備，你就能管理自己和團隊的期望，建立出不僅注重產品本身，也重視打造產品過程的文化。這麼一來，至少你是在自己的小天地裡與好友一同度過難關。所以招募團隊成員時，除了評估他們的技能和興趣，也要了解他們能否忍受、面對那些真實生活與社會拋諸於你的自我懷疑和艱苦奮戰。

摩擦讓我們更緊密

我們也許不該這麼討厭障礙、挫折、歧異和其他形式的阻礙，因為這些都是很好的磨鍊，讓我們更能容忍未來的挫折。我們耗費太多精力避免摩擦，而不是好好運用。

「玉不琢，不成器」這類格言很有道理，摩擦不僅揭露性格，也能創造個性。如果只力求避免衝突，就無法磨掉點子或計畫的稜角，曾擔任《單片眼鏡》（*Monocle*）設計主編的雨果．麥可唐諾（Hugo Macdonald）在「石英」（*Quartz*）網站上提出摩擦的好處：

> 一想到摩擦，我們可能寒毛直豎，但摩擦不是困難的代名詞，這點從語言學中就可見得；摩擦源自於拉丁文的「fricare」，意思是「相互擦動」……通常是指兩個物體之間相對的力量。我們出於本能，認為反方向的摩擦令人感到不適，像是分歧、反抗、鬥爭，所以我們漸漸認為摩擦是負面之事。
>
> 但整體來說，磨擦會帶來創造而非破壞。它帶給我們熱和火，甚至能夠移山；人與人的磨擦可能引發爭論，但也會製造出小寶寶來。摩擦在各行各業都是正面的力量，因為只有反對一件事，我們才會前進。個人或社會若要前進，都需要更多而非更少摩擦。

追求「毫無摩擦」是過度短視的想法。真正沒有摩擦的經驗，也就是避開或拒絕接受衝突，這都不需要動腦。摩擦讓你真實感受到過程中的紋理，幫助你記得那次經歷。如果沒有摩擦，團隊可能移動太快，過度平滑的邊緣無法塑造出長久的情誼。

逆境讓團隊更有向心力，能夠忍受長期的痛苦；平凡的生活遭逢劇變，會讓一群人忽視原本的歧異、團結起來，朝共同目標邁進。這個現象在災難來襲後最為明顯，無論是戰爭或天災，共同的苦難會帶來團結，例如：二〇〇三年紐約大停電期間，我在蘇活區（Soho）看到商家發送飲料、路人自動協助指揮交通、不認識的人都在聊天。

摩擦能引發合作的潛力，一旦觸發之後，我們就會發揮原始的天性，透過群體合作來求生存，而非遺世而獨立。

華盛頓州立大學（Washington State University）教授理查德・塔夫林格（Richard Taflinger）解釋道：「倘若活著不僅是個體的責任，而是物種的所有成員協助個體生存，以及個體協助物種延續，所有成員的生存機率都能夠提升。」團隊合作越緊密，就能累積越多資源、保護更多領地，進而保護自己免於遭受掠食者侵害；不合作的個體威脅到多數人的安全，因此遭到排斥。合作是天性，摩擦能把這種本能帶到表面上來。

動物的神經系統越複雜，就越擅長運用群體來提高生存機率。人類聚集在一起，尋求身體和心理的保護，生物學家艾德華・威爾森（E. O. Wilson）在《新聞週刊》（*Newsweek*）寫道：「古代和史前時期，部落的夥伴關係提供深層的安全感和榮耀感，並能保護群體免於受敵對部落侵害。現代社群在心理上等同於古代的部落，是直接源於原始與史前人類的聚落。」

無論這種社群變得多複雜，我們的心理仍傾向於相信群體等於安全的原則，因此我們不會單獨面對逆境，而是出於本能地尋求群體慰藉。

知名組織心理學家，也是華頓商學院（Wharton）教授亞當．格蘭特（Adam Grant）在《哈佛商業評論》（*Harvard Business Review*）的〈IdeaCast〉介紹他與雪柔．桑德伯格（Sheryl Sandberg）共同撰寫的《擁抱B選項》（*Option B: Facing Adversity, Building Resilience, and Finding Joy*），描述群體支持在職場的激勵效果。研究證明，如果公司有支援計畫，在員工面臨突如其來的困境時（例如房子因天災受損或是親人生病），提供財務資助和休假，格蘭特表示：「那會引發很大的效益，員工覺得公司真的關心他們，他們會以公司為榮，認為那是非常人性化的工作場所，因此投注更多心力。」

臉書（Facebook）營運長雪柔．桑德伯格在丈夫戴夫．高柏（Dave Goldberg）猝死後，寫下《擁抱B選項》一書，她回憶道：「如果不是馬克（馬克．祖克柏，Mark Zuckerberg），我不可能熬過那些日子。我從墨西哥回來，告訴孩子消息的那一天，馬克在我家，甚至替我籌辦葬禮，他每一步都陪在我身邊。回去上班後，我有時覺得自己像幽魂一樣，沒有人跟我說話，我就躲進他的會議室……我們會為朋友提供那種情感上的支持……但是我們也可以在工作場合這麼做，那會讓同事之間的關係更緊密，組織也因此更強大。」

團隊幫助我們處理生活中的摩擦，眼前的挑戰可以凝聚團隊，所以不要規避或掩蓋，而是運用那些摩擦來學習如何合作，並培養團隊面對逆境的能力。無論如何，都不要畏懼對立和衝突。如果過於被動，團隊的發展就會受限，正面迎戰才能把你帶到更深層的境界，迫使你檢視更多選項，並因而找出最佳解決方案。我們往往迫切需要危機帶來的洞察力，正如古羅馬皇帝馬可．奧理略（Marcus Aurelius）所說：「我們面臨的障礙反而讓行動有所進展，擋路的事物會成為行進的助力。」只要勇敢面對，摩擦就能幫助我們找出更好的做事方法。

透視未來

旅行中程就像漫長的公路之旅，而且沒有車窗，你完全不知道自己身在何處。這在精神上是很大的折磨，你感受不到進展，也看不到地標，不知道前方還剩下多少路。你的時間概念變得扭曲，漸漸覺得不耐煩。

你必須提醒團隊他們置身何處、正在取得哪些進展。身為領導人，你要成為團隊的窗口，替他們指出並形容沿途的地標，不斷強調走過的路，讓團隊了解前方的地圖。

指出事實和管理期望只是這項任務的一小部分，更重要的是說故事。你要把事情描述地比真實情況有趣、重要，畢竟旅程中程的風景既模糊又乏味，你必須提供指引，幫助團隊熬過里程碑之間的空白。你是這趟旅程的解說者。

與蘋果創辦人賈伯斯（Steve Jobs）共事過的人經常提到他的「現實扭曲力場」（reality-distortion field）如何改變團隊的觀點、假設和自我限制，進而接納新點子。也許因為賈伯斯真的深信自己的遠景，以至於周圍現實被他的信念扭曲？如果你熱情自信地闡述遠景和假設，現實也會隨之屈服，按照你的方式進行。你並非說謊或捏造，而是在推銷自己的觀點；你不是創造別人會相信的故事，而是重複講述你告訴自己的說法。

同樣的力量可以幫助團隊忍受另一種現實：看不到盡頭的工作。在這個情況下，你的「現實扭曲力場」讓團隊成員看見他們看不到的希望，例如：你知道當下經歷的煎熬可以使團隊變得更堅強、讓產品更完善，即使目前完全感覺不出來。你是哀嘆缺乏進展，還是恭賀自己能夠生存下來，並從中找到力量？你會說工作那麼辛苦，真的很累人，還是告訴團隊，你們的防禦能力因而提升了？在歸結團隊過去幾個月或幾年你們度過的辛勞和奮鬥時，要想出最令你感到振奮的觀點，然後加以分享。說故事的人能把過去的努力連結到未來，即使那些事情其實十分枯燥或無關緊要。

同樣地，即使連你也不確定對話能否引導出解決方案，也要負起管理觀點的責任。最好的對話往往不是「是非題式」的對話，遇到這類對話時，你的目標應該是引導團隊自我探索，而非要求結論。

無法立刻帶來行動或解決方案的對話也許可以揭開問題的表象，讓我們看到裡面的盲點、皺褶和稜角。光是持續討論就能讓團隊保持專注、受到激勵，找出「房裡的大象」（elephants in the room），也就是一直存在，但人人都不想碰觸的問題。參與討論，讓團隊覺得能夠掌控自己的命運。

若遭遇失敗或重大挫折，你尤其要引領團隊通過。想像一下你們努力了多年，產品也大張旗鼓上市，突然遭到政府勒令下架，正是基因測試公司「23與我」（23andMe）的執行長兼共同創辦人安．沃西基（Anne Wojcicki）遇到的困境。「23與我」在二〇〇六年成立，顧客只要把唾液吐進小試管，就能在幾週後獲得各式各樣的資料，包括：祖源分析、遺傳疾病風險評估以及其他與基因相關的訊息。一開始公司蓬勃發展，吸引興奮的顧客與矽谷最知名的投資人；但是二〇一三年，美國食品藥物管理局（FDA）以擔憂消費者得到不準確的醫療結果，可能造成危害的理由，突然勒令該公司停止提供個人基因檢測服務。接下來兩年內，他們進行必要的研究，化解美國食品藥物管理局的擔憂，直到二〇一五年十月，「23與我」才宣布，他們開始提供經美國食品藥物管理局批准的檢測和報告。

現在回頭檢視，這次對公司營運和團隊士氣的嚴重打擊，也許只是一開始的小瑕疵，但在事情發生的當下，你如何面對這麼大的挫折？安回憶，由於團隊成員都支持公司的理念，所以基本上沒有受到太大的影響，她解釋道：「你對理想越有熱情，就越容易堅持。你深信自己在做對的事，就能夠把挑戰視為過程而非阻礙的一部分。我們很習慣面對不了解或不喜歡我們的人，所以我們的態度一直都是：『我們要證明給他們看』，而非『我們做錯了什麼？』只要有足夠的信念，就可以破除懷疑。」

至於如何協助團隊獲得並維持足夠的信念，然後忍受這種挫折？安認為，這要取決於你雇用了怎樣的人、你的溝通方式，以及夠不夠果斷，她說：「從一開始，我們就希望任用真正相信我們願景的人，如果你只是擔心錯過潮流，那就請另謀高就。我們打算影響人類的生活、翻轉醫療保健領域，公司上下都了解我們的理念，我的責任是將之反映出來。在產品受法規限制期間，公司沒有失去太多員工。我會在公司裡走來走去，提醒員工『我們站在歷史上對的一邊。』這也成了當時的口號，我們必須另闢他徑……我們只是走錯第一條路，而不是願景有問題；我們絲毫不曾懷疑終點，只是不確定如何走過去。」

以使命吸引新員工，而非華而不實的頭銜或最佳報酬，就能打造出堅韌的團隊，願意嘗試不同路徑，以達成共同的願景。不過在最艱難的時刻，你的觀點還是可以協助團隊破除自我懷疑。假使出現干擾或嚴重的問題，就要坦白承認，然後賦予它新的意義，讓團隊覺得這是磨鍊自己的好機會，相形之下，挫折就顯得沒什麼大不了。提醒團隊你們為何聚在一起，他們加入公司，是因為相信你的願景，希望開創新局。你的故事比你所以為的還更重要，你必須協助團隊了解策略，也就是讓他們看到、執行和努力的方向。你要負責管理團隊的觀點，只要好好解釋，就一定能找出前進的方向。

每次談話都要以活力收場

無論你正在打造新的商業模式或改變既有模式，都必須面對永無止境、得不到結論的痛苦冗長對話。找不出解決方案的對話令人精疲力竭，我們都希望能夠解決問題，也想制定明確的計畫，從中得到信心和動力。

身為領導人，你無法每次都提供答案，也不該這麼做，因為正確的解決方案可能尚未成熟，但你可以替對話注入活力。我一直很欽佩能把負面對話轉為正面對話的人。

我昔日的同事大衛・瓦德瓦尼（David Wadhwani）就特別擅長這種事。大衛是矽谷軟體公司AppDynamics的執行長，曾任Adobe的數位媒體主管。Adobe收購Behance後，我加入Adobe，當時他們剛開始從銷售盒裝軟體的傳統軟體公司轉型為提供軟體服務的公司，讓客戶以繳納月費的方式享有一系列服務。Adobe是最早轉型的上市公司之一，所以那是很冒險的舉動。大衛負責領導員工針對產品進行必要的修改，那些員工都很資深，幾乎都在Adobe工作超過十年。這項任務十分艱鉅，雖然公司決定改變策略，但仍有許多主管心懷抗拒，也因為影響的層面實在太大，以至於部分產品的領導人不是沒準備好，就是毫無重新思考產品的意願。

當時，團隊還沒做好應付挑戰的準備。每週二大衛召開員工會議，都要努力拆解問題，並討論解決的途徑。我們知道，情況好轉前會先變得更糟；開會時，經常所有選項都是糟糕的選項，但我們只能一步步慢慢前進。

儘管當時面臨這種狀況，許多會議的氣氛也相當嚴肅，大衛還是有辦法以高昂的鬥志結束每場會議。他會承認我們必須面對哪些挑戰，同時提醒團隊，他們的工作為何那麼重要，以及成功會是怎樣的景況。即使經歷數小時得不到結論的痛苦會議，大衛都有辦法在會議結束前讓與會者感到精神振奮，像是說出：「我知道這個任務不簡單，我們有很多事要做，但我也知道，我們有對的計畫和對的人。」然後再加幾句好笑且能提振士氣的話。

你的責任是灌注而非吸走能量。我最佩服的公司創辦人和領導人，通常都具備這種特質，其中包括曾前BuzzFeed總裁，後來成立網路新聞媒體Cheddar的喬恩・斯坦伯格（Jon Steinberg），只要認識喬恩的人，都能感受到他充沛的精力。每次向團隊信心喊話，他都會滿懷熱情地剖析有線電視新聞台的「老方法」為何有問題，以及Cheddar為何能引領這個行業走向未來；只要團隊想出很棒的點子，他就會立刻執行。擔任Cheddar董事期間，我親眼目睹他如何激勵團隊、董事會和客戶；只要和喬恩互動，你就會發現他隨時隨地都全力以赴，像是Dunkin' Donuts成為Cheddar的主要客戶後，喬恩就會穿上他們的衣服，且每次開會都訂購當肯的甜甜圈和咖啡，並在Instagram分享週末和家人一起去當肯甜甜圈的照片。這不正是最好的方法，替合作關係注入能量，同時向現有與潛在客戶散發明確的訊息，讓他們看到Cheddar有多重視忠誠與服務？他把每個里程碑轉變為能量，而不只有慶祝；例如破了一項紀錄，他會寫說：「我覺得我們超厲害的，還有誰能像我們一樣不停地達成目標？沒有了啦。你看看我們的趨勢……我知道壓力很大，但我們實在很棒，這都是因為你、你的同事，還有我，才有這麼棒的內容、點閱率、交易，還有現場新聞！……我們再拚一下、繼續努力，保持不斷上升的趨勢！」和喬恩開完會或看完他的電子郵件後，都會感到精神百倍。

你必須幫團隊注入能量，尤其在情勢嚴峻、看不到盡頭的中程；正視你正面對的所有考驗和不確定，然後重新描述計畫及你們希望達成的目標。提醒團隊，你們為何齊聚一堂，然後加入你的信心和熱情。每次開會或溝通的尾聲，都要重申目標，讓他們充滿實現目標的能量。

如果對政治運作不滿意，那就超越黨派

大企業雖然飽受批評，但是它們的影響力遍及全球。公司規模越大，你越需要刻意執行新點子，因為規模很可能是阻力，就像舉重選手發達的二頭肌對舉重很有幫助，卻會阻礙他們抓背，大企業的發展往往也會因為不成比例的增重，而很可能把自己絆倒。

我稱之為「企業肥胖症」，如果你在傳統的大公司工作過，可能已目睹過下列現象：

- 經常討論什麼人擁有什麼權力，以及誰要向誰報告，而非如何做好一件事。
- 電子郵件往往是關於誰該負責解決問題，而非如何解決問題。
- 團隊花太多時間思考如何推諉卸責給別的團隊，而非彼此密切合作。
- 太多密件副本，電子郵件的結尾經常出現「被動攻擊」（passive-aggression），甚至是攻擊性的評論或傲慢的問題。
- 很多人開會和沒開會時的表現判若兩人。

- 遭到質疑的人覺得被冒犯，而非展開有意義的辯論。
- 你因為擔心持反對意見而遭到報復，經常點頭稱是或保持沉默。

在充斥這類行為與氣氛的環境下工作，進展變得過度緩慢，才華洋溢的人失去活力和想像力。並非所有大企業都罹患企業肥胖症，但除非領導人刻意為團隊提供健康的飲食，否則就很容易出現這種現象。

Behance 獲得收購後，我加入 Adobe 團隊，六個月後，開始接管 Adobe 創意桌面應用程式（Creative Cloud）的行動產品和服務，很快地我就陷入誰該負責什麼，以及誰應該或不該和誰合作的問題。我當下得做決定，看是要按照老規矩，尊重既有的層級和指揮鏈？還是從組織裡尋找合適的人選，不用顧及那些人的頂頭上司是誰，讓他們能夠直接發表意見？當時答案並非那麼明顯，大企業的壓力真實存在著，你身處其中，會很想自我調適，不要跨越黨派，並尊重組織既有的政治結構，以免得罪任何人。

我決定繞過既有的體系，打造自己的操作系統，先找出可以幫助我們實現目標的人，然後設法讓他們擺脫階級和官僚。我們邀請其他部門的關鍵人員參與開會，不管他們的層級為何，並把所有相關人士都納入溝通管道。我們找的不一定是高階主管，而是讓最接近核心技術，並受到團隊敬重的人們參與，另外也讓設計師而非產品主管展示自己的設計。我鼓勵團隊，只要覺得不對勁，就要馬上提出；若出現歧見，便要求所有人當面對話。一開始雖然不是那麼順利，不過，我們最後還是建立出涵蓋數百名成員、目標一致的團隊，且極富成效。

我發現，組織政治鼓勵人們專注於微小、不具顛覆性的勝利，而非處理可能引發爭議的重要問題。相較於費力穿越不同的層級與溝通，擱置衝突比較容易。我們必須破除這種障礙才能取得進展，但又不能破壞整個組織，所以要謹慎挑選該打什麼仗。當然，若由組織裡的高階領導人執行，必然比較容易，但我們也可以從下層開始紮根。你可以從與隸屬不同團隊的人們建立關係開始，主動擔任橋樑，把合適的人聚集在一起，加快解決問題的速度。

大約一年後，特別的一刻到來。當蘋果公司（Apple）在二〇一五年推出第一代 iPad Pro，資深設計師艾瑞克．斯諾登（Eric Snowden）在舞台上展示 Adobe 在蘋果 keynote 系統的新產品，我們的團隊成員，也是負責軟體工程的戈文德．巴拉克里什南（Govind Balakrishnan）走到我身旁，說他到現在仍無法相信我們居然能夠完成。回想起過程中最辛苦的時刻，以及剛開始都只是白板上的草圖時，一切有多令人卻步。我們曾經為了人數爭吵，也爭論過回報系統和不同團隊的優先順序，不過最後還是找到夠多合適的人選，並充分運用組織的力量，靠著全新的應用程式和明確的策略，成為蘋果簡報軟體的一部分。這個成就意義重大，長久以來，蘋果和 Adobe 因 Flash 產生不和，終於成了過眼雲煙。

在大企業裡，改變會導致某種程度的混亂，因為許多人和流程都必須隨之轉變，所以我們很容易為了保險起見而按照規矩、層級和流程行事，但這麼做，就更難讓應該對話的人交談，所以協調合作比循規蹈矩來的重要。

如果一個組織不受政治和繁雜的流程阻礙，那它的規模就是優勢，否則大企業會變成躺在沙發上的馬鈴薯，眼睜睜地看著未來從它的面前走過。當然，這要視領導人和企業文化是否支持員工脫離傳統角色，讓對的人能夠聚在一起，儘量消除不必要的流程，以對抗企業肥胖症。

去他媽的！做你該做的事

所有旅程都會遭遇沉重的時刻，像是解聘員工、處理公關危機、必須上法庭打官司等等，遇到這些狀況，你會覺得自己彷彿在泥濘中掙扎。你擔心正面衝突的後果，不希望惹對方不高興，尤其是因為你的決定而失去工作的人。你會設法找到各種理由，要自己進一步分析、延後行動，希望能減少衝擊，但是答案往往很明顯，你必須當機立斷。

去他媽的，做你該做的事（DYFJ，Do Your Fucking Job）。每次面對困難的會議、令人焦慮的談判，或解雇員工的決定，我都這樣告訴自己。只要是必須強迫自己執行短期內令人痛苦，但長遠來說有利的行動，我都會低聲對自己說：「史考特，去他媽的，做你該做的事。」

不要責怪自己太怯懦，希望避免衝突，因為不想讓別人失望而猶豫並非弱點，反而代表你有良心。人與人的關係很重要，破壞人際關係或影響團隊文化都得付出很大的代價，但正如同小感冒不好好休養，可能惡化成肺炎一樣，若不處理團隊本身的問題，情況就可能惡化。你必須趁早發現，確定那是否為病毒，如果是的話就要好好處理。

領導創業團隊必須經歷許多「撕掉ＯＫ繃」的時刻，沒人希望造成團隊的痛苦，但迅速、控制下的疼痛好過拖很久的感染。如果拖延必須付出更大的代價，你就要當機立斷——ＤＹＦＪ！

二〇一七年年中，一間成長快速的社群影音新創公司共同創辦人兼執行長向我求助。之前我們只碰過一、兩次面，當時我也沒有投資他的公司，不過因為他問我可不可以和他聊一下，我們就約在紐約蘇活區的一間小咖啡館，討論他遇到的難題。他說，團隊裡的一名資深成員遭到幾名下屬指控行為不當，經過簡短調查後，發現他們的指控為真，但是董事會勸他不要「輕舉妄動」，因為公司即將有新一輪的募資計畫，產品也漸受市場歡迎，但他總覺得不太對勁。他知道自己該做什麼，但是投資人的建議，加上可能引發動盪的焦慮，令他感到無所適從。在討論拖延的優缺點以及如何展開對話時，我突然發現，他不需要更多解雇那人的理由。他知道他的想法沒錯，所以沒有再去思考後續的反彈或問題，他知道他必須放手去做，而且是自己得出這個結論。我們道別時，我說，ＤＹＦＪ，他向我點點頭。也許他需要的只是一個提醒，有些重要行動，通常也是最困難的任務，必須在領導人鼓起勇氣、不再猶豫後才能夠執行。

在最困難的時刻，我們也許很難保持冷靜、繼續奮戰，也許團隊成員會質疑你的決定，覺得前途一片黯淡，但此刻你仍要堅定地前進。

這些年來，基根・舒溫伯格（Kegan Schouwenburg）是我很佩服的一名創業家，她在３Ｄ列印公司 Shapeways 工作了一段時間後，自行成立了設計訂製鞋墊的公司ＳＯＬＳ。在公司歷經許多波折後，基根必須解雇一位共同創辦人，多次轉移業務重心，並在硬體新創公司很難籌資的情況下取得後續資金。雖然最後把公司賣掉了，不如她所願，但一路走來，她的堅持和樂觀令我印象深刻。基根回憶起創業最辛苦的那段時期，說：「最近，我遇到一名以前的員工，他說我那時常常在哼〈堅持前進〉（*Just keep going*）。老實說，當時的情況差不多就是那樣，你必須成為他們的支柱，因為整個團隊都仰賴你的領導，他們傾聽你說的話，甚至留意你的肢體語言，以讓他們對公司抱持信心。那種責任感真的會帶給你能量，幫助你走過那段不確定的時期。」

基根補充道：「只要你拒絕垂頭喪氣、拒絕讓團隊失望、不要帶入個人情緒，就能看到驚人的成效。」沒錯，只要堅持前進，在最困難與難堪的時刻要求自己做他媽的該做的事，就會有無限的可能。

增強你的決心

自我察覺是商場上唯一「能夠延續的競爭優勢」

人在巔峰或低潮時，自我感覺會出現變化。

如果一切順利，我們可能自我膨脹，認為自己的判斷比實際上正確。由於防禦機制作祟，加上相信應該維持之前管用的作法，我們不再那麼願意接受建議和身邊的訊號。我們開始相信別人對我們的讚美，且變得過度自信，然後漸漸脫離現實。

同樣地，面對找不到動力和方向的困難時期，自我覺察的能力也可能退步。我們遇到壓力會退縮。若優勢變成弱點，原本的超能力起不了作用時，我們更是感到無比脆弱。我們歸咎於周圍的人與情勢，藉此維持信心並相信原本計畫仍然妥當完備。

自我覺察是了解自己在巔峰或低谷，並非處於最佳狀態。一切順利時，自我可能過度膨漲；要是諸事不順，則會出現極大的不安全感。要先意識到自己和他人會產生這些轉變，才能管理好自己的情緒，並維持判斷力和行動力。情況不一定是我們所造成，但我們可以決定如何看待它。我們的觀點可能對我們有利，也可能不利，有了這樣的認知後，你就能在進展順利或不順時，更仔細地檢視自己的反應和決定。如果遇到極端的情況，問題沒那麼明顯卻十分關鍵時，有經驗的顧問或董事就很有幫助。

自我覺察代表了解自己的感受，並找出令你困擾之事。所有可能觸發挫折感或煩惱的事物，都源自於你的核心價值，也就是你強烈支持或反對之物，例如：我無法忍受不公不義，只要看到不公平的事，我都很想去做些什麼。如果有人占我便宜，我不會默默承受，即使這麼做可能在財務上造成更大的損害，完全有害無利，但那攸關我的核心價值之一，我無法置之不理。不過現在意識到這點後，我就可以感覺到這樣的情緒何時出現，也能試著排解。意識到自己容易受到什麼事觸發，可以幫助你不那麼快就扣下扳機。

自我覺察代表容易接納別人的想法。和許多創辦人合作以後，我發現一件無法否認的事，那就是防禦心越低，潛力就越大。能敞開心胸接納並選擇性整合他人的意見者，其表現必然勝過無法接受別人建議的人。我深深佩服能主動尋求反饋的創辦人和設計師，因為保持開放的心胸、接納有建設性的批評並不容易，當你自覺受到批評或攻擊，會有什麼反應？是否想馬上辯解？是否會為了捍衛自己的立場而試圖反擊？還是想躲起來，完全避開衝突？你會不會更堅持自己的作法，還是大受打擊？自我覺察幫助你平衡這些傾向，若能辨識自己的行為，檢討反應背後的原因，就更能接受別人給你的好建議。

自我覺察來自於記錄自己的模式。遇到困難產生的不安全感、不加思索的反應或自我懷疑都是長久以來的模式。我最佩服的領導人會花許多時間探索和分析自己的心理與過去。無論透過企業主管教練（executive coach）、精神分析還是團體治療，都藉此來努力了解自己的思考模式。這是在壓力下了解自我的唯一路徑。

了解自己負面傾向的來源也有助於理解他人的行為，據說，創立分析心理學領域的精神分析師卡爾．榮格（Carl Jung）曾說：「對付別人黑暗面的最佳方法，就是了解自己的黑暗面。」了解自己的缺點可以幫助你理解別人的缺失。討論自己的缺點，別人也會分享和加入。

自我覺察代表消除優越感與別人對你的錯誤想法。只要小有成就，我們就可能高估自己在裡頭扮演的角色，同時低估運氣的因素和他人的貢獻。如此一來，那些有貢獻的人就因此不再支持我們，我們也變得沒那麼容易親近。我們越來越自戀，對別人的情緒越來越不敏感。有些成功的藝術家或企業家在成名後變得孤立偏執，也許開始質疑周圍所有人的動機，或相信自己高人一等，無論如何，最後的結果都是失去幫助他們建立事業之人的友誼，同時也喪失同理心。如果無法同理別人的問題，就很難想出可行的點子。

要預防這種狀況，祕訣是維持生活中幫助你保持謙遜的事物，也許是使你保持開放心胸的宗教、讓你腳踏實地的另一半，或永遠無法滿足的好奇心，以讓你對於周遭的人事物抱持興趣。把勝利歸功於身邊的人，並第一個站出來承擔失敗的責任。

追根究柢，自我覺察能讓你維持良好的判斷力，也使你容易親近且腳踏實地。無論計畫或目標多遠大，你的旅程都是一連串決定的結果，你也許要做許多決定才能成功，但只要做錯一個決定就可能失敗。保持清晰澄澈的視野很重要，越了解自己與周遭的環境，就越能得到幫助你做決策的資訊，也讓你變得更有競爭力。

套用現成模式，沒人記得也無法打動人心

打造全新的商業模式時，我們可能會想運用現有的事物進行描述，好讓消費者容易產生聯想，像是「按摩業的Uber」或是「刮鬍刀界的蘋果」。符合現狀的壓力源自於希望被了解的天性，但套入現有的模式雖然有助於理解，卻失去了無拘無束的創新能力。

針對這個主題，我最喜歡借用的觀點之一來自詹姆斯．維克多（James Victore），他是一位備受尊敬的設計師，致力於教育新一代的設計人才。我參加過他為學生舉辦的研討會，主題是關於如何抗拒融入。我請詹姆斯解釋，為何他老是接一些令人感到怪異的案子，以及如何應付別人對他的看法：

> 我做這些東西都是不得已的，因為我克制不了自己，這就是我的天性，面對什麼人都戴不了假面具。我知道當前的趨勢和氣氛，但我完全不在乎，也無法強迫自己（很多人可以）去做符合商業風格的東西。趨勢會改變，我相信這就是為什麼，我的作品至今依然能與時俱進，因為只有我一個人在做我做的東西。

天生「怪異」代表你天賦異稟，就像天生就是明星運動員一樣。否認自己的天賦是種罪惡，我的「怪異」很有力量，它讓我脫穎而出。我知道這會吸引某些人們與客戶，但也有人對此抱持反感，我必須接受這個事實。我並不適合每個人，只適合性感的人，就像你一樣。

在邊緣追求引發你興趣的獨特事物，無法理解的人會心生排斥、避之惟恐不及。多數人都不會理解，但未來總是從邊緣開始。朝著未來前進時，只要先吸引一小群喜愛產品的人，而不用取悅所有人。

詹姆斯希望我們接受自己的「怪異」，擁抱你最引以為榮，但其他人無法理解的特質，因為那就是你的門票。但更重要的是，詹姆斯要我們好好運用自己的怪異，並把隨之而來的拒絕當作原創指標。執行計畫時，你是否過早尋求接納？或過度擔心遭到誤解？你是否試著讓產品符合常規，並因而變得平凡無奇？

別屈服於社會寧可接受平凡與熟悉事物的壓力，混亂中程最糟糕的作法之一，就是把新奇見解拉回到平均值。別讓這種事發生在你身上，世人雖要求你順從，卻也需要你打破慣有的模式，讓我們從不同的角度看事情，使生活變得更美好。正如美國藝術家索爾・勒維特（Sol LeWitt）曾經建議的：「試著每隔一陣子就對世界說：『去你媽的』。」然後做你想做的事。

懷疑自己的時候就服用一劑OBECAL

我父親剛入行時，在紐約市貝爾維尤醫院（Bellevue hospital）擔任外科實習醫生，在急診室度過許多緊張的夜晚，必須處理包含用藥過量等各種緊急狀況的患者。

他告訴我，他們在急診室的這段期間，若遇到由於身心不適，出現焦慮症狀的患者，就會開一種名為「OBECALP」的處方，也許用打點滴的方式，或是藥丸。服用一劑「OBECALP」後，多數病患都會冷靜下來。

OBECALP是倒過來拼的placebo——也就是安慰劑的英文。

過去二十年來，許多臨床實驗證明安慰劑糖片的效力越來越強。根據二〇一五年在《疼痛》（*Pain*）期刊發表的一項研究顯示，研究人員發現，一九九六年藥物緩解疼痛的功效比安慰劑高出了27％，但到了二〇一三年，差距已縮減至9％；更奇怪的是，這種效應僅出現在美國，這也是製藥公司很難讓新止痛藥通過實驗的原因之一。無論如何，安慰劑的效果十分強大，有時病患只需要安慰劑帶來的希望，就能恢復健康。

若覺得前途黯淡、漸漸失去希望，內心負面的想法只會讓情況惡化，這時你開始質疑自己的點子，認為自己不夠格、團隊也不夠好。你會成為自己最大的敵人，不再相信自身的計畫和能力。如果遇到這種情況，你就得服用二十毫克的「OBECALP」，現在就去吃。

想像一下，你懷疑自己，是因為社會的免疫系統在運作，目的是消除不符常規的行為；你質疑自己，是因為你在做與眾不同的事，所以這個世界想阻止你，不讓你脫離舒適的穩定平衡狀態。這個世界靠著循規蹈矩來運作，能接受的創新和變化有限。提醒自己，進步是願景加上行動，而絕望則是必經的歷程；在免疫系統開始反應前，通常也是最衰弱的時候。有時，你必須強迫自己吞下一大顆「OBECALP」藥丸，才能熬過那段日子。停止質疑自己，你才能克服疑慮。做決策雖然不能太過天馬行空，但有時也要暫時脫離現實。

我的一個朋友曾替Google共同創辦人兼執行長賴利・佩吉（Larry Page）做事，他告訴我，如果團隊成員向賴利提出了產品或業務目標，他經常會問他們：「如果要達到你們提議目標的一百倍，必須怎麼做？」當然，這個問題一點也不實際，可能讓團隊脫離正軌，但把目標提升到完全不同的層次，會帶來很有幫助的副作用。首先，相較於新的擔憂，無論團隊之前有何疑慮，都顯得微不足道；其次，團隊必須跳脫現實，質疑他們的核心概念。某方面來說，賴利就是讓團隊服用「OBECALP」，讓他們暫時停止懷疑，重新調整企圖心。

領導人必須決定如何使用安慰劑，也許是一次大膽的描述，讓團隊再次想像產品上市的模樣和感覺？也許是讓他們知道應變計畫，前進時才不會瞻前顧後？只要暫時放下懷疑，想像種種可能性，你就能擺脫原本擔心的瑣碎問題。一旦在心中立下目標，就要盡可能以實際的步驟執行。

你不知道自己有多少潛能。無論打造職業生涯、創業或克服病痛，都可以服用一些安慰劑，因為放下疑慮，是讓我們取得進展最重要的因素之一。

決定放棄之前先嘗試從不同角度思考

若處境實在過於艱難，什麼時候該堅持，什麼時候又該放棄？

安琪拉・達克沃斯（Angela Duckworth）在快三十歲時辭去管理顧問的工作，到紐約市的公立中學擔任數學老師。她發現學生能否成功，主要取決於他們夠不夠努力，這遠遠超越其他任何因素。她對此深感興趣，因而開始研究，為什麼有些人比其他人努力；後來，她就讀賓州大學心理學博士，並在二〇一六年把她的發現寫成《恆毅力：人生成功的究極能力》（*Grit: The Power of Passion and Perseverance*）。達克沃斯在書裡解釋，決定成功或失敗的因素是恆毅力，也就是為了實現長遠目標而融合熱情和毅力的特質。

「恆毅力是有耐力的表現，是日復一日，依然對未來堅信不已，不只是這週和這個月，而是年復一年，用心、努力地工作並實現所堅信的那個未來。恆毅力是將生活看成是一場馬拉松而非短跑。」達克沃斯在二〇一三年的TED演講中如此說道。

但在努力的同時，不代表不會表現出絲毫痛苦，或假裝一切順利。達克沃斯在接受《紐約時報》（*New York Times*）的採訪時澄清：「健康、成功、慷慨的人，都是後設認知（Metacognition）異乎尋常之人，他們能夠說出：『我今天早上脾氣太失控了。』這種反思的能力就是恆毅力的標誌。」

我們走到任何旅程的中程時，難免會思考自己是否該放棄。當下也許不易看出來，但處境如此艱苦，也許代表我們找到了競爭對手難以複製之物。問題在於有多接近那個專案工作的臨界點，還是我們只是因為困難而感到筋疲力竭，還是本來就該質疑，最終的目標是否正確。

放棄所有進展、重頭開始極度不易，但最大膽的計畫本來就可能歷經多次「重新設定」（reset）。我們一生中所能看到最具挑戰性、最重要的消費品之一可能就是 iPod 以及隨後的 iPhone 了，所以我向托尼．法戴爾求教，他在創辦智慧家居設備公司 Nest 之前，應賈伯斯要求主導 iPod 及後來的 iPhone 計畫。我問他，他的團隊如何面對走進死胡同這麼多次。

托尼解釋道：「我認為重新設定有兩種，一種是產品規格無法滿足客戶需求，另一種和工程有關，也就是無論公司內部或外部，都無法運用現有的團隊或技術將計畫付諸實行。從 iPod 發展到 iPhone 的過程中，我們多次重新設定，像是從 iPod 到 iPod 手機，接下來是大螢幕的 iPod，然後是觸控螢幕的 Mac，最後才將之結合，打造出 iPhone 來。我們一直在尋找技術和使用者經驗的最佳組合。」如今回顧起來，這樣的過程彷彿稀鬆平常，但花費數月甚至多年來走一條路，卻得重新設定，很可能讓團隊感到筋疲力竭、士氣低落。不過托尼相信，只要對機會有信心，並從經驗中汲取教訓，就能擁有源源不絕的能量。

「在多數情況下，若產品或服務存在的根本理由依然成立，團隊就有辦法接受挑戰，假設你沒有燒掉太多時間或現金，所有團隊成員都在這些『重新設定』，或我所謂的『學習階段』的尾聲，刻意再次投注心力，包括描述學到的教訓、哪些假設必須改變、哪些保持不變，然後重振旗鼓，再次嘗試。」

這裡的訣竅在於區隔困難與從中學到的教訓。若發現原本的假設有問題，像是客戶根本對你的產品不感興趣，或你打造出不對的東西，那就該問自己：在知道所有資訊後，我是否會重來一次？是否再次投入資金和精力，盡可能地解決這個問題？

如果答案是會，那就不要放棄，堅持下去。只要仍然抱持信念，因為進展緩慢而感到不耐，或過程令你沮喪，都是在所難免之事。

但如果你的答案是：「見鬼了，我才不會！若能回到陷入這場泥淖的前一天，我一定朝著完全不同的方向前進。」那就要問自己，為何還在繼續了，是因為無法回收的成本，讓你無法放棄？還是因為你已經投入太多心血？或是面子問題？試著不要以困難程度或可能失去的成本來評估截至目前的進展。

我向來不喜歡「贏家從不放棄」的說法，因為那不符合我從許多成功的新創公司學到的教訓，許多公司的創辦人都揚棄原本的計畫，最後也相當成功，例如推特、繽趣（拼趣）、Airbnb 等等，有些一開始便採用完全不同的營業模式，有些則是打造出截然不同的產品，後來才找出正確的方向。若你已失去信念，卻為了已投入的成本或已取得的成果而拒絕改變方向，那就是基於錯誤的理由來行事了。

若你不想完全放棄，考慮採用另一種方法解決問題，那就務必摒除錯誤的結論。我有個朋友曾在蘋果公司上班多年，他告訴我，賈伯斯只要看到更好的解決方案，就能馬上改變心意，完全不會拘泥於既定的做事方法，只因那個方法在過去管用。許多人都知道，賈伯斯對事情抱持強烈的意見，但他也能將之拋開，完全體現了「強烈觀點，微弱堅持」（strong opinions, weakly held）的說法。只有放手，你才有辦法在放棄之前，從不同的角度檢視自己的計畫。

想創造未來就必須擺脫既有事物

二〇一五年春天，是艾莉克莎．馮．托伯爾（Alexa von Tobel）一生中最開心也最富挑戰的時期，五年前她成立的理財公司LearnVest剛募得三千五百萬美元的資金，並得到數間企業的收購提案，公司處於發展的關鍵時刻，她的管理團隊才剛完成全面性改革。此外，她第一個寶寶隨時可能誕生，且艾莉克莎仍負責管理團隊，並持續扮演公司甚至金融業代言人的角色。

「奇妙的是，當時的生活如此瘋狂，卻讓我把事情看得更清楚，也更具判斷力，」艾莉克莎向我解釋道：「我覺得自己好像參加鐵人三項，你不能太擔心游泳或騎自行車幾百哩的狀況，因為後面還有馬拉松等著你。同時面對許多極端狀況，迫使我更有洞察力也更冷靜，提醒我什麼才是真正重要的事，讓我不會深陷於任何單一的挑戰。若我們因為無法從正確角度看待事情而做出錯的決定，那對我來說，同時面對這些重大挑戰反而是好事。這很矛盾，你越忙，反而越能做對決定，因為你可以把事情看得更清楚。把一個小生命帶到世界上，絕對有助於我從正確的角度看事情。」

艾莉克莎同時面對諸多挑戰，這使她不會被其中一個淹沒。艾莉克莎能清楚劃分並專注於每個問題，同時著眼於未來。她決定出售公司後，把重心放在三個主要的服務對象：股東、員工和客戶上，並主導後來證實很成功的收購流程。在一個星期三，艾莉克莎以三億五千萬美元把公司賣給西北互助保險公司（Northwestern Mutual），然後星期天她就進產房了。

艾莉克莎能保持長遠的視野，區分並管理每項挑戰；這若從她的最終目標來思考事情，包括：當媽媽、領導自己的團隊，並確保自己的公司有很好的併購結果，日常瑣事必然相形見絀。

在職業生涯遇到類似時刻時，可以先區隔出不同的狀況，並在低潮時提醒自己明天會更好。區隔不代表埋葬或否認情緒，而是一次面對一項挑戰，並讓自己運用不同的觀點處理不同的挑戰。暴風雨很容易使置身其中的人感到坐困愁城、孤立無援，即使那只是終究會離開的一種天氣狀況。

在平常的日子裡，分門別類不會比遭遇急風暴雨時容易。你承擔的責任越大，對公司的各種憂慮就越可能限制你的生產力，若要向前邁進，不受當下的焦慮和不安全感束縛，那就必須控制思緒，安慰自己一切都不會有問題。

注意自己在做哪些「沒安全感的工作」

這些年來，我發現自己花太多時間檢查一些事情，像是每天的銷售數據、網站流量趨勢、推特評論、客戶分析、團隊進度等，你也許是研究電子試算表、修改預算，或一而再、再而三地檢查未回覆的電子郵件。若對公司業務感到焦慮，檢查這些東西是最快速的解藥，問題是，你可能花了一整天在研究，卻沒有著手進行任何改變。

我稱這些事務為「沒安全感的工作」，包括：

1. **沒有結果的工作**
2. **不會帶來進展的工作**
3. **能快速完成，所以你可以整天無意識地重複多次的工作**

沒安全感的工作讓你不費力，卻導致你一事無成。

解決之道是先意識到這一點的存在，然後自我克制，並把工作交辦出去。無論是反覆在Google打入相同的搜尋字串，或像檢查在鍋裡燒著的熱水一樣，不停檢查電子郵件，你都必須先識別出這些行為，才能著手改變。如果為了找出某個答案，花半小時跳進《愛麗絲夢遊仙境》的兔子洞，展開漫長曲折的探索之旅，那就要問自己：「這個問題為何那麼重要，找到答案後，又能如何具體執行？」若發現自己做這些事只是為了心安，而無法轉換為任何具體行動，那就可能是沒安全感的工作。

一旦確定自己在做哪些沒安全感的工作，接著就要為你自己制定方針和慣例，例如：你可以容許自己在一天結束前找出一段時間，比如說，在三十分鐘內瀏覽令你感到好奇的事物，把這些事情集中在一個時段盡情地做。

減少沒安全感的工作，目的是釋放心靈、精力和時間，如此一來，你才能好好構思並執行新的點子，而非不停檢查過去的想法。

專注於前方的道路

無論是面對生活中最難熬的時刻只是日復一日的高低起伏，都可以透過專注於前方的道路，讓自己不再沉浸於擔憂過去發生的事。

最近我去日本旅行時，在一間佛寺裡學到日本庭園的枯山水與其背後的意義。這些庭園的細沙碎石勾勒出無懈可擊的紋路，圍繞著做為枯山水庭園支柱的巨石，創造出無與倫比的設計。從耙製沙紋的過程中，禪宗的原則呼之欲出，也就是說，如果專注於每一條線，那條線就不會直，你必須看著前方，才能把線畫直。

這令我恍然大悟，禪宗的這項原則正好可以協助團隊通過每一天的挑戰，同時堅守長遠目標。若低頭畫線，一直擔心腳下的砂粒，線就會畫得歪七扭八。每天做的那些沒安全感的工作，就好比只關注腳下的問題，而不是把心力放在長遠的目標上。若能區隔想法、展望未來，不太擔心每天發生的事，到了最後的回顧時，就會發現線畫得更直，你也更接近自己的目標了。

用問題來釐清思緒

旅途中程充滿不確定性，感覺就像在黑暗中摸索前進，但偶爾會出現一盞燈，不是照亮地平線的投射燈，而是聚光燈，讓我們看得到背景並稍感安慰。在這些罕見的時刻，你突然意識到自己身在何方、看得見背後有什麼，以及接下來會發生什麼事。

這些年我領導和輔導的團隊，都在這種豁然開朗的時刻取得莫大進展，也許是制定出完美的品牌、設計出與眾不同的功能，或是做出徹底翻轉計畫的關鍵決策。但是你如何找到那盞燈的開關，同時不讓光線照得你眼花目眩？怎樣的情況能夠促發這種時刻，你又如何充分運用？

我記得二〇一四年初，潛望鏡（Periscope）的團隊推出第一個直播視訊產品前，就出現過這種靈光乍現的時刻，他們因此大幅度翻轉產品，最後獲得推特收購。

剛認識潛望鏡的創辦人凱文・貝克普爾（Kayvon Beykpour）和喬・伯恩斯坦（Joe Bernstein）時，他們正在打造一項很不一樣的產品，名叫 Bounty，最初的構想是讓世界各地的人付費，要求正好就在附近的人拍下特定地點或事件的照片。這個點子雖然很有潛力，但在團隊內部進行一連串腦力激盪，從更廣泛的角度檢視社群媒體以及剛興起的直播視訊領域後，他們在最後短短幾天內，改變了公司的營運方向。

當時的社群媒體，主要是讓用戶刊登照片和預先錄製好的影片，無論是臉書、推特或 Snapchat，你看到的照片和影片都是已經發生的事，因此很難感到身歷其境。若可親眼目睹一件事，就能感同身受，與身邊的人產生連結。觀看事先錄好的影片，或無法與之互動的直播電視節目，都很難讓觀眾投注感情於其中。

潛望鏡的團隊和我討論了這個想法，行動寬頻技術已經越來越進步了，當時我們思考：「直播視訊日愈可行，怎樣的社群媒體體驗，才能讓我們更接近真相，能讓我們從別人的角度來看事情？」這個關鍵的問題最後促成了「遠程傳送」（teleportation）的概念，任何人都可以透過別人的眼睛目睹並經歷一件事，與傳送影片的人互動之餘，還能影響觀看內容。遠程傳送的概念讓他們豁然開朗，並因而改變公司的方向。短短幾天內，凱文和喬準備好新提案，並雇用了一名視訊工程師，團隊以這個新遠景募得一輪資金，接下來就不用我多說了。

潛望鏡團隊的頓悟來自於分析市場，進而引導出對的問題。如今回想起來，團隊轉變方向前的混沌不清都只是線索，需要進一步討論和思考，等到對的問題終於浮現後，一切都會趨於明朗。

假使團隊找不到方向，或覺得進退兩難，往往都是有新問題幫助他們突破，而非就原始問題找出更好的答案。若要在時間和資源都有限的壓力下做決定，我們便很容易接受既有的前提，埋頭苦思新產品或新功能，而非先提出問題，或質疑原本希望解決的問題是否依然成立。

無論是寫作遇到瓶頸的作家，或始終無法讓客戶滿意的新創團隊，也許都可以改變你所要問的問題，如果困擾你的問題是：「為什麼大家都不用我們的產品？」也許更好的問題會是：「怎樣的人最能從我們的產品獲益？」若對此感到迷惘，就試著換個問題去問吧。

一個好問題能帶給我們意想不到的答案。只要觀看任何優秀記者的訪談，例如：湯姆・布羅考（Tom

Brokaw）或凱蒂・庫瑞克（Katie Couric），你就會發現，提出好問題本身就是一門藝術。避免引導式的問題，才不會影響討論；若是帶有指責的意味，則很可能引發戒心；如果你問的是反問句（rhetorical question），則無法讓你得出一項替代方案；至於是非題（yes or no question），則很難激發超越答案本身的討論。

最好的問題是釐清想法的關鍵，且能拆解真相、讓我們敞開心胸，並透過同理客戶的痛苦、忽略已投入的成本與過去的假設，找出問題根源。打造新事物時，要把重心放在提出對的問題上，而非找出正確的答案。

有時必須重新來過才能向前邁進

假設情況實在糟透了，而你意志消沉，那要如何恢復？如果計畫失敗了，或你遭到解雇，又可以如何重振旗鼓？

凱瑟琳．敏秀（Kathryn Minshew）在紐約和合夥人創辦的求職網站繆思（The Muse）大受歡迎，不過在那之前，她曾被自己成立的另一家公司「漂亮年輕專業人士」（Pretty Young Professionals）解雇。

二〇一〇年，凱瑟琳．敏秀還在麥肯錫（McKinsey）上班時，與三位年輕女同事一起創辦替上班族女性打造的社交網絡「漂亮年輕專業人士」（ＰＹＰ，Pretty Young Professionals）。二〇一〇年十二月，凱瑟琳．敏秀同意管理ＰＹＰ，並率先辭去麥肯錫的工作，擔任不支薪的執行長兼總編輯。她在二〇一〇年向《富比士》（*Forbes*）雜誌的彼得．科恩（Peter Cohen）描述這個決定：「為年輕專業女性提供紮實、能夠提升自信心的內容，賦予她們掌握自己職涯的能力，這是很有潛力的市場；過去，聰明的女性沒有太多聰明的選擇。」這樣的願景後來由繆斯網站完成，現正為五千萬名用戶提供服務，其中超過65％是女性。

不過在打造ＰＹＰ的過程中，除了斷斷續續之外，創辦人也爭執不斷。公司幾度重新設計，且對於如何管理也意見分歧，這使得凱瑟琳．敏秀在公司成立不到一年後，就做出一個困難的決定。她在接受《創業家》（*Entrepreneur*）雜誌採訪時如此解釋：「整整三個星期，我不是像胎兒一樣蜷縮著身體，就是站在白板前，試著釐清自己有多想爭取現有的公司，或者另闢蹊徑、重新開始。」最後，持有最少股權的兩名共同創辦人以法律訴訟為要脅，解除凱瑟琳．敏秀的執行長職位。她回憶：「我完全措手不及，對此感到十分震驚。」接著，她們背著凱瑟琳．敏秀，重新推出目前仍在運作的公司：Levo League 網站。

凱瑟琳．敏秀大可自怨自艾、拋棄夢想。反之，她決定重新來過。遭解職後不到幾個月，凱瑟琳．敏秀就推出「每日繆斯」（The Daily Muse，現更名為 The Muse），這也是按照她想法運作的專業社群網站。PYP的員工（其中多數由凱瑟琳．敏秀雇用）和一位PYP的共同創辦人加入了她的公司，該網站第一個月的訪客數量就超越巔峰時期的PYP。凱瑟琳．敏秀告訴《創業家》雜誌說：「這個過程很痛苦，但被迫重頭開始是很好的禮物，因為在團隊共同經歷了種種困難後，我們變得更有信心，相信沒有任何事情能夠阻擋我們。」二〇一一年十一月，繆斯網站獲選進入 Y Combinator 創業加速器的培育計畫。

今天，繆斯網站是千禧世代最信賴的專業平台之一，上頭羅列著：高盛（Goldman Sachs）、富國銀行（Wells Fargo）、蓋璞公司（Gap）、HBO電視網、康泰納仕（Condé Nast）和彭博資訊公司（Bloomberg）等數百家公司的職缺和簡介。凱瑟琳．敏秀在人類學公司（Anthropologie）的「性格女子」（Women of Character）部落格表示：「我真實生活中的英雄，往往是突破障礙或克服萬難的人，不只是個人的困難，也包括開疆拓土、創造新局。」毫無疑問地，她就是那種人。

凱瑟琳的故事並不罕見。衝突導致失望，隨之而來的則是洞察力與自我反省，最後再度點燃使命感，然後重新嘗試。重整旗鼓通常會歷經六個階段：

感到憤怒

如果你感到憤憤不平、失望不已，那就容許自己好好感受這些情緒。情緒是真實的，否認只會讓你持續生氣，更糟的是滲透到生活中的其他層面。

暫時脫離

第二階段是給自己一些空間，釐清思緒。計畫出了問題，你感到氣憤沮喪，但我們一生只活這一次，雖然你可能很想跳回去為自己辯護，但轉換環境對你的大腦和判斷力都有所助益。也許脫離當下的處境並不容易，但如果休息一下，像是出國一週或到海邊度假，事後回想起來你會發現，這非常有幫助。別忘了你是自由的，而且你還活著，且自由自在地活著。

剖析情況

當憤怒的感覺漸漸消退時，你也和那起事件保持了一定的距離，現在要以健全的心態和正確的角度剖析當時的情況。究竟出了什麼問題？你有沒有預感？為什麼？回想一下誰說了什麼，以及為什麼如此說？這之中存在哪些外在因素？也可以請教另一半、配偶或好朋友的觀點。他們對此是否感到驚訝？他們認為發生了什麼事？這個階段的目的是學習，而非找戰犯：你只是試著了解究竟發生什麼事。把自己想像成中立的偵探，正在解析犯罪現場，所以要盡可能蒐集資訊，而不是太快做出結論。

承認自己扮演的角色

在完全了解情況後，就要承認自己在裡面扮演的角色。回想一下，你做了什麼錯誤的決定？是否有哪個環節沒有好好溝通？是否低估或高估什麼人或事？下次會怎麼做？確保「要是……該多好」是雙向的，不僅要找出外在因素及可能造成問題的人士並思考：「要是他們不這麼做就好」，同時也要針對自己進行同樣的審查：「要是我……該有多好」，如果從中汲取教訓，就能提升未來的潛力。另外，也要思考什麼人可能在過程中受傷，並主動聯繫你可能傷害到的同事、客戶或投資人，讓他們了解你的觀點；若有必要，就向對方道歉，這樣的處理方式對你與他們來說一樣重要。只有負起該負的責任，好好面對沒交待清楚的事，才能將不好的經歷一筆勾銷。如果沒有妥善處理，而導致內疚或憤怒的情緒揮之不去，反而會消耗你的精力。

把故事寫下來

現在，要把過去的經驗和未來的計畫串連在一起。首先，寫下發生的事與你從中學到的教訓。重點不在於把故事寫得精彩優美，而是要花時間整理事發經過、從中學到的經驗，以及希望接下來怎麼做。開啟下一個計畫時，你要提醒自己故事的情節；等一切塵埃落定，可將過去和未來的旅程連結在一起後，你也能和別人分享這段經歷。分享自己東山再起的過程，以及如何把失敗轉換為機會，不但能激勵別人，也可以獲得對方的信任和尊重。我都會鼓勵正在轉換職業跑道或面對重大挫折的人寫部落格或寫長信，即使沒有發表或寄出去都沒關係。

捲土重來

從挫折中學到教訓，並整理好那段經歷後，你必須再次展開行動。別忘了你要先後退幾步，才能朝著新方向前進。有時你得縮小抱負，但無論大小都是進展。只要做你真正感興趣的事、好好發揮所長，就是朝著正確的方向前進。假使發現自己回想到過去，便開始質疑自己的能力，那就把思考重心轉移到自己已經更有歷練、更能處理未來的挫折上；每場風暴都是讓我們為下一場風暴做準備。遇到打擊、捲土重來從非易事，但是，重要的事永遠不容易。

你一定能恢復，還會變得更強大，只要一步一步慢慢來。

擁抱長期作戰

長期作戰必須採取的行動無法以傳統規則衡量

人類非常短視。我們擅長找出因果關係，並預測行為的短期影響，但是對於涉及連鎖反應，或為未來奠定基礎的行動，我們就不那麼擅長。若要維持動力、忍受漫長的旅程，就必須採取截然不同的衡量方法。

長期作戰有時必須打破生產力的規則，例如：你是否只和短期內可能帶來實質交易的對象會面，還是努力建立可能在多年後引導出合作的關係？你是否願意不為特定理由進行腦力激盪，即使在很忙的時候？你是否只花時間在當下對你有幫助的人，還是願意投資在你信任的人身上，即使他們下個計畫比較可能成功？雖然許多人聲稱自己重視長期布局，但事實上，很少人有那種耐心。

好奇心提供你追求長程目標所需的能量，如果真心對一件事感到好奇，你就比較不會以傳統的方法衡量生產力，而是願意面對混亂、從學習新事物的過程中取得成就感，而不是只做好該做的事。你為了好奇心探索所有可能性，不會一心只想看到結果。

我所認識最傑出的創投家，都是極度好奇的人，例如：投資 OpenTable、Stitch Fix、Zillow 和 Uber 的知名投資人比爾・葛雷（Bill Gurley），認識他這麼多年，我發現他無論多忙，都會花時間深入探索他感興趣的領域，這點令我相當佩服，從運輸業、腫瘤學到緊急醫療制度，比爾都會花上好幾個月甚至幾年來研究，不在乎何時或是否會有投資的機會。他不是為了達成交易而分秒必爭，而是熱愛學習。

如果那項長程目標牽涉到其他人，那就會更加困難。如果你為了長遠的考量，婉拒當下的機會，別人可能會搞不清楚你在幹嘛。你種下的種子，包括：長久的情誼、出於好奇心的探索、或運用邏輯推理在腦袋裡進行的實驗，在旁人眼中或財務上都較難獲得支持。

許多人都知道，亞馬遜創辦人貝佐斯（Jeff Bezos）的視野遠大，二〇〇九年，他在亞斯本研究所（Aspen Institute）的演講裡重申類似觀點：「如果打算發明創造，必須願意長時間受到誤解。如果你花了很長一段時間做你真心相信的事，並抱持堅定的信念，很多出於好心、但不了解情況的人可能會批評你的作法。」要熬過這段時期，你不能渴求讚美，也不能寄望別人理解；追求長程目標是考驗你的意志和毅力，以及你是否真心感興趣。

以耐心滋養策略

世界上有許多人會想到翻轉某個行業或建立指標性品牌的點子，但很少人能長久堅持自己的策略並實現遠景。雖然一個很棒的策略可能在短時間內形成，但真正執行起來，就必須歷經長期不斷修正、極度痛苦和殘酷的現實（也就是混亂中程）。若要實現策略，你必須重整自己的期望並衡量進展的方法，同時為團隊打造出有耐心的文化和架構。

公司和人一樣缺乏耐心，甚至更沒耐心。如果在大企業裡執行計畫，衡量的標準通常是每季的表現，如此一來，就更難得到實現大膽策略所需的時間和空間。因此，你必須建立鼓勵耐心的機制，無論是文化上或組織架構上，並願意守護自己的長遠目標。

培養有耐心的文化

一九九七年，亞馬遜第一年上市時，貝佐斯寫了一封信給投資人，這封信如今已廣為人知。他先概述自身領導市場的策略：「由於我們重視長程，所以做決定和權衡輕重的方式可能和某些公司不同。因此，我們希望和你分享我們的基本管理與決策方式，好讓你，我們的股東，可以確認是否符合你的投資理念。」貝佐斯接著向投資人與他的團隊解釋箇中意義，接下來的這段話可以提醒我們，大企業可以如何培養鼓勵耐心的文化。

我們會持續且毫不猶豫地把重心放在顧客身上。

我們會持續以長期領導市場為考量，而非以短期獲利能力或華爾街的反應來影響我們的投資決定。

我們會持續分析、衡量計畫與投資成效，淘汰回報欠佳者，並針對表現最好的計畫增加投資。

我們會持續從成功與失敗中學習。

在發現可能取得領先市場領導地位的優勢時，我們會持續展開大膽而非膽怯的投資決策，其中一些會得到回報，有些則未必，兩者對我們來說，都會是寶貴的一課。

如果被迫在優化GAAP會計報表和未來現金流量現值之間抉擇，我們會選擇現金流量。

我們做出大膽決定時（在競爭壓力容許下），會和你們分享我們策略思考的步驟，好讓你們能夠評估，這是否為理性的長期領導力投資。

我們會把錢花在刀口上，努力維持精簡的文化。我們十分了解，持續優化成本意識這種企業文化的重要性，尤其在極易產生淨虧損的這一行。

我們會平衡成長、長期收益與資本管理。在當前的這個階段，我們會優先選擇成長，因為我們相信，規模是達成我們商業模式這項目標的核心。

我們會持續招聘並留住靈活、有才華的員工，並持續以認股選擇權而非現金來獎勵表現優異者。我們知道，我們的成功很大程度上取決於我們吸引與留住積極進取員工的能力，每一名員工都必須視自己為公司的老闆，因此也必須讓他們成為公司的主人。

我們不會大膽到聲稱上述都是「正確的」投資哲學，但那是我們的哲學，如果沒有闡明我們目前以及將持續使用的策略，那就是我們的疏忽。

後來，貝佐斯每年發布致股東信時，都會再次附上這封信。他顯然希望把握每次機會，向所有投資人和員工重申這些原則。

貝佐斯還有個故事令我印象深刻。在亞馬遜成立初期，有一季的表現相當優異，貝佐斯在恭賀團隊後，卻提醒他們：「我們這一季的表現不錯，是因為我們在三、四、五年前做的事，而非因為這一季所做的事。」優異的創新往往要過很久才看得到結果。新計畫必須不斷改進與優化，也需要時間，才能擴散、普及並出現成效。

亞馬遜也許是最好的企業範例，讓我們看見耐心執行長程策略的成果。我在亞馬遜上班的朋友都說，貝佐斯對外不斷強調，長程思維有助於優化公司內部願意冒險並追求長期策略的文化。假使遭遇失敗，例如亞馬遜的手機只撐不到一年，貝佐斯就會明確地讓員工知道，如果公司有夠多創新的點子，他就預期看到更多、甚至更大的失敗。在新技術出現時，例如語音助手Alexa，不會馬上受到利潤或使用率衡量，而能夠慢慢發展，只要團隊對長期策略抱持信心，就不會妄下評斷。貝佐斯透過企業文化來培植策略與耐心，改變了人類追求即時回報並希望在短期內就看到進展的天性。

鼓勵耐心的組織架構

有些公司則運用組織架構來培養耐性，Google就是其中一個例子，這間公司有超過90%的收入來自廣告，他們為了培植創新計畫，在二〇一五年更名為「Alphabet」，把大膽的舉措與核心業務分開，Google因而成了控股公司的子公司之一。這個歷史性的決定，是為了讓必須長期發展的新計畫受到組織架構的保護，因而脫離Google，以獨立公司的方式運作。

因此，他們有像是研發自駕車技術的Waymo。這些公司都是投資組合的一部分，沒有在短期內增加價值的壓力，也毋須依據季度表現評斷是否有繼續存在的理由。若組織規模較小，有些公司會從呈報對象、實際所在地，以及衡量表現的方式來分隔某些團隊，保護他們不受季度利潤與短期績效的影響。

替組織或專案設計鼓勵耐性的架構，最終可以克制我們使用傳統措施衡量短期進展的天性，耐性不代表容忍毫無作為或進展過慢，而是以其他方法來衡量計畫的影響力。關於這點，企業雲端檔案儲存公司Box的創辦人兼執行長亞倫・萊維（Aaron Levie）在推特上說得最好：「能夠成功的新創公司，可以在很長一段期間內都感到不耐煩。」

成功的創業故事往往淡化了耐心的重要性。它們做作地把進展描述地太快，如果相信了這些故事，你便很可能過早放棄，例如許多人認為，提供影片串流服務的網飛（Netflix）是百視達（Blockbuster）與租借DVD的替代品，轉變趨勢過程看似簡單，但卻花了十年，並堅持執行一項策略——也就是把租借影片的流程轉移到網路上並脫離實體店面才達成目標。

策略的第一部分，是將顧客從到店租借DVD的習慣轉移到以郵寄方式進行。畢竟在一九九〇年代末期，在網路上觀看長達兩小時的影片，無論對供應商或消費者來說，在技術上都會是個噩夢。等到更快更便宜的寬頻網路出現後，網飛才能大規模地提供數位訂閱服務。

有許多年，產業分析師都質疑甚至嘲笑網飛的作法。網飛執行長里德．哈斯汀（Reed Hastings）在二〇〇〇年曾與百視達執行長約翰．安提奧科（John Antioco）接洽，當時，該公司的業務重心仍是透過郵件租借DVD。據說里德．哈斯汀曾提出以五千萬美元出售公司。根據《綜藝》（*Variety*）雜誌報導，安提奧科認為，網飛是「一間非常小型、專攻冷門市場的公司」，因此婉拒了這個機會；百視達在二〇一〇年宣告破產，而在撰寫本文之際，網飛已是市值一千五百億美元的公司。他們的策略花了將近二十年才達成。

看似快速取得的勝利其實紮根極深。你必須替團隊建立並提供衡量的標準，才能幫助他們熬過長期遭到的懷疑、模糊和誤解。若將耐性發揮到極致，就能夠延長團隊的渴望和動力。

沒有衡量短期的生產力，就必須增加短期的專注力。前一陣子重拍《神力女超人》（*Wonder Woman*）的導演派蒂．珍金斯（Patty Jenkins）在接受財經科技網站《商業內幕》（*Business Insider*）採訪時談到，在執行歷時數年的計畫時，維持密集的專注力非常重要，她說：「我認為，長期專注於最終目標是最困難的部分。有了長遠的目標後，你必須牢記於心，當身邊各種元素每天都在改變，例如：某個鏡頭的效果……或故事情節稍微有變化，那個目標都不能改變，你必須緊緊抓住那個核心。」無論決定如何調整團隊架構，好讓長期策略得以執行，你都必須抓住核心目標。

尋求個人的耐心

儘管我們理智上都了解，追求目標時必須有耐心，但卻很少人願意這麼做。談判的時候，我們尋求短期內風險最小、能夠最快取得的回報；面對每日的市場波動，我們沒有耐性運用長期投資理論，即使從架構上來說，我們認同其中的道理；我們花一年研究一項計畫，卻在產品推出幾週後，就開始質疑它的成效，沒有讓理念有足夠的時間紮根，或讓消費者認識你的品牌。

多數人無法耐心收割自己付出的心血，這點相當可惜。傑出的團隊是從在低谷跋涉的過程中得到力量和韌性，而非來自於站在山頂欣賞美景，然而新創公司往往在遇到挑戰時失去人才；正是因為這些挑戰，你才能脫穎而出，若能將之征服，它就會成為你的護城河。持久的耐心和毅力是很大的競爭優勢，即使擁有最好的策略、人才和資源，也無法一蹴可幾。

培養自己和團隊的耐心，選擇合適的速度，然後調整腳步。達成短期目標雖然值得慶祝，但也要讚揚持久的努力。培養重視堅持理想、不斷前進的文化，並揚棄傳統的衡量標準。以架構來鼓勵團隊追求不受日常運營壓力牽制的長遠計畫。同時記得，能夠長期堅持策略是相當難能可貴的特質。耐心、專注、團結、持續前進，是任何團隊都可以努力追求的競爭優勢。

好走的路只會把你帶到擁擠的地方

制定長程決策時，例如選定建構產品的技術，請記得，你可以輕鬆取得的，別人也很容易拿到。我在Adobe工作時，凡是與產品團隊討論路線圖，或決定產品的技術架構，通常會有一個「簡單選項」，提供多數所需的功能，另外也有一個「最佳選項」，實現這個選項的過程必然困難昂貴，但功能更加強大。我都會去問：「如果採用簡單的選項，對手可以多快趕上？這是不是投資的好機會，讓我們真正脫穎而出？」若想在業界取得領導地位，有時必須走難走的路。我們要提防阻力最小的道路，這也許在短期內很吸引人，但長遠來看，往往無法幫助我們形成區隔與防禦。歷時越久，捷徑就越無法令人滿意；漫長的比賽最難打，卻能帶來最大的勝利。

把長期作戰拆解成不同章節

多數團隊只專注於「最小可行產品」（minimum viable product，簡稱ＭＶＰ），也就是以最低的成本完成產品，並以最快的速度放到市場上測試是否可行，但拼趣的共同創辦人兼執行長班・希伯曼（Ben Silberman）不在乎受到外界低估，且在這個多數人透過最新的頭條新聞、華而不實的簡報，以及自吹自擂的進展來評估公司表現的領域裡，他能一直保持低調。對於啟動創造利潤的業務，班也格外有耐性（這點也讓部分投資人感到痛苦），能夠等待產品和團隊做好準備。這樣的耐性和紀律來自於他和同領域的其他領導人採用了不同的時間量尺。

班向我解釋：「矽谷以及整個科技業，相較於我從小到大習慣的時間量尺，可說是極度壓縮。我的家族裡有多位醫生，他們必須花上七到十二年來學習這門專業，且學成後還只是資歷最淺的醫生，我把這個概念帶入拼趣。我們當然重視速度，但只因為一個行業快速發展，並不代表我們必須對速度同樣偏執。我也提醒自己，這整個行業相對而言還不夠成熟，並沒有所謂的最佳作法。所以為什麼要配合其他公司的作法或速度呢？我的時間量尺比他們還長。」

班把公司的不同時期拆解成章節，每個章節都包括開始、目標、反思和獎勵，例如：公司成立幾年後，拼趣的網站擁有迅速成長的忠實用戶群，他們進入「成為行動服務公司」的新篇章。當時，拼趣主要以網站的形式運作，班認為他們必須轉型為優先提供行動服務的公司。

拼趣的下一章是「提供全球服務」，這時，公司上下再次為了實現這項目標而轉型，他們研究如何為不同地區的用戶制定服務策略，並在網站上提供各種語言選項。

大約一年或者更久後，下一章則是「成為現金流的公司」，他們把重心放在開發能夠擴展的商業模式，同時優化產品使用經驗。在這一章裡，公司因此引進一組新的領導人和合作夥伴，並轉換產品的優先順序。

我喜歡他這種「章節」的作法，因為公司裡面的每個人都可以參與，且為具體的目標，而非僅是戰略。每個章節都要求員工從不同的角度檢視產品，再次設身處地體會用戶的使用經驗，並誠實評估既有團隊與公司需要怎樣的團隊。每個章節是一個明確的目標，強調重心擺在哪裡，並讓團隊自行決定運用什麼策略。結束一個章節之後，班認為他們必須反思，並獲得獎勵。

章節的作法有助於拆解達成遠大理想所需的漫長時間。班說自己並非專家，只是希望描述目標，他向我解釋：「夢想、戲劇性事件、高低起伏，都可以激發我們去投入，但你需要許多小故事，才能完成每一個章節。」如果沒有明確的使命，我們很可能迷失方向。

熬得夠久就能成為專家

專家往往仰賴既定路徑、策略和假設，但這些都會過時，且擁有越多專業知識，就越難偏離既有的規範。由於當今的產業領導者不斷重複過程而形成的「肌肉記憶」（muscle memory），反而讓我們有機會進入一個領域。新創公司「破壞」一個行業最好的方式，就是以局外人的身分證實自己的論點，他們還沒有因為在一個領域待太久而疲乏，同時深信某些作法必須改變。接著就是要撐得夠久，變成專家，才能把你帶入的不同技巧與作法拿去與其他人競爭。有些人說，那是「弄假成真」，但我認為，那是為了解決問題而另闢他徑，進而取代原有的選項。

Airbnb 和 Uber 這類公司就是如此，他們的創辦人都非業內人士，但對於哪些環節應該改變，則抱持強烈的意見或看法，然後在撐得夠久後成為專家，以更好的技術、市場模式與更低的成本結構與他人競爭。

Airbnb 的共同創辦人喬．傑比亞在公司剛成立時對旅館業所知甚少，他回憶道：「我當時真的很天真，如果從一到十，我準備好的程度……大概只有三。」喬和團隊大膽啟動計畫，但後來花了很多年、嘗試了很多次，才開發出我們今天熟知的模式。撐得夠久並不容易，政府過時的法規、多年的沒沒無聞都可能把你擊倒，技術能力不足也是很大的問題。若想以局外人的身分進入一個行業，韌性就是最重要的特質。

你和你的團隊必須了解，專業知識何時是優勢、何時則是弱點，重點在於，你們質疑的規範及關鍵動態是否已經獲得翻轉。不要認為你可以比原來的人「做得更好」，而是把重心放在你相信其他人都做錯的地方。更重要的是，團隊一起打拚的時間必須夠長，才能提升專業知識和速度，讓你的長程理論發揮作用。

回想 Behance 剛成立時，團隊的準備實在不夠充分。我們認為創意領域必須改變，但團隊中沒有一個人在這個領域待得夠久，也缺乏建構大型應用程式的經驗。也許你可以說，我們儘管有這些缺點，仍成功打造出 Behance 平台，而並非因為有這些缺點。但當時既有網站的常見作法，確實與我們的論點背道而馳。

例如：那時多數的線上作品集網站，包括：DeviantArt、Myspace 和 Saatchi's 這類數位社群，單純只提供用戶上傳大量圖片的空間。當時的藝術作品網站基本上，都只有一堆圖片，沒什麼組織，他們的觀念是圖片越多、吸引越多人瀏覽，就能帶來越多進帳。

相形之下，Behance 推出的第一個版本就讓用戶把作品整理成不同「專案」，並附有按順序編排的圖像、文字或其他形式的媒體與資料，讓觀者了解作品背後的意義。競爭對手主要靠大量圖片建立網路藝廊，我們則希望協助創意專業人士講述作品背後的故事，聽起來雖然不錯，但採用這種方法，使得用戶必須花更多時間把圖片上傳到 Behance 網站。因此，我們一開始的用戶很少，創意人士還沒體認到多花一點時間可以帶來什麼好處。

如果我們當時更了解情況，可能會選擇保守行事。不過還好我們不知道。Behance 後來在使用者心目中是較專業且有組織的平台，能讓他們展示並發掘創意作品。

我們這個缺乏經驗的團隊也熬得夠久，才能看到想法和計畫付諸實現。即使遇到對未來極度不確定的時候，我們也只會質疑自己對問題的看法，以及理想中的「最終狀態」為何，但長程目標從未消失。Behance

曾數度瀕臨瓦解，但我們因此變得更明智，關係也更緊密，團隊初期成員共有十多人，其中十個，在七年後仍一起工作。對於這個了解不多的領域，我們的優勢只有忠誠、寬容、耐心以及對使命的承諾。專案管理網站Basecamp的共同創辦人傑森．弗瑞德（Jason Fried）指出，最成功的新創公司（start-ups）其實只是「撐得下去的公司（stay-ups）」，就像他所解釋的：「撐得比別人久，就是最有競爭力的舉動。」

無論是否分內之事
都要努力去做

想要出類拔萃，就要主動做事，即使不是自己分內的工作。很多大公司的員工喜歡抱怨他們不認同的策略或是產品的缺點，而非個人的缺失；如果是小公司或自由接案者，則傾向於怪罪客戶或環境。我們往往把太多精力花在直接的指責和表達失望上，而非主動解決我們看不慣的問題。

每個人對事情都有意見，但很少人願意去做些什麼，尤其是不屬於工作範圍內的任務；如果主動去做職責以外的事，結果一定出乎意料。不贊同團隊的行銷手法？那就擬訂一套方法，整理簡報，然後主動呈報；知道如何改善同事製作的產品？那就自己動手做，即使最後的功勞歸給別人（歸功這種事到最後一定會找到源頭）。

我合作過的許多團隊，每次只要有人主動執行沒有明確責任歸屬的任務，點子往往能在短時間內付諸實行。我們通常不缺過程或點子，缺少的是願意去做分外工作的人。那些主動做事的人也因此能成為領袖。

大家不願意做職責外的工作不是沒有原因，因為那太辛苦，很可能分散能量，或是使你無法顧及生活中的其他層面，但是如果想站到最前線，獲得領導新局的機會，你就必須付出這樣的代價。我們不是成為系統裡的齒輪，就是設計出更好的系統；當然，如果你渴望改變所處的行業，留下寶貴的印記，就必須挑戰你認為造成局限的系統。所以一旦發現錯誤，就要主動修正。

成立並領導 LCD Soundsystem 樂團的詹姆斯・墨菲（James Murphy）說得很好：「最好的抱怨就是動手改變。」如果發現自己感到挫折或不滿，就要把這種能量轉換為堅持不懈的創造力，無論是不是分內的工作，都要去做。研究、測試、撰寫白皮書和簡報以證實自己的論點，即使得私下花時間都沒關係，最後得到的成就感會遠遠超越完成指派的任務。

創業者與在大公司內創新的人都具備相同的特質，也就是不願接受別人認定的角色。未來是由做分外工作的人創造，你必須加入其中，並雇用這種人。這個社會上充斥著質疑和空談，真正做事的人卻很少，所以不要多說，做了就是，而且事事都要關心。這樣一來，你的影響力必然會超越那些只做好分內工作的人們。

第二篇 優化

混亂的中程除了忍受無法避免的低谷與災難，也要運用旅途中的「高峰」來累積動能，並辨識和充分利用有效的做事方法。如果能夠忍受低谷，從中獲得教訓，就能攀上巔峰。只要發現有效的方法，例如提升工作效率的習慣、改善團隊表現的關鍵決策，或只要稍微調整產品，就能讓客戶滿意的作法，你就必須深入評估，那些作法為什麼有效？如何複製？又如何將其推廣到整個團隊？

旅途的巔峰很少按計畫出現。你只能設法規劃，卻無法預知真實世界的影響，例如天時與人和。你的產品越創新，就越難預測結果，看似無關緊要的改變，事後可能證明極為重要，而仔細構思下的決定卻也許可有可無。你必須接受意外的驚喜，對事情發生的原因充滿好奇，並努力優化受歡迎的部分。

為了明天的傑出成果，你必須堅持今天要有卓越的表現。產品的每個環節都應該不斷改進、團隊要精益求精、行銷和描述產品的方式應該更能打動人心、工作習慣和流程必須更有效率。你要以自己的成就為榮，同時永遠不滿足。

不斷的提升，是源於相信自己可以做得更好的信念。不是修正有問題的產品，而是改進原本已經不錯的東西。

就像Google和其他現代網路公司率先透過ＡＢ測試來提升產品一樣，他們比較更改後的版本（版本Ｂ）與原始版本（版本Ａ）的表現，以改善網頁或數位體驗，例如電子商務網站可能改變「購買」按鍵的顏色，並針對特定比例的客戶進行測試。如果新版本促使更多客戶購買產品，他們就全面更改，不然就回復到先前的版本。即使看似沒問題的東西，也幾乎一定有辦法提升。

ＡＢ測試不僅適用於網頁的按鈕，也可運用於生活中的所有層面，從測試日常生活習慣到團隊運作的方式，例如改變開會模式和時間，或嘗試使用新工具一週；如果有效，就永久改變，要是情況變糟，只要回復到先前的版本就好。

擅長優化的人會不停思考一件事為什麼有效。拼趣的班．希伯曼將這個過程描述為「永遠向後檢討，並融入前方」，他解釋道：「我認為相較於錯誤，可以從成功學到更多，導致失敗的原因可能有一百萬種，但成功的因素通常不多。如果想成為優秀的跑者，你是去研究跑得慢的人，還是跑得快的人？我認為花時間了解事情成功的原因，無論自己

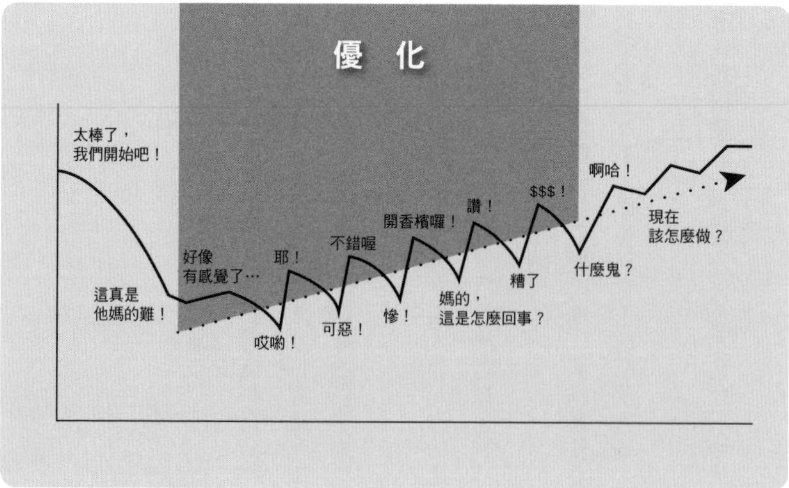

或他人的成功都有很大的幫助……只要問自己為什麼，就能向成功學習。那些都是你想了解、且應該做更多的事。」

了解事情為什麼做對，你會發現團隊和產品獨特的優勢。這聽起來似乎顯而易見，但事實上，我們很少花時間改善原本就已經有效的作法。若能優化推動那些讓你前進的事物，你就能前進地更快，不要把所有能量花在解決問題和滅火上。

長期營運的公司失去領導地位，是因為成功導致他們疏於優化。大公司通常花時間解決問題、維持現狀，而非提升一開始就讓他們壯大的因素。結果，他們選擇短期內讓股東滿意的穩定狀態，但隨著時間過去，這種公司就會漸漸被淘汰。「夠好就好」，等於是公開邀請別人創造出更好的東西。

如果已經有一套順暢可靠的作法，改良就變得尤其困難。就像開車，即使你認為自己已經找到最快的路線，在地的計程車司機一定知道如何更快抵達目的地。如果認為自己已經找到答案，就很難為了提升效率而嘗試其他選項。大企業資源充沛，問題是，他們已經替每件事找出定義明確的作法，且有大批員工負責讓道路暢行無阻。隨著已知的路徑變得更為確定，發現新路徑的機會就日愈渺茫。

我們運用不精確的知識駕馭生活或工作中的多數事物，而非在地知識。只有深入探索一個地區，無論刻意或偶然，才能發現更好的路線。

接下來的章節裡，我會討論如何在混亂中程慶祝並將其充分運用。修理沒壞的東西一開始會令人不自在，因為你可能得先破壞，但不斷優化是追求卓越的唯一途徑。若想達成旅途中的正斜率，讓高峰越來越高，就要不斷評估、拆解和打造更好的團隊、產品與自我。

優化團隊

打造優秀的團隊，不是把優秀的人們聚在一起就好。而是靠著不斷成長，不停修正角色、文化、程序、結構，以及處理隨時可能冒出來的毒素。打造優秀團度的唯一方法，是持續優化團隊合作的方式，然後清理障礙，讓他們能夠放手解決問題。

創業時，你必須優先考量團隊，而非目標，且要優先照顧團隊，再照顧產品。如果團隊狀況不佳，或辦公室文化有問題，你最珍貴的資源就無法打造出好產品或維持公司的營運。團隊和產品一樣重要，我看過許多創辦人，因為對產品過度偏執，以至於壓垮他們的團隊，其中多數以失敗告終。所以團隊才是最重要的部分。

打造、聘用和解雇

善用資源比擁有資源重要

公司漸漸成長，當你變得更有企圖心以後，也許會想擴展團隊。公司規模擴張時，多數領導人第一個想到的方法就是雇用更多員工，認為有更多人手，就能做更多事，但最厲害的主管知道，增加人數不一定是答案。太多團隊在應該優化既有人才時選擇雇用，你永遠可以取得更多資源，不過善用資源才是真正的競爭優勢。資源會枯竭，善用資源的能力永遠不會。

光譜的兩端我都經驗過。在向外界募資前，我有整整五年完全靠自己的能力支應開銷，迫使我必須藉由提高生產力來擴展規模，即使當時雇用更多員工才是正解；另一方面，我後來在Adobe管理的一些團隊，只要想到擴張，就雇用更多員工，但卻不一定看得到成效。

我清楚記得，在公司成立初期，我們努力在擴展團隊與收支之間找到平衡。工程師們會列出「絕對必須」雇用的清單，但設計師、社群管理部門和後援團隊也是，優先雇用哪些員工（更不用說決定層級）都得經過一番苦思。

當時負責管理營運的威爾．艾倫（Will Allen）會先要求團隊改變工作方式，如果真的沒辦法，才會考慮雇用更多人。他會說：「重新建構、重新建構，然後才是雇用。」團隊帶著必須增加的人員清單來開會，開完會，則拿著改善做事流程的列表離開。

所以，在招募更多人之前，請先設法優化團隊做事的方法，有沒有更好的工具可以使用？哪些工作可以自動化或外包？有沒有可以刪減的耗時流程？現在回想起來，我很感謝那些缺乏資源的日子，團隊由於更善於運用人力資源而變得更聰明。每次我與威爾和團隊一起檢視時，都會發現嚴重影響效率的問題，或提高生產力的機會，因此我們先提升效率，再擴展規模。除了工作流程變得更為順暢之外，我們也吸引並留住更多優秀人才，因為高效率的人希望在高效率的環境工作。

善用資源也讓你變得更有創意，任何優秀的設計師都會告訴你，限制反而有助於創新。在資源和選項都有限的情況下，你會更有創意地運用手邊的資源。

關於這一方面，Skybox公司是其中一個最好的例子，他們希望藉由打造便宜的衛星，大幅降低全球蒐集影像和其他相關服務的成本。以前，一顆衛星要耗資數億，甚至數十億美元來建造、發射和管理，但四名史丹福大學（Stanford）研究生由於經費受限，只能以現成的零件製作人造衛星，Skybox的第一顆衛星SkySat-1在二〇一三年發射，據說成本在二百萬至五百萬美元之間。他們成功的最大因素就是自我約束，最終二〇一四年，Google以五億美元收購了這間公司。

突然取得大量資源最可能破壞善用資源的能力。早期投資人的社群經常討論新創公司在哪個階段取得多少錢可能造成反效果。正是因為募得的資金可能隱含高昂的代價。

全球知名的創業孵化器（incubator）Y Combinator共同創辦人傑西卡・利文斯頓（Jessica Livingston）在他們舉辦的年度高峰會上，便討論過太快募得太多資金的風險：

> 很多新創公司原本是「少花錢多辦事」，募得資金後就變成「多花錢少辦事」。我們很容易認

為錢可以解決問題。不喜歡推銷、打電話給用戶？那就雇用業務員。沒人使用產品？一定是因為大家還不認識，那就聘請昂貴的公關公司替你們宣傳。這些作法不只懶惰，也是新創公司犯下的錯……

捉襟見肘時，你不得不節省；一旦募得大量資金，你就必須強迫自己節約。

在創業領域，善用資源非常重要，不能只重視資源，不過，媒體總是大張旗鼓地報導募資成果，因而掩蓋了這個事實。創業初期的限制，是為了穩建的營運、健康的利潤以及自我覺察打好根基，大企業（以及資金充沛的新創公司）往往很難做到這點，這樣的經驗很難從其他地方獲得。

過早募得資金的其中一項風險是，你可能做你不喜歡、也非真正相信的事。正如我們不希望第一次約會就和對方說好要結婚生子一樣，你必須投注足夠的時間執行計畫，等到真心愛上它並自我限制之後，再去籌募資金。熱愛自己的工作才能堅持到底。

資源來來去去，善用資源卻是在企業生命週期所有階段都能發揮作用的力量。如果不具備這種能力，就無法有效運用資金。所以要把重心放在培養團隊善用資源的能力上。

積極主動比經驗重要

打造團隊時，要尋找對你的點子感到興奮，能立即發揮所長，並有學習潛力的人，缺乏經驗的團隊可以靠積極主動來彌補。只要創業成功的人都同意，積極主動比經驗重要。我們很容易從勢利的角度檢視履歷表，喜歡雇用曾在知名企業任職的員工，但創業初期的獨特化學反應來自於：亟欲前進、願意學習，同時能夠學以致用的團隊。

積極主動是否真的勝過經驗？

缺乏經驗但聰明的人，他們的表現幾乎都能超出我們的期望；經驗越豐富，就越難摒棄既有的想法來學習新事物。專家時常以上次行得通的答案來解決問題，而非重新拆解、找出新的解方。但若把積極主動的人齊聚一堂，團隊就會受到好奇心驅策；經驗不足往往伴隨著缺乏傳統智慧，反而能從不同角度來思考。若你打算聘請專家，則要確保他們做事的動機是渴望學習，而非提供最快速的答案。

積極主動的精神具有感染力，專業知識卻不會。例如：領導 Behance 期間，我很喜歡的一名員工是馬爾康・瓊斯（Malcolm Jones），他總是笑容滿面，團隊上下都熟知他發自肺腑的笑聲、經常咧嘴而笑以及正面積極、樂於接受挑戰的態度。馬爾康在加入公司前，沒有太多軟體工程方面的經驗，但在第一次面試後，大家都對他留下深刻的印象。他成為我們開發與營運（DevOps）團隊的第三名工程師，該部門負責維護Behance平台的基礎架構、穩定性和資訊安全，必須站在最前線面對每一場噩夢，包括處理垃圾郵件、資安漏洞、每天數百萬名用戶上傳作品集時，網速延遲以及網站故障的問題。他們必須診斷和修復問題，每天不但得滅火，還要設法讓公司阻燃，同時又得面對來自各方不斷出現的問題和擔憂，壓力實在很大。

如果光看履歷表，馬爾康並不適合這份工作，但他的熱情、願意承擔責任與使命必達的特質，不僅讓他表現優異，還能提升開發與營運團隊的文化。馬爾康讓團隊改頭煥面，成為令人欽佩的領導人。技術也許可以交流，但積極主動的精神（以及伴隨而來的活力和熱情）還能提升文化，讓好的文化如同星火燎原般擴散。

如何找到積極主動的員工？

過去的態度是未來表現的最佳指標，不要只看正式的履歷表，而是詢問求職者有什麼興趣，以及他們為了追求興趣做過什麼事，無論什麼興趣都無所謂，包括養盆栽、寫詩……重要的是，檢視對方有沒有主動鑽研興趣的經驗。

主動精神來自於痴迷。越投入，就越可能了解（或希望了解）那件事。能顛覆一個領域的，往往是相對而言的局外人，他們因為對那個產業深感興趣，找到生存的方法，撐得夠久，最後成為專家，運用新技術來改變遊戲規則。專業知識雖然讓你具備進入某個行業的資格，執迷於一件事，才會讓你超越專家。

多元化能帶來市場區隔

若產品具有與眾不同的特質，你就能在競爭中脫穎而出，這些特質透過意見衝突與超乎常態的思維模式形成。由於每個市場都會自然而然回歸平均質，直到出現廣為一般人接受的最佳作法，所以推動並維持區隔的最好方法，就是打造多元化的團隊。

這些年來，我見過最厲害的團隊，都是由差異極大的優秀人才組成。團隊成員越多元，產品就越特殊、越創新。

理性思考是透過我們看過或做過的事情來驅動，那讓我們保持現狀，但改變我們生活的傑出產品要由願意以看似不合理的觀點思考舊問題的團隊來創造。若團隊成員提出了一開始似乎就不合理的想法或觀點，但後來逐漸形成具有突破性的解決方案，那你就知道，你有一群差異夠大的員工。創新發生在理性邊緣，而一群相似的人很難走到邊緣去。

多元思考的捷徑是尋找不同個性、性別、種族、國籍、背景、科系和經驗的人，以擴展遇到問題時可能的解方。

我們花太多時間思考自己的創意，卻花太少精力打造能讓創意紮根的團隊。科技專家尼古拉斯．尼葛洛龐帝（Nicholas Negroponte）在接受約翰．前田（John Maeda）的部落格採訪時表示：「新點子來自何處？

答案很簡單：差異。創新源自於把意想不到的事物放在一起。」

前田接著寫道：「這其實是一個很簡單的概念，卻完全體現了我的想法，只要聚集不同背景的人，讓他們加入，就能看到意想不到的結果，那正是創意的基礎。」這就是多元化的競爭優勢。

不夠多元是許多創投公司常見的問題，根據創投公司Social Capital二〇一五年的研究發現，規模前幾大的創投公司中，有92％的高階專業投資人是男性，78％是白人，這種同質性加上集體思維的瘟疫，導致他們很難發掘世人前所未見的創新概念。這也是我不喜歡天使投資人團體（angel groups）的原因，一群人聚在一起聽取新創公司的簡報，然後一起討論、一起投資。這種模式實在很不好。群體使我們過度理性，尤其當成員過於相似的時候。在必須達成共識時，群體對創新能力的殺傷力更大了，且對於投資創新毫無助益。

強大的團隊必須包含不同的性別、種族、性向和政治觀點的成員，如此才能涵蓋最大的視角，但此外，也包含其他沒那麼明顯的因素，例如團隊成員所說的語言。

布里斯托大學語言研究所研究員嘉貝麗．霍根－布倫（Gabrielle Hogan-Brun），也是《語言經濟學：多語制的市場潛力如何？》（*Linguanomics：What is the Market Potential of Multilingualism?*）一書的作者，研究多語言對大腦的影響，以及多語言使用者會對團隊帶來什麼影響。她指出，許多研究都證明，單語大腦與雙語大腦的結構不同，例如：雙語使用者的大腦左頂葉下半部有較厚的皮質，那是負責抽象思考的部分，他們的大腦灰質密度也較高。運用不同詞彙的員工也會以略為不同的方式處理問題。嘉貝麗在《石英》雜誌中，舉出了下列例子：

英文的「放」（put）會讓德國人聯想到不同的畫面，「legen」代表平放、「setzen」是放置、「stellen」則是豎放，每個含義都讓德語使用者下意識地從不同的角度來看問題。透過這種方式，合作時使用不同語言可能帶來全新的連結，尤其在處理複雜任務的時候。

除了生理學的差異與團隊合作的好處外，使用多種語言也會導致顯著的利益。嘉貝麗引述經濟學家拉瑞・桑默斯（Larry Summers）的說法：「如果你的策略是只和講英語的人做生意，那就是很糟的策略。」雇用會講多種語言的人也能增加組織的影響力。根據伯恩大學（Bern University）的研究，瑞士的多語優勢替他們帶來國內生產總值（GDP）的十分之一，同樣地，在另一篇文章中，嘉貝麗引用《經濟學人》（*Economist*）針對五百七十二名跨國公司高階主管的調查，其中三分之二表示，他們團隊的創新潛力因為多元文化而提升。

學習第二外語也有益於你的大腦，不過雙語使用者也可區分成不同類型，例如：從小在家裡和在學校使用不同的語言，就和在同一所學校學習第二外語很不一樣；同樣地，從小就能流利地使用兩種語言，對大腦的影響也和到國外定居，後來才能流利地說第二外語不盡相同。但無論差異為何，刻意尋求使用不同語言思考的成員將會成為你們的優勢。賓州州立大學（Pennsylvania State University）的安琪拉・格蘭特（Angela Grant）在她替《萬古》（*Aeon*）雜誌撰寫的文章〈雙語大腦：為什麼一個尺寸不適合所有人〉（*The Bilingual Brain: Why One Size Doesn't Fit All*）裡寫道，儘管有些人過度強調使用雙語在生物學上的好處，但是：「我們要記得，拋開所謂的認知或人體結構上的好處不談，使用雙語的人比其他人多兩倍的社群可以互動、多兩倍的文化可以體驗，以及多兩倍的報紙可以閱讀，如果這不是優勢，那什麼才是優勢？」

與我共同創辦Behance的麥提亞斯．科力亞來自巴塞隆那，從小主要講西班牙語，十多歲時才移居美國。團隊的初始成員也有以西班牙語或法語為母語的人，所以我親身體驗到箇中好處。我們的設計美學，以及從創業初期就能接觸國際的不同社群，讓公司規模感覺上比實際上還大，並建立起豐富、包含各種語言的團隊文化，這些都造就了今天的Behance。

雖然你在剛創業時，會想找親朋好友或「像你一樣的人」加入團隊，但克制這種懶惰的傾向有其必要，不要只雇用身旁的人。生活環境和你差不多，就越可能長得像你、思考模式也像你，擁有的技能也和你沒有太大差別，雇用這種人也許覺得安全、輕鬆，卻會導致你很難替產品找出區隔。讓身邊圍繞不一樣的人，團隊的適應力必然超越成員長相和想法相似的團隊，如果每個人都來自不同背景、經歷過不同挑戰，就能接納更多的選項和狀況。不同族群的人如何看待你們的產品？行銷時可以運用哪些文化趨勢，或考慮哪些文化差異？多元化的團隊更可能逆向思考，提出不同角度的觀點。

招募員工之前，先找出自己潛意識的偏見，不要太快接受像是「文化不契合」這類的結論，而是進一步了解，所謂的「不契合」所指為何。設置標準化流程，避免招聘時受到偏見影響，無論求職者給你的感覺是否「熟悉」，都要以條件是否符合為優先考量。設定目標，要求團隊接受各式各樣的成員，團隊越多元，這點就越容易做到。只要習慣了，大家就能接受。

等到你逐漸適應與年輕或年長許多、來自世界各地，或帶有不同口音的人共事，隨之而來的思維模式和招募方法就能為你帶來更多機會。

雇用經歷過逆境的人

多元化也包括過去的經歷，所以要設法尋找生命中經歷過逆境、克服過重大挑戰的人。這會把力量和寬容帶入團隊文化的DNA中。

Walker & Company Brands的執行長兼創辦人崔斯坦．沃克（Tristan Walker）告訴我，他的成長經歷對公司文化的影響，他說：「我們最重視的價值是勇氣，若沒有勇氣，你就無法貫徹其他價值。我的勇氣來自於在牙買加以及皇后區法拉盛貧民窟長大的經驗。我什麼都經歷過，包括親眼看到有人遭到殺害、槍擊等。對我來說，最糟的情況就是回去過那種生活，而且我都熬過來了，所以大家會說：『他媽的，崔斯坦為了保住這間公司，什麼都肯做。』這很有激勵效果，我知道自己要多努力才能脫離那個環境，因為有這樣的背景，別人知道我做決定的方式和別人不一樣。從小到大讓我成長最多的經歷，不是在大學唸書或是到知名企業上班，而是個人生活中的挑戰。」

我和姊姊茱莉（Julie）的關係是我從小就必須面對的挑戰。她出生時腦部缺氧，造成嚴重的腦部傷害，因此有許多年都要接受特殊教育，包括：學習說話和基本行為能力。家人在她的整個童年時期，都要以無比的耐心支持她，並處理不斷出現的行為問題。

茱莉的生活絕不容易，但童年時有這樣的手足，也會造成一連串的影響。一方面，我時常感到內疚，因為相較於茱莉，我似乎擁有無限的可能與潛力，從家裡得到的機會或關注，永遠伴隨著悲傷和不公平；另一方面，雖然不情願承認，但我也時常覺得生氣，儘管那並非她的錯，但茱莉讓我無法過正常的生活。回顧我的童年甚至畢生，我都在調解自己和茱莉的關係，這種內疚和憤怒的糾結成為我的動力，讓我學習自力更生，也影響了我與他人合作和領導的模式。逆境絕對可以讓你變得更加成熟。

勇氣、容忍不確定、自食其力或亟欲證明自己等特質，才是追求卓越更大的動力，這些遠遠超過在大公司上班的資歷，所以無論聘用或投資人才，我都不會考慮對方的年齡或是學經歷夠不夠漂亮，而是把重心放在成熟度與看事情的觀點上。打造團隊時，要尋找經歷過逆境的人，並去詢問求職者，他們生命中最大的挑戰為何。生活比時間更能讓一個人成熟，因為你可能在很短的時間內經歷許多人生。

尋找每次談話都能激發更多火花的人

在這個充斥佳言妙語與流暢簡報的世界，我們必須尋求總是能幫助自己建立想法，同時邀請你幫助他們建立想法的人。

與應徵者的第二次談話，應該比第一次有趣。第一印象很重要，但如果這種能量無法持續往上建立，你們的關係就不太可能超越最初的火花。我把這種激發更多火花的能力稱為「一致的活力」，也就是點子不一樣，但之於任務的能量層級和理念卻一致；這就是經過最初的電光石火後，餘燼還能持續燃燒的根源。

我與StumbleUpon、Uber、Expa的共同創辦人蓋瑞特．坎普（Garrett Camp）的友誼一直都像這樣；投資拼趣之前和班．希伯曼的關係，以及投資潛望鏡前和凱文與喬的關係也都是如此。每次談話都比前一次有趣，這與我遇過的多數創業家形成鮮明對比，他們通常如火球般出現，卻在你們再次相遇，或你稍微提出質疑時迅速熄滅。無論是尋找團隊成員，或評估想加入的公司或投資對象，這樣的能量都是很好的試金石。

最好的團隊成員願意拋出自己未成熟的點子，同時協助別人建立想法。拒絕接受別人新的看法，只想推動自己點子的人也許看似創意無限，但長遠來看，他們不會成為優秀的團隊成員。

在脫口秀的世界裡，這叫做「沒錯！然後……」原則。創辦紐約街頭藝術團體「Improv Everywhere」的查理．陶德（Charlie Todd）向我解釋：「表演者站在舞台上已經很沒安全感，因而最不希望的，就是遭到公然拒絕，除了段子可能草草結束外，還會非常丟臉。所以你始終都應該接下表演者提出的任何難題或狀況，然後繼續往上加，回答：『沒錯！然後……』，不是否定對方，或是以其他方式結束對話。」

當然，一個人必須先讓大家了解他的點子，才能往上搭建，所以要尋找有辦法把困難的事變得容易理解之人。領導人招募員工時，往往很難評估具備不同專長的應徵者，例如：加密貨幣或數據專家。當然你可以徵求他人的意見，但有時候，應徵者還在其他公司上班，招聘過程必須保密，無法讓太多人參與。事實上，所有技術無論有多高深，都可以非專業的術語來解釋，只是做到這點很不容易；除了那個人必須非常了解專業本身之外，還需具備整合的能力，才能以簡單的方式說明。任何領域的翹楚都有辦法清楚解釋問題並提出解決方案，他們運用類比，讓世人了解技術上的概念。天才能把複雜的事情簡單化，變得容易理解。

建立充滿活力的團隊，讓每次對話激發出更多的火花、且比上一次更有趣，也要打造聰明的團隊，讓所有人都能理解並運用複雜的程序。

一味避開想法和你不同的人反而達不到大膽的結果

無中生有、打造一個新東西，就像激烈的碰撞運動。你必須靠著無止境的辯論，才能消除團隊先入為主的觀念，激烈的意見衝突迫使你探索陌生的選項。但是，只有團隊決心從爭論中找到結果，辯論和歧異才會有效，且越挑戰彼此，就會有越多新發現。

一個組織的文化如果夠紮實，不但能包容一些必要的爭執，還能從中獲益。我們只對真正在乎的事發表意見或捍衛自己的信念，因此那些好辯、固執、與你意見相左的人，在公司裡扮演重要的角色，他們不容許你退而求其次，採用熟悉或簡單的解決方案，也促使你不斷質疑已經習慣的做事方法。只有讓他們參與你的使命，這些惹事生非的人就會是預防集體思維和消極妥協最好的防火牆。

學習容忍和你意見不合的人。這些年來，我雇用過許多推薦信裡包含警語的員工，雖然我絕不任用道德或誠信方面有問題的人，卻不希望團隊成員都以和為貴。創意豐富之人難免有缺點，畢竟，如果創造力源自於對現狀的不滿，你就必須容忍伴隨而來的事物。根據我的經驗，科技天才多少都有固執、焦躁不安的特質，超越時代的人無法容忍落後時代的商業行為。

這些年來，無論在Behance或Adobe，我都雇用過特別難相處的人，但是他們帶來的突破也超越任何人。這些人惹毛不少同事，我工作的一部分，就是設法減輕他們對別人造成的痛苦，同時不要削弱他們的影響力。你必須願意違抗既有的做事流程，才能以大膽的創新方法解決舊問題，在大公司裡尤其如此。從這個角度來看，稍微好鬥、強悍應屬於特質並非缺陷。

如果發現自己與想法很不一樣的人共事，試著欣賞他們扮演的角色與不滿的源頭，努力把鄙視轉變為理解。卡爾．榮格說：「他人身上所有讓我們感到不悅的事，都可以讓我們更了解自己。」你對別人的反應，無論對於你自己或他人，都是一個難能可貴的機會。

面對令我們不自在的人，最簡單的方法是挑出對方的毛病；相較於自我調適，批評別人往往比較容易，但這卻是膽小的作法。反之，你必須學著容忍讓你不自在的人，並詢問自己，對方的什麼行為引發你的恐懼？是否因為你也擁有，或擔心擁有相同的特質？

如果你的處理方式是在對方身上挑毛病，或把問題歸咎於他人，就無法學會原本可以學到的教訓；但若能設法接受並了解難相處的人，團隊文化就會變得更寬容，產品也因此更具優勢。在建立或投資團隊時，不要追求太單純的化學元素，而是讓團隊知道衝突的好處，要能包容充滿熱情、相互尊重的爭執；招募員工時，不要把重心放在尋找能「和大家融洽相處」的人上面，而是去思考：「他們能不能挑戰我們？能否帶入不同的觀點？」然後在遇到火花四射時（不要太過度就好），要去提醒團隊，他們正在前進。

培育團隊的免疫力偶爾也要加以壓制

團隊就像人體，都有天然的免疫系統，最重要的功能是能迅速辨識並排除感染。如果發現有什麼不對勁，團隊都沒有強烈的反應，小事就有可能在短期內變成大事，讓人來不及遏阻。我從這些年領導的團隊裡，發現團隊成員越協調，問題就越快浮上檯面，無論做事的優先順序不對、決策有誤，或加入不適任的員工，反應都會很快出現，讓我們不得不著手處理。不過，若你試圖改變團隊的化學元素，健康的免疫系統也可能造成反效果。Behance 就遇過這個狀況。當時，一名重量級成員加入了團隊，也就是曾經協助ＴＥＤ開發網路服務的威爾．艾倫（Will Allen）。在我爭取多年之後，威爾終於同意在二〇一一年年底加入，擔任我們的營運長。公司當時正迅速成長，我迫切需要一名伙伴，協助我管理公司的營運，包括：財務、法務、發展時程與日常業務。我相信威爾的能力、價值觀和管理經驗，都能為公司帶來極大的價值，團隊也很歡迎他。威爾很快就開始參與產品評論和工程計劃會議，並接管多年來由我領導的部分業務。

不到幾星期，團隊的免疫系統就始起作用。

由於他的資歷和經驗，威爾會毫無顧忌地提出想法並著手改變。他調整必須更新的工作流程，並指出我們最喜愛的流程為何效率不彰。他也改變我和設計團隊多年來習慣的工作模式。

短短幾週後，員工開始排隊見我，表達他們的憂慮。威爾顯然就像新移植的器官，雖然讓身體能夠存活，卻遭到強大且有用的免疫系統排斥。一開始我有點擔心，但進一步探究威爾導致的發炎症狀，就會發現這些問題只是因為突然出現一名他們不熟悉的主管，在那裡檢視、詢問並改變沒人觸及的領域所造成。很快地我就意識到，自己的責任是暫時壓制這個緊密團隊的免疫功能，我運用與擔憂的員工一對一談話的機會，來協助他們理解這些看似擾亂的作法，實際上能帶來什麼好處，更重要的是降低他們的戒心。

免疫系統會以不同的方式運作，有時是對管理階層的一連串投訴，也可能是公然反對或暗地裡抗拒，有時則以幽默的形式呈現。

就讀哈佛商學院企業管理碩士班（ＭＢＡ）時，我們有項行之有年的傳統：約九十名學生組成一個名為「觀景台」（sky deck）的團體，每到週末，這群學生都聚在一起，先是聽取公告，然後由不同小組輪流上台表演幽默短劇，以開玩笑的形式重溫這星期發生的事，像是一名學生與教授起口角、某人討論案例時的好笑舉止，或其他引人注目的行為。我們拿自己開玩笑，宣洩一週以來累積的壓力。

但是，「觀景台」另一個沒那麼明顯的目的，也許出自於以潛意識指出同學過分的行為，像有人在課堂上講太多話，或太常舉手，而沒有把發言機會留給其他同學。由於我們沒有所謂的班長，「觀景台」就成了免疫系統的一部分，用來維護群體動態的健康和平衡。每個人在開懷大笑的同時，也接收到其中的訊息。有時，最好的方法是和同事當面對質，有時則需要比較微妙、令人自在的機制，來促進團隊的化學反應。

團隊免疫系統的另一個作用，是扼殺可能導致團隊偏離軌道的危險點子，如果沒有強大的免疫系統，最後期限可能永遠無法達成，任何閃閃發亮的新事物都會吸走注意力和能量。一般來說，團隊中A型性格的「腳踏實地者」是強大的抗體，他們會消滅可能打亂期限和預算的點子，相形下，睜大眼睛的「夢想家」則是造成感染的異物，他們會帶入新點子並挑戰現狀。多數時候，免疫系統（腳踏實地者）必須夠強大，才能阻止外來細菌（夢想家）接近，以維持一定的生產力、讓團隊不會偏離軌道，但有時也必須抑制免疫系統，才能讓愛做夢的人，或帶入不同觀念的新領導人，能為團隊進行器官移植（以新點子的形式），並從根本來著手改變程序或產品，就像Behance團隊一開始抗拒威爾這個新器官的情況一樣。

打造團隊時，最好雇用差不多比例的「腳踏實地者」與「夢想家」，並在適當的時機授權給他們。對於日常營運，腳踏實地者要有權力質疑新點子，抑制突發奇想，以確保最好的點子才能帶來最大的影響力，但遇到新問題或必須腦力激盪的時候，就要壓抑腳踏實地者的免疫反應，好讓夢想家們能夠放手嘗試。

當然，很多人都同時具備腳踏實地和愛做夢的傾向，並在不同時刻浮現。最傑出的團隊能運用兩者的組合，若你比較愛做夢，那就要雇用腳踏實地的人，即使那些人表面上也許不如你靈活有趣，他們會成為公司免疫系統的核心，如果沒有這些人，公司很可能偏離軌道。我經常在創辦人深具遠見的廣告公司或新創公司時看到這個問題，他們雇用和他們同一類型的人，相信創意公司要由極富創意的人組合而成。然而，成功的創意公司雖然要有大膽的願景，以及設下遠景的開創性領導人，但通常要由較為務實、重視進展的人來管理。即使你可能因而感到不自在，還是要雇用並授權給個性與你截然不同的主管。

每次聘請新員工，或是在每個創意發想和執行週期，都要留意團隊的免疫系統，讓它發揮作用，但在關鍵時刻，就必須採取必要的手段來壓制。

協助人才成為團隊一分子與招聘人才一樣重要

優異的團隊往往能吸引優秀人才加入，但團隊越強大，整合新人（尤其優秀人才）就越不容易。領導人花太多時間招募，卻花太少的時間協助他們融入。

正如剛才討論過的，健康團隊的免疫系統會排斥新加入的成員，且新成員資歷越深、經驗越豐富，免疫系統排斥的可能性越大。老手帶著自己的劇本加入，但團隊最可能排斥的，正是她最擅長、讓你因而雇用她的那件事。新人加入團隊時，如果擁有強烈的意志、從經驗中獲取的最佳做事方法以及強大的授權，都很可能造成摩擦。如果團隊不願調適，最優秀的新人很可能無法融入。這種情況要是一再發生，你就會開始雇用沒那麼有經驗的人，以「解決」這個問題。這麼一來，團隊就無法進步，這也是失敗的開端。

所以，除了聘請優秀人才之外，也要協助他們成為團隊的一分子。除了提供新進人員職前訓練之外，還要認同他們的經驗、讓員工了解他們的優勢，並提供指導及擁護。

你必須主動為新人打造成功的環境，因為那不會自然而然發生。協助新員工成為團隊的一分子，需要仰賴同理心、融合、培養安全感與即時的溝通。

同理心

想像剛加入一個團隊時，必須經歷哪些事。他們是否在缺乏支援的情況下摸索學習？是否剛舉家跨州地搬家？職務內容是否仍模糊不清？嘗試了解他們為了適應環境而面臨哪些挑戰的同時，也要設法讓其他同事去感受。

如果要打造多元化的團隊，同理心又更重要，他們是否與一群族裔、性別或年紀幾乎相同的人坐在一起？我們經常希望團隊能融為一體，卻沒有正視少數族裔可能感受到的不自在。光是讓眾人處於平等地位無法創造平等，你必須理解每個人潛在的不安全感與擔憂，才有助於團隊的凝聚。

新加入一個團隊已經很不容易，我很難想像那些因為種族、年齡、性別、信仰而遭到不公平待遇或懷疑的人有多辛苦。打造新事物受質疑是一回事，但由於其他個人特質而必須承擔更多懷疑，又完全是另一回事。

許多因素可能引發偏見。計畫剛展開時，在一陣忙亂下，我們往往沒有先思考哪些人參與其中，以及表面下的可能動態，就不加思索地動手執行，例如：科技、金融等行業的女性，在創業的每一階段，都得面對許多令她們感到不舒服或無法接受的行為；少數族裔與較年輕或年長的人在籌募資金、向顧客推銷和吸引用戶參與的過程中，也可能遭遇有意識或無意識的偏見。我所投資的一間公司帕特佩克（Partpic），創辦人為非裔美國人珠兒．伯克斯（Jewel Burks），她曾告訴我，她和投資公司開會時被問過的各種問題，像是：「你有沒有考慮找別人擔任執行長？」以及：「你的團隊仍幾乎都是黑人嗎？」聽到她的遭遇，我覺得很難過，同時也意識到，有些人每天都得面對這麼多偏見。珠兒的公司後來被併購，她的成功也證明了，我們必須推動這個行業，迫使它朝正確的方向改變。

達到正義、平等的最佳途徑就是設身處地為別人著想。在生活中，只要發現自己置身於性別或種族不平衡的環境，我都會要求自己停下來，刻意聆聽，並仔細觀察有無什麼「不對勁」的事，像是有沒有人打斷別人發言？他們是否看起來不自在？要是有人表現地不恰當或缺乏敏感度，我可不可以介入？協助新成員融入團隊時，要盡可能站在對方的角度思考，並採取相應的行動。

融合

幫助新成員適應的最佳辦法，是從一開始就依據他們的優勢指派重要任務，讓新員工為團隊增加即便微小卻無法否認的價值，也許是特定的見解、專業知識或人脈，讓他們得以展現價值。增強新員工的信心比提升技能還重要，你隨時都可以提供正式的職能訓練，但從一開始就要建立信心；你可以協助新員工在團隊裡釋放潛能，讓他們覺得自己馬上就對團隊有貢獻，也有助於安撫團隊的免疫系統。

正式的到職手續也能協助新員工融入，提供其基本需求、歡迎他們加入，而不是讓他們自己處理一切。我記得，Behance 成立初期，我走過一名新員工的辦公桌，看到他坐在那裡，前面擺了一本筆記本。我和他打招呼，並詢問頭幾天上班的狀況，這才發現他的電腦還沒到，當時公司才剛成立，沒有人力資源部門，我很慚愧地發現，在他第一天上班前，沒人想到要幫他訂購電腦。這不是很好的到職經驗，不過我已從中學到教訓。

培養安全感

如果團隊還很小，沒有太多顧慮，就比較能容忍風險和漸進式的失敗，因為那是成功的唯一途徑，但等到公司更具規模，就必須刻意冒險、容許新的思考模式，並建立出一套制度來，因為那種事不會自然而然地發生。假如員工開始擔心考績或拿不到獎金，他就不會去冒險。

哈佛商學院（Harvard Business School）教授艾美．埃德蒙森（Amy Edmondson）研究全國各地的醫療團隊，想了解團隊表現優異的原因。她驚訝地發現，頂尖團隊呈報的錯誤比績效不彰的團隊還多，她因此創造出「心理安全感」（psychological safety）這個詞彙，意思是「成員在團隊中感到自在，不怕冒犯別人」，最好的團隊並非犯最多的錯誤，而是他們願意承認，也比其他團隊更頻繁地討論錯誤。艾美．埃德蒙森在一九九九年發表的研究中寫道，心理安全是「這是一種信心，團隊不會因為某個成員坦承錯誤而嘲笑、排斥或懲罰對方……團隊氛圍是相互信任與尊重，讓人們可以自在地做自己。」

查爾斯．杜希格（Charles Duhigg）在《紐約時報》發表的專題文章〈在打造完美團隊的過程中，Google學到了什麼〉（*What Google Learned from Its Quest to Build the Perfect Team*）時常被人引用。他在文中指出，心理安全感是Google最具創造力、績效最佳團隊的特色，杜希格寫道：「Google人從『亞里斯多德計畫』（Project Aristotle）學到，沒有人想在走進辦公室時換上『上班專用表情』，沒有人希望把一部分的個性和內心世界留在家裡，但為了能全心工作，感到『心理安全』，我們必須覺得，自己在工作場合能夠自在分享令我們恐懼的事，不用擔心反而遭到指責，我們必須能夠談論混亂或悲傷的事，也能直言不諱快把我們搞瘋的同事。我們不能只重視效率。反之，在我們一大早就和工程師團隊合作，接著發送電子郵件給行銷部同事，接著又趕去參加視訊會議時，我們想知道，哪些人真正聽到我們的聲音。我們想知道，工作不只是付出勞力。」

設法提高生產力、為團隊制定結構和流程的同時，也刻意保留針對冒險與表達獨特觀點的獎勵。

即時溝通

如果希望提供建議，並協助新員工融入公司的文化與期待，最好的方法就是即時的溝通。

這裡的困難之處在於，你們的關係才剛建立，因而維持坦率的溝通並不容易，尤其在日常忙亂的工作中，提供直接、及時的反饋不但耗神費力，也令人感到不自在，所以我鼓勵主管排出固定的時間，了解新員工的狀況，排斥新器官的現象可能不那麼容易就發現，因此你必須發問，確保新員工被納入溝通管道。

反饋和討論能持續為新員工提供資訊，例如，我會刻意在對話時提到我的期望、看到的現象，並建議對方嘗試幾個方法。假使發現員工的行為與我的期望出現落差，我會讓對方知道，而非等待。新員工如果不了解自己表現得好不好，也不知道其他人的想法或可以如何改變，就無法成為團隊的一分子。

每次有新成員加入，團隊的ＤＮＡ就會產生變化，所以吸引新人才的同時，你也要稍微改變公司的化學元素和文化，好讓團隊接受新器官。新人不會自動成為團隊的一部分，你必須從旁協助。新輸入的血液的確可能把你殺死，但沒有新血，你則必死無疑。

培養師徒關係

很久很久以前，人類學習事物靠著邊做邊學。高品質的教育代表拜專家為師，無論你想成為鐵匠或鞋匠，終究要靠著建立關係才能進入特定行業。你以勞力換取能力，邊製作邊學習，從反覆試驗中獲取知識。你透過實作而非理論了解這個行業；你因為表現好而累積人脈、獲得尊重，不是靠文憑或認識了什麼人。

這種師徒制的時代已經過去了。自某個時點起，我們決定節省成本、擴展教育規模。由於師徒制相當耗時，也必須仰賴緊密的關係，加上知識工作者崛起，我們開始透過有效率的課程培訓更多學生，連技術性、以手藝為基礎的教學也變得更加制度化，不那麼講求一對一。我們把學習帶入課堂，犧牲了實際動手、密集學習的方式。標準化的教育取代了從經驗中學習。

體質健康的團隊會讓新進工程師與經驗豐富的工程師合作，即使可能在短期內影響生產力；他們讓新進設計師坐在資深設計師旁邊，以激發只有透過近距離接觸才會產生的知識交流；他們也為資淺員工建立長期的工作輪調計畫，讓員工實際接觸不同業務。師徒制是對未來人才的投資，所以這種模式值得鼓勵。

高盛集團（Goldman Sachs）的行政辦公室在派恩街（Pine Street）成立了領導力發展行動中心，目的是開發與培養主管人才。我在那裡工作了三年，也因此了解到從經驗中學習的價值。當時我加入史蒂夫．科爾（Steve Kerr）的團隊，他是領導力開發領域的大師級人物，他在進入高盛之前，曾協助奇異公司（ＧＥ）

前執行長傑克・威爾許（Jack Welch）制定該公司的學習計畫，其中還包括奇異公司在克魯頓維爾的領導人培訓中心。我在史蒂夫手下工作時，學到領導力發展的70／20／10模式也就是培訓主管時，只有10％透過課堂上的正式教學，20％來自意見交流與輔導，70％從實際經驗中學習。有些公司根據這樣的前提，為員工指派「延展型任務」，刻意讓他們接觸該領域的領導人，並將他們推離舒適圈，親自去體驗並從中學習。體驗式的在職訓練是培養這種專業知識的最佳管道。

正規的課堂訓練往往效果不彰，偏重理論的課程、理想破滅的老師，以及只看成績、不在乎學生是否懷抱熱忱的獎勵制度，這些都令人打退堂鼓。身為團隊領導人，為預防這種情況，你需要把一些精力用來指導後輩。師徒制對雙方都有好處，除了幫助具領導潛能的員工做好晉升準備外，還能培養不斷學習和傳授的文化，所以要讓師徒制變成公司文化的一部分。

剔除壞的才能把好的留下來

解雇員工極度不易

我個性中樂觀的那一面，總是看到人們的潛力，想像著如何幫助對方發光發熱，但如果團隊或計畫受影響，你就必須迅速行動。

儘管你很想把團隊成員視為朋友，但你們聚在一起是為了完成一項使命。身為團隊領導人，你必須提升每個人和團隊整體的表現，才能有效率地朝著使命前進，合力取得最好的成果。要做到這點，有時需要做出困難的決定。

網飛執行長里德．哈斯汀在愛爾蘭都柏林一場名為Founders的活動中，談到家族和球隊之間的差異。他解釋道，如果是一家人，你得接受每個人原來的模樣，且無法改變他們，如果有個叔叔每年感恩節都喝得酩酊大醉、亂發酒瘋，無論如何他都還是你叔叔；但球隊成員對彼此抱持很高的期望，也有義務改變並改善團隊的機制，每個人都要把球傳出去，你的位置永遠不固定，總是朝著贏球的目標努力。你可以剔除不盡職的防守員，卻不能叫叔叔退場。管理員工要像管理球隊一樣，不是把他們當成家人。

如果沒有清除痛苦的根源，就可能失去重要的人才。員工加入他們感興趣的計畫或績效卓越的公司，就是希望好好發揮。若不是和他們佩服的人、或全心全意對待彼此並投入工作的創造者共事，他們就會選擇離開。無法剔除表現不佳的人，就等於懲罰表現優異的員工，導致他們無法發揮潛能，甚至影響團隊的前景。解雇不適任的員工，也是為了留住最好的人才，讓有問題的員工離開雖然會造成短痛，卻能讓其他成員更加投入，從長遠來看，好處絕對更多。

擁有強大免疫系統的團隊會自然而然地調整，雖然可能造成痛苦，你還是得讓它自行發生。雖然當下也許有留住每個人的衝動，但有時最好放手。我記得，Behance 成立初期，一名資淺的專案經理做事認真，也很有企圖心，但他來找過我好幾次，告訴我他工作上遇到的挫折。當時我這個年輕的執行長，覺得自己有責任留住團隊的每一個人。如果他們離開，不是等於對不起他們和我自己？我也擔心後續效應，其他成員是否會認為那是公司衰敗的跡象，因而也考慮離開？

後來我發現，自己拚命讓他做不適合他的工作，到最後也失去了他。跳脫有人離開我們而非我們將之解雇的震撼後，我意識到團隊的免疫系統正在運作，失去不合適的人，團隊反而變得更強大，所以要擅長留住最頂尖的成員，並讓沒那麼適合的人離開。

「23與我」的安·沃西基（Anne Wojcicki）說：「你必須持續評估員工。了解每個人的長處很不容易，你最不希望的就是指派錯誤的任務，然後導致對方失敗，這樣只會傷害到他們和公司。領導最困難的一部分，就是不要對員工投注太多個人感情，即使你最喜歡的人也可能遇到專業局限或不夠專業，以致無法勝任的狀況。你必須不停評估每個人的角色，並願意著手改變。」

雖然讓員工離開或要求對方提出辭呈，都會令你極度不安，但唯有這樣做，才能優化團隊的體質優化。

當然，你必須提供大量支援和指導，但有些人的職務仍可能跟不上成長的腳步，或他們成長的腳步跟不上職務，也有些人會破壞團隊的化學作用或變成團隊的負擔。你的責任是時時檢測與調整，才能讓團隊發揮最大的潛能。

穩定狀態很難持續，必須讓團隊不斷移動

一旦做久了，習慣手邊的工作或負責的團隊，人就會感到自在。領導人看到沒有混亂騷動的日子，每個人快樂地做好自己該做的事，通常會覺得很開心，因此他們假設，平靜無波的狀態能帶來最高的工作成效。他們追求穩定狀態、沒有意外，以及每個人都做好分內的工作。

但自在也會導致自滿。隨著學習曲線到達平穩階段、進入停滯期，我們就不再為了喜歡學習而學習，好奇心也逐漸消失。遇到感興趣的事物時，我們會全神貫注地研究，而一旦掌握某項任務，興趣就會慢慢減少，所以我們要不時打斷這種趨勢，提供不同角度的想法，讓團隊感到新鮮並保持警覺。

因此，保持強大的唯一方法就是擾亂穩定。

年輕時的我管理團隊，認為自己的責任是讓員工專注於各自的工作，後來才發現，職業生涯不能停滯，即使對目前狀況感到滿意，每個人都還是希望看到前方的機會，若不提供那種機會，或偶爾挑戰他們主動爭取，等待升遷的資淺員工就會失去往上爬的動力，資深員工也可能覺得無聊，開始另謀高就。

儘管知道這些，但是 Adobe 收購 Behance 後，幾名核心成員決定離開，還是令我感到難過。一開始有

被遺棄的感覺，而且很難想像該如何填補團隊和文化的漏洞，但當我看到新生代的領導人出現，引發正面的改變，才意識到自己低估了團隊的實力。團隊突然的變動，讓新人出乎意料地能擔負他們有能力扮演的角色，假使團隊只如我所願地維持原狀，那就無法進化。

升遷或指派不同任務，也能把員工推離舒適區，踏入職業生涯的成長期，像是奇異公司知名的輪調計畫，就會把負責渦輪業務的主管調到照明部門，除有助於把最好的做事方法擴展到不同部門、培養領導力外，也可以留住關鍵人才；有些公司則是指派「延展型任務」，讓員工脫離專業知識圈和舒適區，例如探索新的商業機會或區域。為了執行任務，他們必須接觸公司或行業的不同部分。提供新挑戰並增加學習曲線的難度，也有助於留下人才。

環境和流程上的改變也對團隊有所助益，你可以觀察同事或瀏覽一下辦公室的環境，看看有沒有一度具有激勵作用，如今變得司空見慣之物。牆上是否掛著用來監控進度的過時圖表？那就取下圖表，重做一次；有沒有什麼儀式或定期召開的會議，現在只是徒具形式？那就改變一下模式；坐在一起的同事有沒有形成小團體？有的話就移動辦公桌。雖然工作場合的社群意識很重要，但員工如果習慣只和一小群人往來，就會失去偶然迸發的合作火花，或是與其他團隊成員建立情誼的機會。要改善這點，可以考慮每九到十二個月（如果是大公司，就每隔幾年）重新分配座位，因為坐在辦公室不同角落、不同人旁邊，可以促進同事情誼並讓他們轉換看事情的角度，也維持新鮮感。

如果沒有迫切需求，改變往往令人感到痛苦，且不那麼受歡迎，但你必須了解並讓團隊知道，時機看似尚未成熟，但先發制人的轉變，卻勝過不得已的改變。我的朋友提姆．費里斯（Tim Ferriss）就說過：「一生中，主動為自己加諸越多痛苦，就越不會在非自願的情況下遇到可能影響生活的痛苦。」

你的挑戰是必須找出健康的節奏，讓團隊保持移動的狀態；若沒有不時擾亂生活，生活就會主動擾亂你。過度平靜只會加劇破壞，所以要培養你和團隊對改變的容忍度，才是提升韌性的長期策略。

文化、工具和空間

公司文化是由團隊講述的故事所形成

很多人隨口運用「文化」這個詞彙，彷彿那是可以刻意設計之物；只要這裡來個雞尾酒時間，那裡擺張手足球桌就好。但是，文化不受任何主管控制，而透過團隊講述的故事自然形成。

團隊成員回憶、分享自己的故事，不斷提醒每個人為何聚集於此，以及團隊有何特色。文化可以鞏固公司的根基、抱負與理想的元素，把員工的心繫在一起。

故事也讓我們從中學習、創造層次。如果沒有故事，過去只會是一團模糊，永遠無法檢討和改進，但有了故事後，過去就會變成有形的事物，可以拿來做為依據，並為新進員工提供指引、提供和公司相關的知識。即使經歷長期的混沌不清與不確定，只要擁有以故事為基礎的健康文化，就能讓員工了解箇中脈絡，覺得安心以後，才能一起努力、繼續前進。

隨著公司成長，文化受到日常故事的影響日漸縮小，主要是創業初期留下的痕跡。公司剛成立時發生的事往往影響文化至深，因為那些故事反應出核心概念以及創業時奉行的價值，顯示出這整件事為何以及如何開始。Behance 成立十多年後，我們仍會提及剛創業時發生的事，像是共同創辦人麥提亞斯與我，有天晚上如何在聯合廣場（Union Square）相遇相識，我們如何存錢替公司第一位工程師戴夫買一條沒那麼難看的牛仔褲，或一整年早餐都吃沙拉。這些看似微不足道的小故事編織出了公司的文化。

這些故事與因此形成的傳統，傳達出我們忠誠、古怪與堅定的核心價值，例如我們會拿團隊抵達里程碑的時間下賭注，賭輸了我終身吃素，但承諾，公司有一百萬名用戶時我就吃肉。當時是二〇〇七年，Behance只有不到兩萬名用戶，所以我以為我很安全，但大約三到四次耶誕節晚餐後，我就得在整個團隊面前兌現我的承諾（從那次以後我再也沒吃過一口雞肉，但當時我很有風度地吃下去了。）

這些故事形成了獨一無二的文化，古怪有趣的小事成為團隊的特色。現在回想起來，我發現制定決策時，辦公室的文化能讓團隊培養出集體的直覺，辨別新的合作關係或點子有沒有「很Behance」，或者完全不對盤。

我最喜歡的科技分析部落格「Stratechery」的板主班・湯普森（Ben Thompson）寫過一篇文章，提到重述創業初期故事的價值：

> 文化不會帶來成功，而是成功的產物。所有公司都是從創辦人的信仰與價值觀開始，但在這些信仰和價值觀證實正確並成功之前，都可以加以辯論與改變。然而，如果最後引導出能長久維繫的成功，這些價值觀和信仰就會從有意識轉移到無意識。就是這種轉變，讓公司能維持一開始驅動他們成功的「祕密配方」，即使在公司逐漸擴展後依然如此。創辦人不再需要向第幾萬名員工解釋自己的信仰和價值觀；公司每一名成員無論制定大小決策時，都抱持相同的信念。

雖然我認為，文化是由團隊所有的早期成員所塑造，不是只有創辦人，如果有人對文化有較大的影響力，那是因為他們的個性而非頭銜，不過班指出了很重要的一點，就是日子一久，即使故事本身被遺忘，公司的每一個人都已經認同公司文化的信仰、價值觀和特色。

不要低估故事的價值，在日常繁冗業務與營運的壓力下，我們很容易忽視、錯過，甚至阻礙創造故事的時刻。故事賦予 Behance 生命，每個人的個性展現在日常工作之間，那些辛苦和歡慶的時刻。Behance 的初期成員經過十多年後，現在有許多仍在 Adobe 的紐約辦公室共事，可見文化的力量有多大。對於步調相對迅速的新創科技公司來說，這種情況相當罕見。

你必須參與這些事件，尤其是在創業初期。另外也要在適當的場合重述；你必須放下控制的韁繩，讓團隊成員創造自己的故事。每個團隊都有幾名「文化傳承者」，特別擅長捕捉精彩的故事並加以轉述與體現，所以要鼓勵並嘉許他們優化團隊文化的獨特能力。

無論打造計畫或團隊，都要認真看待故事並參與其中，即使這代表了必須打破二十年來吃素的習慣。故事由我們詮釋，所以要盡力褒揚、挖掘所有經驗，找出團隊珍貴的特質與重要的時刻。文化是自然產生的現象，只要加以滋養、包容和慶祝，創業初期的故事將能夠奠定永恆的文化根基。

容納帶有「自由基」的人才

化學裡有個術語叫做「自由基」（free radicals），用來描述具有不成對電子的分子，可能帶有正電、負電或不帶電。自由基很容易產生化學反應，因此在與其他物質接觸，或相互接觸時，就會產生無限的可能性。在不同情況下，也許造成極大的破壞，但也可能帶來極大的助益。

我認為，這個術語很適合拿來形容二十一世紀出現的新型態專業人士。在工作場合上，「自由基」有源源不絕的能量，他們不依循許多同事消極遵循的規則，而是掌控自己的職業生涯，讓世界助他們一臂之力；他們大口吞噬機會，願意冒更高的風險以獲得更多的回報；他們不屬於特定的人口類型，可能來自嬰兒潮世代，也可能是千禧世代，總之這是一種心理類型；他們有韌性、自給自足且非常能幹；他們也許單獨工作，也可能在小團隊或大公司裡上班，但都不受拘束。無論你有沒有發現他們的存在，他們都已無所不在，且正在創造未來。

這些年來，我與各種規模的公司合作，開始對這些自由基在工作場合受到的誤解感興趣。有些主管認為，這些人只是自私的千禧世代，其他主管則制定了沒什麼誠意的創新與留用計畫。後來，我替 Behance 的 99U 創意領導人培訓方案寫了一張宣言，協助領導人打造團隊時，了解該如何包容這些「自由基」難以駕馭卻強大的力量。

什麼人是「自由基」？

- **我們做能為自己帶來成就感的事**。但也希望引發影響力，並期望外界的認可。我們並非純粹為自己而創造，而是希望對世界產生真正的、持久的影響。
- **無論我們在公司上班或單獨打拚，都要求馬上能夠自由實驗、參與不同的計畫，並推動自己的想法**。彈性能讓我們茁壯，當我們完全投入時，便具備最大的生產力。
- **我們經常創造新事物，因此也常常失敗**。終究，我們很喜歡能幫助我們調整作法的小錯誤，並將每次失敗視為學習的機會，那些都只是我們邊做邊學的一部分。
- **我們無法忍受官僚主義、老同學人際網絡和過時的商業慣例**。我們質疑標準作業程序，堅持自己的想法，假使做不到也不會放棄或安於現狀，而是繞道而行（或設法找出漏洞）。
- **無論在新創公司或大企業上班，我們都希望充分發揮並不斷提升**，要是貢獻或學習出現停滯，我們就會離開。但是若能運用大公司的資源借力使力，對我們關心的事物造成影響，我們會非常開心！我們希望把事情做到最好，引發最大的影響力。
- **開源技術（open-source technology）、應用程式界面（API），以及網路廣大的群眾知識是我們個人的彈藥庫**。維基百科、Quora 以及設計師、開發人員和思想家組成的開放性社群，都是由我們並為我們量身打造。我們會盡可能利用群體知識，為自己和客戶做出更好的決策，並抱持把善意傳下去的心態，替這些開放資源做出貢獻。
- **我們相信，廣結人脈仰賴分享**，由於我們的思辨能力與策劃本能，別人會傾聽我們的發言並跟隨我們的腳步。我們經由分享創作或感興趣的事物，建立出真心支持我們的社群，為我們提供反饋、鼓勵並帶來新機會，這也是我們經常（不過並非總是）選擇透明而非隱私的原因之一。

- **我們相信菁英領導與社群的力量，讓我們更能做我們喜愛的事，也因此做得很好。**我們視競爭為正面的動力而非威脅，因為我們希望，最好的點子與最佳的執行力能夠勝出。
- **我們因為做自己熱愛的事而過得很棒。**我們是工匠也是商人；我們時常身兼自己的會計、廣告行銷公司、業務發展經理、談判代表和業務員，我們對自己進行必要的投資，並運用最好的工具與知識，把自己當成現代企業來運作。

過去，具有自由基傾向的人往往被視為難搞或自命不凡的異端，不然就是規避責任的獨行俠。但今天，自由基正逐漸成為各行各業的傑出領導人。

在大公司工作的自由基時常質疑常規，他們直截了當，並以行動為導向；他們摒棄過時的資訊分享程序，改以容易使用也較為透明的 Slack 和 Google Apps 等工具；他們運用社群媒體取得市場資訊，不但在速度上勝過研究部門，成本也更低；他們要求自由、先進的工作方式，著重於有意義的創造，而非無意義的面對面談話。他們也許導致混亂、迫使你改變，但自由基能把你、公司流程和產品都往前推進。

由於阻力和障礙都越來越少，自由基漸漸成為二十一世紀創新思想的守護者以及重要資產，在打造和管理團隊時，要盡可能地配合自由基，好讓他們保持專注、投入更多心力。

除了床、椅子、空間和團隊其他都可以節省

在創業（和生活）的過程中，你應該仔細管理花費。不過，有些東西不能過度節省。

例如，我們一生中有30％的時間都躺在床上睡覺，睡眠對我們清醒後的狀態也有極大影響，所以買床時不該太吝嗇；辦公椅也一樣，現代人坐在辦公椅上的時間甚至超過躺在床上的時間！所以，要買你所能找到最好的椅子。除此之外，工作的整體空間也很重要，雖然我不認為應該花大錢裝潢辦公室，但如果花心思檢視打造產品的工具和環境，產品品質也會隨之提升。

多數公司都不夠重視辦公空間和用品，他們規劃設施時的重點，往往擺在每平方英尺的成本和後勤效率上，而非空間如何影響員工的心理狀態。但是，空間的定位、設計與團隊成員的技能一樣重要，因為環境會影響專注力、做事的熱忱與創意。

員工的個人空間也會影響產品。我的一位人生導師詹姆斯·希格（James Higa）曾待過Next、蘋果和皮克斯（Pixar），很長一段時間都在替賈伯斯做事。他告訴我，賈伯斯非常重視辦公空間規畫，會花時間到世界各地檢視建材樣本，並參考不同建築；有一陣子，甚至收藏美籍日裔藝術家與景觀設計師野口勇（Isamu

Noguchi）的雕塑作品，好讓蘋果員工可在大廳裡「日日邂逅美麗」；賈伯斯也會設法轉變建築師固執的想法，直到他們認同他的觀點。詹姆斯也提到賈伯斯對皮克斯的影響，他雖然沒有干涉電影製作或日常營運，卻積極參與皮克斯的建築與設計規畫。當時負責管理皮克斯辦公設施，後來協助打造蘋果「太空飛船」（Spaceship）總部的湯姆・卡萊爾（Tom Carlyle）與賈伯斯密切合作過，構思出皮克斯的「城市廣場概念」，也就是建築物中心設有洗手間的區域。這個理念是希望員工每天都能碰面，無論是否出於自願，員工上廁所時，也許可在偶然中交換點子，因為賈伯斯認為，不同團隊之間的碰撞是皮克斯發想創意的核心。詹姆斯回憶道，賈伯斯也鼓勵皮克斯的所有員工「盡情修改辦公空間」，認為必須讓他們自由表達想法。在所有賈伯斯可能影響皮克斯的環節中，更別說他還有許多其他職責，包括領導蘋果公司；但他選擇把重點放在空間上，因為他知道這對皮克斯來說有多重要。

然而，儘管理由如此充分，多數團隊仍刻意忽略，不然就是委託外人規劃辦公設施和內部空間，以專注於「最重要的事」，也就是產品與利潤上。為什麼會有這樣的落差？這是因為衡量方式出了問題。資訊工程師以他們設計系統的相容度及如何管理預算來衡量；設施規畫專家有建築規劃的背景，但對創意領域的文化知之甚少。他們以效率來衡量，像是能放入幾張辦公桌，而非如何引發創意撞擊的火花，例如讓《玩具總動員3》（*Toy Story 3*）的故事情節更豐富。

最後卻最重要的一點是，支付團隊薪水千萬別吝嗇。思考薪資時，要考慮對方有多麼不可或缺，或有沒有潛力成為那樣的人。許多公司犯下的錯，是依據一個人過去的薪水，或把員工分配到不同的「薪資區間」，讓自己不自覺地因為對方的年齡、經驗、性別和其他與不可或缺完全無關的特質衡量報酬。雖然這些公司短期內，也許不會因為少付薪水而出問題，但日子一久，有才華的人往往會意識到自己的價值，這時團隊就必須付出代價，不是試圖挽回，就是必須另外找人來取代。所以要讓團隊覺得自己受到照顧，深信自己的付出能得到最好的、甚至比最好還更好的回報。

打造產品的工具會影響產品

每次看到許多大型企業和組織裡老舊繁瑣的辦公系統，我都替他們感到難過。我以顧問的身分接觸過奇異公司、寶僑公司（Procter & Gamble）和愛迪達（Adidas），以及我將在本書稍後提到的中央情報局（CIA）和美國陸軍（U.S. Army）這類政府機構，發現其中許多都在使用笨重的工作流程管理系統；我大學畢業後到高盛上班，全公司上下只能使用舊式的網路瀏覽器與劣質的溝通及人力資源管理工具；Behance 靈活的小團隊加入 Adobe 後，也不得不使用綁手綁腳的工具。許多公司和組織都宣稱重視創新和效率，但卻提供員工抑制彈性、浪費資源的工具。

現實層面來看，使用沒那麼精良的工具通常都有合理解釋，像是預算吃緊、相容性的問題造成選項有限、轉換工具可能引發資安風險等。此外，員工通常比較會忍耐，拿到什麼就用什麼，不像顧客。

新創公司也沒好到哪裡去，不過是出於不同的原因。他們的問題不是陳舊繁瑣的工具，而是使用時毫無章法，或採用言過其實的系統，不然就是根本沒在使用。新創公司的步調那麼快，必須在短時間內打造出完美的產品，誰有時間研究內部專用的工具？

我們太低估使用工具對我們創造的產品造成多大影響，就像油彩和筆刷的品質會影響藝術家的畫作。我們每天用來構思、規劃、設計和執行的產品，對於最終成果影響甚鉅。

加入 Adobe 後，我對這件事有了更深切的體會。我遇過無數使用 Photoshop 或 Illustrator 這類應用程式的設計師，都非常關注程式的使用者界面，因為那是他們用來實現創意的工具。這些專業創意人才知道，創作工具對他們的影響有多大，無論有意識或無意識的影響。

由此可見，Adobe 有不斷優化產品的壓力，這些軟體的命運掌握在我們手中，只要修改 Photoshop 或設計網頁界面軟體 Adobe XD 的圖標、顏色、漸層功能，都可能對這個領域產生莫大影響。每次我想說服人才加入團隊時，都會特別指出能替設計領域設計工具的難得機會和責任。

我一直對辦公室使用的內部系統非常感興趣，主要是因為，我意識到它們的重要性，但那卻往往不受重視。我記得，我和麥提亞斯合作不到幾個月，當時 Behance 還只是未成形的想法，我們就制定出品牌風格，不僅因為我們服務的是設計師，也因為我們認為，這是品牌專業人士重視的關鍵價值。我決定把商業計劃書做成單頁Ａ３尺寸的圖檔，而非一般微軟 Word 的格式，我希望，即使是「僅供內部參考」的文件，視覺上都要吸引人。後來，如果開會的提案板做得太倉促，麥提亞斯都堅持要重新設計，儘管時間不多，對象也只是一小群員工，他還是覺得這是給團隊的暗示，不能輕忽。我們沒有預算，卻非常重視所謂的「Behance 經驗」，我們知道，工作環境會影響我們打造的產品以及所雇用的人。

辦公室使用的工具和內部文件會影響團隊的ＤＮＡ，可能傷害或滋養你們打造的產品。有時候一忙起來，內部系統最容易遭到忽視，意思是，假使能夠重視並加以改善，就會成為具有競爭力的優勢。讓員工有愉快的工作經驗，和顧客使用你們的產品時有愉快的體驗一樣重要。

所以，要刻意安排時間檢視團隊使用的工具、溝通系統和創造的環境。如果不這麼做，產品也會受其影響。

歸功給應得之人

把機會分配給對的人，團隊的整體表現就會蒸蒸日上。你也許記得那些再適合你不過的專案？你具備必要的技能，對問題真心感興趣，且因為過去的表現而得到這個機會，挑戰程度也剛好讓你必須稍微延伸一下實力，同時又能安心運用創意。在這種情況下，我們就能發揮地淋漓盡致。

可惜這種情況非常少見。公司日常的任務分配往往比較隨意，通常是根據頭銜或有沒有時間，而非依據興趣、技能和優勢。因此，許多計畫由沒有意願或能力的人領導，他們沒那麼在乎，也很難提升團隊的潛力。

把任務交給合適的人，先決條件是必須重視「歸因」。如果你和團隊成員都知道誰做了什麼，就會培養出自然的直覺，因此能超越傳統的層級，把工作指派給合適的人。每個人的專長變得更明確，團隊自然而然地支持獲得授權領導專案的人，無論他們的資歷為何；做事的人獲得尊重，而非身任要職的人。有了這樣的直覺後，誰該做什麼的決定就能廣受團隊支持，而非遭到質疑或排斥。

以下是鼓勵團隊正確歸因的原則：

- 不要只公開感謝專案的領導人，而是明白指出，每項環節由誰負責，無論設計、工程或法務，這樣才能讓所有參與其中的人獲得成就感，同時協助團隊追蹤負責不同任務的員工，這樣就能把功勞歸諸於有貢獻的人。

- 讓實際執行任務的員工展示工作成果，例如產品經理提案時，應該讓設計師展示視覺稿（mock-ups）和線框圖（wireframe），除了讓屬下感覺自己是那個工作環節的主人，也能讓最了解的人帶領討論。
- 不正確的歸因會對團隊造成極大的傷害，包括表揚錯誤的人或錯誤的原因。像是認為：成功是由於情勢有利，而非技能出眾。努力優化運作順暢的事物時，很容易把相互關係與因果關係混為一談，情況順利不一定代表策略有效，而是要進一步理解，成功是因為時機湊巧、外部市場因素、技術優異和執行力，還是上述各種因素的不同組合。把成功歸結到基本的元素：技巧、決策、戰術、人際關係或努力，不要忽略推動成功的力量。

歌功頌德很容易遭到濫用，若沒有把功勞歸諸於真正應得的人，團隊會漸漸對此感到麻木，最終導致怨恨。在健康的團隊裡，技能和成就受到正確表揚的成員，會得到更多符合他們興趣的任務，但我們都知道，這不是經常發生的事。如果希望團隊自然培養出對彼此的欣賞，就必須提升讚揚的方式，最好的團隊是能分享而非爭取功勞，不要只把聚光燈打在最上層，而是盡可能地向下照亮。

真心誠意表揚值得嘉許的員工，感謝替你做事的人，把功勞歸諸於他們身上。到頭來，你希望真正做事的人得到獎勵，下次也更有影響力。歸功不只關於獎勵，而是讓未來的決策者有更大的影響力。

架構與溝通

只要找對人，就可以打破常規

新創公司的創辦人和剛上任的大企業主管最常問我的一個問題是：如何建立團隊的架構。

「我要讓員工遠端工作，還是堅持整個團隊都在辦公室上班？」

「行銷應該是獨立的團隊，或既有團隊的延伸？」

「我和共同創辦人可以同時擔任執行長嗎？」

「設計師應該向產品經理報告，或讓他們擔任產品經理？」

「不要劃分層級比較好，還是要招聘或指派主管？」

建構團隊時，我們會很想尋求最好的作法，希望借鏡其他公司的經驗。我們尋找所謂的規則，像是每個團隊都要有一位主管，設計師和工程師必須分屬不同部門，或一間公司只能有一名執行長。雖然所有規範都有它的優點，我也喜歡研究其他公司的架構，但我向來認為，這些問題很難回答，因為人事物的背景都必須納入考量，正如團隊必須挑戰傳統智慧，才能打造出卓越的產品，建立卓越的組織也是一樣。

這些年來，我合作過最好的團隊，在公司架構方面都包含些許例外，例如：我加入供應當季、本地食材的連鎖沙拉店「甜綠」的董事會期間，就很佩服公司三位創辦人喬納森（Jonathan）、尼克（Nic）和內特（Nate）合作無間地共同擔任執行長。一開始不少同業告訴我：「祝你好運，那太瘋狂了！」但他們翻轉傳統執行長的角色，找出最合適的方式分配多數業務，並成功執行，他們擁有相同的核心價值，能憑直覺知道，哪些決策可由三人中的任何一人、其中的特定一人決定，或者必須三個人都同意。喬納森在我問到這種安排時告訴我：「我覺得很幸運，因為我們可以分擔決定的責任，不是只靠一個人想辦法、承擔所有責任。」尼克補充道：「我們無論何時何地，都有比別人多兩倍的執行長……比一般的執行長處理多兩倍的事。」有一陣子，這是他們很大的優勢。

業界流傳著許多關於共同管理團隊或公司的可怕故事，但也有很多例子證實，這種安排是一種優勢。所以為何要劃地自限？

Behance 成立初期，我們的工程團隊有五名領導人，而非由單一的技術總監（CTO）管理，這種模式可以營造出合理範圍內的緊張感，他們共同領導團隊，打造各種功能，例如：前端開發、後端處理，系統建置和行動裝置。不同領導人的個性及不同的管理年資，都影響我建構領導團隊的方式。

另一個打破常規的作法，是要求資深設計師直接向我呈報，雖然一般公司的設計師不會向執行長呈報，但我知道我們不一樣，我們服務的是設計領域，整體而言，公司是以設計為導向。與設計師保持密切關係，能確保設計是我們優先重視的核心環節。

在 Behance 獲得收購，我加入 Adobe 之後，還是以不符常規的方式打造組織架構，最後建立出有近五百名員工的團隊。如同在 Behance，我仍要求部分設計師直接向我呈報，而非隸屬於設計部門；我先成立很小型的團隊，探索最大的策略轉型，而非一開始就納入所有關係人；另外也指派產品團隊的部分成員負責行銷，以確保宣傳活動符合產品遠景。當然，打破大公司的規範不免擦槍走火，我必須持續解釋我的作法，但我寧可按照工作內容打造架構，而非受架構限制。正如同和競爭對手使用相同的編碼或原料，必然難以創新，運用過時的架構或適合產品後期的組織架構，你也很難創新。

若找到合適的人，就不用按照一定的規則設計架構，只要最優秀的球員盡全力打出最精彩的比賽，你就可以在安排編制時發揮創意。事實上你也必須這麼做，你喜愛並信任的人才知道自己很優秀，希望用自己的方法做事。身為領導人，你必須謹慎地在組織結構、團隊自主和個人特質之間找到平衡。摒棄慣例、採用不同於常規的實驗，才能不斷改進工作模式。

若回想我提供新創公司的建議，以及有多少次我違背自己的想法，就會發現我們實在不該過度拘泥，例如：雖然我堅信競爭優勢不能外包，但有時候，最合適的設計師或其他領域的專家就是堅持自由接案，所以在不同情況下，有時我們必須違背自己的信念，這種願意打破自己的規矩，適時調整組織架構的態度與規則本身一樣重要。例外不該太常發生，但也可能左右成敗、成為你成功的關鍵。

只要找到對的人且目標一致，你就要保持彈性。如果超級巨星堅持遠端工作，那就讓他們遠端工作；如果兩個具有互補技能的人都是同一個領導職位的優秀人選，那就實驗共同領導。觀察、學習然後調整，毋須遵照傳統智慧。這些作法可能對你有利，也可能造成傷害，但你必須冒險，才能看到與眾不同的結果。擁抱最佳的作法，但遇到必須改變時，就要打破常規。

流程是目標不一致時的必要之惡

在新創世界裡，「流程」和髒話幾乎沒什麼兩樣。

把一小群對的人聚在一起，那群人也都基於對的理由加入團隊，你就不用面對繁瑣的流程。眾人朝著相同目標、依據同樣的期限努力，即時溝通、透明和急迫感是團隊的動力，遇到這種情況就會很有效率，且大家工作時通常都坐在一起。創業初期的這個階段，團隊的生產力奇高，小團隊可以輕鬆超越大團隊，不是因為小，而因為他們齊心協力、別無雜念，只有想法和行動。那是一種很美好的狀態。

但隨著團隊漸漸成長，想法可能日漸不一致，團隊成員的投入程度不一，有些人清楚知道目標，有些人卻沒那麼確定，況且有時候目標還會變來變去。你必須強制執行期限，不能只是建議。由於大家不一定坐在一起工作，溝通也變得較為零散。目標與優先順序開始扭曲，表現也因此受影響。

這種伴隨成長而來的不一致該如何解決？建構流程。也就是創業初期不需要的東西。員工培訓計畫、每天例行性會議、組織結構圖、審核程序，都是想法不一致時該投入的機制，這確保團隊成員能同心協力。流程是強迫眾人對齊的方法，你安排會議、建立追蹤與究責系統，並指派更多的主管。

但如果沒有正確執行，流程會拖延進度，也可能造成痛苦，尤其是向來不按規矩行事的成熟團隊。沒有人喜歡可能阻礙實際工作的規定變得更多。

流程的難題在於我們需要它，但太多又會致命，團隊越有共識，你需要的流程就越少。如果經過深思熟慮，確定必須制定流程，請考慮以下原則：

為團隊建立流程，不是為了你自己

很多浪費時間、造成痛苦的流程都源於焦慮。領導人擔心自己無法掌控部分業務，產生了不安全感，然後可能製造更多瓶頸。有些領導人安排過多的簽核會議及例行報告等機制，這並非為了團隊著想，而是要讓自己安心。但流程會減損想像力和靈活度，只用來預防問題，像是沒有在期限內完成任務、目標反覆無常，或規避法律或財務責任，遇到這種狀況，流程就很有幫助，但為了團隊制定流程，必須是為了解決他們的問題，而非減輕自己的焦慮。

花時間讓團隊達成共識，而非強加流程

設法幫助每個人理解目標和計畫，讓團隊自然達成共識。你有多常向團隊推廣你的使命和創業藍圖？可能不夠頻繁。你是否確保團隊裡的每名成員都跟上腳步？或主動找出腳步不一致的人，花時間幫助他們追上？這樣就能加速進展並提升品質，效果更勝於任何正式的流程。

經常檢視流程，永遠要設法刪減

只因為某個時間點需要某一項流程，不代表永遠需要。不斷質疑你對團隊施加的政策和程序是否仍有必要，你們還需要每天早上站著開會嗎？團隊成員的某些行動是否依然必須經過你核准？定期檢查流程，設法刪除或改善，盡可能不要浪費員工的時間。

你必須領導高效率、目標一致的團隊，盡可能減少流程。了解如何尊重流程，同時不讓它阻礙進展是管理的一大挑戰，只有在目標不一致時才引入流程。

不要硬生生截斷別人的做事程序

如前所述，我不認為流程是解決內部挑戰的永久方案。然而這些年來，我也從實際教訓（通常是慘痛的教訓）中學到，讓別人按照自己的流程做事有多重要。

Behance 成立初期，麥提亞斯和我對於是否要求設計團隊配合整個公司的做事速度，經常出現爭執。有些業務或產品決策可以開一次會就做出決定，設計的決策卻必須反覆提出視覺稿並聽取反饋，才能達成結論。但是我總想快速得到答案，由於團隊時間和資源都不足，我總要求最快的回應、希望看到最大的成效。我認為，自己是負責設定速度的人，為了讓團隊保持前進，我要求盡快看到解決方案，不顧麥提亞斯的團隊需要經歷哪些程序才能找出最佳方案。

但我希望（其實是逼迫）其他團隊加快決策速度的作法，往往造成了反效果。在決定解方之前，麥提亞斯的團隊發展出一套探索問題的程序，同樣地，我們的工程師團隊也開發出自己的品質管控和訓練流程，讓生產力維持在一定的節奏上。這些流程都很有幫助，我必須學會控制自己先入為主的想法，尊重他們的做事流程。

無法忍受流程，只要不是太過度，都還算健康，鄙棄多餘的流程、不喜歡等待是人的天性，畢竟如果等綠燈才通行，你永遠不可能先到（雖然紅燈絕對能預防事故）。但干涉別人的做事程序，必然不會有什麼好下場，即使你認為，從長遠來看，你的作法才能節省時間和精力。若是為了彌補想法不一致，不先思考問題為何出現就以流程覆蓋，才是有問題的作法。

領導人和團隊之間的許多問題源頭都是打斷團隊成員的做事程序。你雖然要避免太多流程，卻也必須尊重他們為了維持腳步一致、全心投入而採用的工作模式。前面提過的班．埃雷茲就說過：「要求員工做事，必須讓員工了解，你為什麼要他們做那些事，然後就不要干涉，並移除可能干擾他們的因素，好讓他們專注於最重要的任務。」

因此，要讓團隊成員自己去調整、保留工作上的小怪癖，因為他們才是最了解自己的人。流程會出現通常不是沒有原因，即使你不明白箇中緣由。若時間緊迫，就設法找出雙方都同意的方式去修改或加快流程，而非全盤否定。流程應該隨著時間改善，但不能一筆抹殺。

對內宣傳才能抓住並維持團隊的注意力

在混亂中程，領導人最重要卻沒有說出口的角色也許是對內行銷。我們時常強調要重視顧客、品牌形象與品牌訊息，卻很少人關注對內的品牌形象和訊息，你的員工如何看待自己的工作、團隊的生產力和使命？他們是否了解公司的願景？

現在，我們有各式各樣管理團隊和專案的系統，反而因此忘記傳統的行銷智慧：只要是令人難忘、很大或每天出現在視線裡的事物，你就比較可能去做。所以要替團隊打造近似於廣告看板、電視廣告或定位精準的潛意識廣告之物，好讓員工有一致的目標，同時提升生產力。我是認真的！

厲害的領導人會不斷想辦法推動團隊前進，也許是把里程碑和期限做成圖表掛在牆上，或反覆闡述目標或截至目前的進展，也可能是簡潔有力的宣言，清楚標出時限，像是拼趣就推出了「全球化年」，要求公司所有團隊把國際化當成優先目標，或是 Uber 的「司機年」，因為他們發現自己必須加緊腳步，在自己的平台上為司機開發更好的工具和政策。

其他也許是令人記憶深刻的標語或圖像，用來抵抗陳舊的觀念，例如：商業雲端服務公司 Salesforce 在大企業依然習慣使用傳統的盒裝軟體時，推出了客戶關係管理服務，並借用經典的「禁止吸菸」標誌，把香煙的圖案換成盒裝軟體，鼓勵員工和客戶翻轉對軟體的既有想法。

二〇一三年，我負責重啟Adobe的行動產品，發現一些口號對於改變員工的假設和觀念特別有效，例如：倡導簡單強大的產品設計原則，我們會在產品評審會和產品發表會的舞台上重複「在專業人士眼裡夠強大，對所有人來說都容易上手」的口號；我們啟動「創意雲端資料庫」專案，目標是協助Photoshop等產品的用戶，可以在不同應用程式和設備之間相互轉換，使用相同的文字樣式、顏色、筆刷和其他設計資產，我們的口號是「你的資產，永遠觸手可及」，以及「終結空白頁面的時代」，希望能夠深入人心，讓團隊目標一致。遇到必須決定優先納入哪些功能時，我們都會回歸到這些簡單的聲明上，看看是否符合我們的遠景。

在這個資訊超載的時代，對內行銷也是讓團隊關注重要訊息的最佳工具。二〇一三年，我的第一本書《想到就能做到》（*Making Ideas Happen*）出版幾年後，中央情報局（CIA）和我聯絡，邀請我去參觀並協助一組團隊運用設計和行銷策略，提升傳遞重要資訊給世界各地探員和分析師的成效。中央情報局和其他組織都意識到了，資訊只有在對方接收、真正感興趣時才有效，因此開始探索如何運用精煉的標題、資訊圖表和設計吸引探員注意，就像行銷活動和廣告宣傳一樣。

推銷任務和進度時要發揮創意，才能吸引並維持團隊的注意力，如果必須納入新的做事流程，那就添加一點樂趣，好讓團隊相信這套系統並產生興趣，他們才會打從心底接納，從設計、命名到完成一項任務後爆發虛擬的五彩紙屑，這些小舉動都可能大幅提升使用率。

同樣地，當團隊取得實質進展時，也要推銷他們的成就，讓他們因此得到成就感，而不只是埋頭苦幹。

我們為Behance的團隊設立「成果牆」，貼著完成的專案、執行事項和草圖，讓他們身邊圍繞著進展。每次向團隊展示未來目標時，我都會先放幾張幻燈片，重溫團隊的成就。最能激發未來進展的就是過去的進展，但你必須充分推銷，團隊才感受得到。

就讀哈佛商學院期間，我有機會與研究職場創造力的特瑞莎・安瑪柏（Teresa Amabile）教授合作。在一項研究中，特瑞莎針對在大企業上班的二百多位專業人士，以簡單的日記形式追蹤他們的想法、動機和情緒，共為期四個月。特瑞莎從一萬二千多篇日記裡觀察到了「過去進展推動未來進展」的效果，她總結：「在所有能夠提升情緒、動機和洞察力的因素中，最重要的就是在有意義的工作上取得進展。」她繼續解釋：「從長遠來看，越常感受到進展的人，就越可能發揮創意，無論是試圖解決重大的科學謎團，或帶來高品質的產品或服務，每天的進展，即使是小小的勝利，都能大幅度提升他們的感受和表現。」

公司內部也許有同事或部門專門負責對外行銷，但對內行銷就必須由你負責。在公司裡積極推銷計畫和進展，不但能夠激勵員工，也可以讓他們對於接下來的行動做出更好的決定。讓團隊了解事情的輕重緩急，或能否感受到進展，都掌握在你的手中。

視覺稿是闡述理念的最佳媒介

如果一張照片勝過千言萬語，那視覺稿應該可以回答一千個問題。

我們對於策略和規畫往往說得太多。我記得，無論在Adobe開會、庫柏休伊特國家設計博物館（Cooper-Hewitt National Design Museum）等非營利組織的董事會，或無數新創公司的腦力激盪會議，很多人都只是不停地提出問題，像是：「也許我們應該做X？」「也許Y公司的作法更好？」「為什麼我們不試試看Z？」通常，與會者甚至對於自己究竟在回答什麼問題都無法達成共識，討論因此只停留在非常抽象的層面，直到有人拿出視覺稿或有形的資料，情況才變得不一樣。

如果沒有以圖像呈現，點子很可能被誤解；以一張簡單的圖片呈現出可能的解決方案，也許就能在瞬間消除疑惑和混亂。只要螢幕出現圖表資料，或製作成原型傳遞觀看，整個對話就會變得有效率且更明確。

二〇一三年夏天，我們在Adobe模擬如何結合像是Photoshop之類的創意應用程式，其平板電腦、行動裝置和桌機版本。與會者包括十幾名Adobe紐約辦公室的高層主管，以及業界最聰明的程式設計師和軟體架構師（software architect），加上我們最優秀的兩名資深設計師，克萊門．費迪（Clement Faydi）和艾瑞克．斯諾登，還有麥提亞斯。

討論的前四小時，大家彷彿一直在繞圈子似地：一個人提出一個概念，眾人快速審視，將之排除，接著又有人從不同角度提出類似概念。除了抽象的問題之外，對話完全缺乏重心，一直抓不到任何具體的東西，我開始感到沮喪。只見麥提亞斯嘆了一口氣，把我們隨便畫在白板上的一個點子，以 Adobe 的 Illustrator 製作成視覺稿（當時都是用 Illustrator 做視覺稿，現在則用 XD）。

他開始動手後，大家都紛紛探頭張望，談話範圍突然縮小了。他一邊畫，眾人一邊針對概念的部分元素達成共識。看到這個情況時，我馬上意識到，只要花幾小時做出仔細推敲過的視覺稿，也許能省下好幾天反覆推敲的時間，所以我中止了會議，建議領導專案的克萊門和艾瑞克花點時間製作提案板。後來這項專案的每次會議，都是由我們的首席設計師以視覺稿呈現進展與必須討論的內容，而不光只是用說的。

這就好比說，認同和目標一致必須透過視覺中樞來定錨。ConversionXL 的創辦人佩普．拉哈（Peep Laja）在他的部落格解釋：「評估產品或服務時，（人的）大腦會努力理解並得到結論，如此才能做出決定。圖像是絕佳的方式，不但可以展示，還可以提供答案，滿足大腦提出的問題。」神經行銷專家了解我們的「古老大腦」，包括遠古就已存在，負責調控呼吸和反射動作等自動功能的腦幹，對決策會造成莫大影響。由於古老大腦演化成能在極短時間內評估視覺與感官威脅，且比較喜歡視覺上的刺激，所以處理圖像的速度比文字和概念來得快。因此若想引人注目，就要以具體的圖像搭配抽象的描述，或以實物呈現點子，因為這類視覺輔助能夠吸引並滿足我們最原始的神經本能。

展示設計、一系列的樣本或大致的原型，有助於讓眾人在短時間內形成一致的概念，不然就得花很多時間解釋某個想法，並排除基本的問題和誤解，沒有視覺稿就如同在黑暗中慢慢摸索，視覺稿或原型可以抵過無數次討論和辯論，為我們把燈點亮。

如實呈現點子 不要拚命推銷

滿腔熱血的創辦人或設計師經常犯的錯，就是把點子形容地盡善盡美，拚命推銷，而不是好好解釋。完美無缺、毫無瑕疵的事物較難打動人心，新點子的小缺陷反而能讓團隊或投資人找到能夠相信並掌握的紋理。

我們在指標投資公司（Benchmark）稱這種執行長為「產品推廣員」，他們帶著看似完美的故事，先是概述所屬行業，然後就大放厥辭，宣稱競爭對手都不夠格。你很難對他們宣傳的東西產生情感上的共鳴，因為我們在裡面看不到自己的位置，反而會設法找出漏洞。我們無法預測，他們未來遇到無法避免的困境時會如何反應。如果受到打擊，他們能否面對現實？他們會不會掩飾衝突，忽略令人擔憂的數據，寧可維持完美的表相？

最令我感到振奮的創辦人都能腳踏實地，且對問題與解答同樣重視，其中包括：REMIX的創辦人山姆．哈許米（Sam Hashemi），他在提案時顯得很有自信，卻又比一般人低調。山姆有設計師的背景，曾有幾年志願參與「寫程式改造美國」（Code for America）計畫，那是網羅全美各地的設計與軟體工程人才，讓他們能貢獻長才的組織。參與該計畫期間，山姆想出了替城市規劃交通運輸系統的新方法，最後把這個想法轉變為一間公司。我們初次見面時，山姆實事求是地提到團隊至今的成就，以及他的商業計畫書中，哪些部分很明確、哪些還不太確定。其實，他在我們開會前已經募得一大筆種子輪資金（Seed Round），但他太專注於討論他想解決的問題，幾乎忘了提及他們的營收表現強勁到根本還不需要動用那些資金。

山姆散發出安靜的自信，讓我回想到二〇一〇年，首次與拼趣的執行長兼共同創辦人班・希伯曼會面的情況，當時來到紐約，是想尋找具有產品和設計經驗的種子輪投資人。開會前，我看了一下Behance的網路分析資料，想知道拼趣有沒有為Behance用戶的作品集帶來流量，發現數量雖然不多，但成長相當穩定。班沒有提出大膽的成長指標，或播放一系列關於拼趣如何變成大公司的幻燈片，而是提到自己如何熱愛蒐集以及對設計的看法。我們針對「釘」（Pins）和「板」（Boards）的設計腦力激盪了好一陣子，後來又通了幾次電話，最後我決定投資，那是我第一次投資自己以外的公司。接下來幾年，我們每次見面，班都會先提起他遇到的問題或疑問，儘管拼趣後來大受歡迎，班的興趣仍是研究什麼方式行得通，以及如何修復有問題的環節。他希望讓人感興趣，而非讓對方懾服。

無論是和同事分享點子，或向投資人提案，都不要描述地太完美，真實一點比較好。些許不確定並承認挑戰，對每個人都有幫助，合適的夥伴會把你的挑戰視為潛能而非弱點。誠實可以為未來的合作奠定正確的基調，才能讓你們齊心協力，共同面對旅程的高低起伏。

授權、託付、匯報然後重複

當計畫漸漸擴展時，你就必須仰賴他人的協助。雖然交出責任，尤其重責大任，絕對會令人感到不自在，但是培養直覺，分辨哪些事可以授權他人、那些應該保留，卻是擴展自己和團隊潛能的不二法則。

從成本效益的角度來看，不讓他人分擔你的職責，新問題就永遠無法解決，你的計畫也無法更上一層樓，如果從這個角度來思考，你就會意識到自己必須學會放手。雖然託付別人做一些決定，不免要經過一番掙扎，但是每次到最後我都會鬆一口氣。我都會提醒自己，雖然對方的決定也許和我不盡相同，但惟有如此，我才有辦法創新和解決新問題，這絕對利大於弊，且都要靠授權才做得到。

「授權」這個詞彙，似乎暗示著領導人單獨決定誰該做些什麼並指派任務，然後要求每個人負責，就像典型的老闆那樣。但在表現優異的團隊裡，授權除了是接受指派，也是尋求責任。

這種團隊會有集體的動力，希望最稀罕或最難以複製的人才有時間做他們擅長的事，例如讓數據專家或程式設計師分析數據和寫程式，而不是把他們寶貴的時間拿來處理行政工作。如果每個人都清楚了解公司的使命與市場力量，並決心盡其所能地發揮最大的影響力，那麼授權的壓力應該不只來自上方，也會由下產生。在這樣的環境裡，每個人都主動尋求他們認為自己該負責的事，通常是能以最快速度和最高品質完成的任務，或仰賴他們獨特技能的工作。

倘若團隊成員感覺自己能夠掌控手上的任務，才會有足夠的動力和責任感完成這些計畫。

大衛．馬凱特（David Marquet）曾任核子潛艇聖塔菲號（USS Santa Fe）的指揮官，也是《翻轉領導力》（*Turn the Ship Around!*）的作者，他在99 U與我們的團隊分享他從軍隊裡獲得對授權的看法：

> 問題在於，在對話最激烈的當口，大腦負責領導的區塊自然會希望主導並下達指令，那種感覺很好，我們透過發號施令來解決問題、減少不確定感，並提升自己的地位和權威。但遺憾的是，讓我們感覺良好的行為會讓別人感覺不好。沒有人盡力而為，因為他們只是奉命行事，我們越拼命指揮，越看不到成果。告訴別人怎麼做與負責任正好相反……他們只是「執行」工作，而非「思考」該怎麼做。這樣的舉動通常會在無意中導致部屬失去自主的動力。

光是委派任務、給予職銜並不夠，員工必須要能感受到自主。

如果是沒有劃分階級的團隊，或納入不同部門的大型矩陣式專案，則會出現另一個問題：員工力不從心，因為他們無法掌控自己必須負責的任務。也許那項計畫得仰賴其他部門，但他們不知道由誰負責。如果搞不清楚誰負責什麼任務，團隊成員就很難掌控自己應負的責任，所以你必須找出並指定負責人。

亞當．德安吉洛（Adam D'Angelo）曾任臉書技術長（CTO），目前是線上知識共享社群Quora的創辦人兼執行長，他向來主張每項職能和專案都要有一個「直接負責人」（DRI，Directly Responsible Individual），也就是遇到特定環節時，團隊上下都知道要誰來協助。亞當表示，這樣的作法不僅能夠簡化決策過程，也能提升直接負責人的責任感，他向我解釋，領導人必須要做三件事，以確保直接負責人的制度能夠有效執行：「首先，責任範圍必須明確，讓負責人和其他人都清楚了解；其次是大家都知道那個人要對誰負責，也就是指定負責追究責任的人；第三是追究責任的重點在於理解失敗的原因，以及必須做些什麼，才能確保日後不再發生。根據事情輕重，追究責任可能是開玩笑、事後檢討、嚴肅討論、向全公司道歉、改變工作內容或是解雇。」但亞當強調：「重點在於『必須做些什麼，確保日後不再發生，並持續相信人們會履行職責。』」

每個計畫都可能抵達人人都希望討論並影響決策，卻反而造成反效果的階段，尤其是合作密切、滿懷熱情的團隊。大家不再做決定，因為擔心有人覺得受排擠。遇到這種問題的快速解方是為每項任務指派「直接負責人」，像是回覆客戶電子郵件、聯絡媒體、招聘員工、籌備活動等重要環節。雖然新創公司的頭銜包羅萬象，更別說是大公司，我們還是要替每一層級的任務指派直接負責人。團隊合作越密切，知道誰該對什麼事負責就越重要。

交友網站 Meetup 的執行長兼創辦人史考特．海弗曼（Scott Heiferman）認為，每個層級都有直接負責人還有另一個好處：確保員工了解自己在公司裡扮演什麼重要角色。

有一天，我和史考特在紐約下城區共進午餐，他向我解釋道：「我很喜歡每個人理解他們的小角色如何與公司使命接軌的概念……伊隆．馬斯克（Elon Musk）就說過，在 SpaceX 的工廠，你可以隨便問一個人他在做什麼，以及他的工作為什麼重要，那個人也許是負責製作螺栓，你可以問他：『你為什麼做這個？你的工作是什麼？』他可能回答：『哦，我在做螺栓，這樣我們才能打造出可以降落的太空船，因為打造出可以降落的太空船，就能登陸火星，如果登陸火星，人類就可以怎樣怎樣⋯⋯。』如果員工明白自己的小任務對整體的影響力，就知道自己有多重要，也會更負責。」

一旦任務出問題，或是團隊某位成員漫不經心，有時反而要交付他們更多而非減少他們的權力。擁有更多自主權和掌控權後，他們不是更努力維持，就是更快失敗，你可以藉此分辨出，哪些人是基於對的理由加入團隊，哪些人不是。

然而，除非你相信別人能夠完成工作，否則永遠無法自在地釋放責任，所以授權時必須培養責任感，並施行適當的品管制度。交出任務並指派直接負責人，只是管理工作的一半，且是比較容易的那一半。相較下，提供反饋並隨時修正方向更重要，且必須刻意執行才做得到。

通常，我會在團隊抵達重大里程碑或遇到問題後，開會聽取任務簡報，然後詢問他們：「從一到十，你會給幾分？」、「我們應該改善哪些環節？」以及「怎樣的作法效果好到出乎意料之外？」這類問題可以磨練團隊成員的直覺，讓他們理解從中學到的教訓，並培養責任感，同時又不會挑戰對方的自主權或管得太細。

隨著計畫或團隊漸漸擴展，你要找出一套節奏，先是授權出去，然後交付夠多責任，讓他們有主控感，最後聽取簡報，以提高執行的品質和效率。傑出的管理是授權、託付、匯報，然後不斷重複。

掌握說話的時機和方法

在當今的數位時代，溝通比以往都容易，遠端工作的團隊可以一整天保持聯繫、不用撥電話就能解決問題，對話還可以使用不同媒介延續下去。

然而，我們也因此太容易連絡別人，不僅想法和採取行動的間隔越來越短，考慮時間也隨之縮短，我們因此更可能犯錯。

我自己就有多次不加思索地和同事、客戶、朋友、家人溝通，像是應該寫電子郵件的事，我卻以不正式的簡訊。或應該打電話時，我卻只寫電子郵件。也可能是應該面對面開會，而我只打了通電話。

遇到敏感話題時，只有面對面才能看到的非語言暗示非常重要；然而，有時一場會議或篇幅較長的電子郵件過於正式，可能使小問題看似比實際嚴重。

知道何時該說什麼話是維持良好人際關係的關鍵，但除此之外，表達形式也很重要，「媒介即是訊息」這句話一點也沒錯。

向新客戶發送老套的電子郵件，或用 Slack 詢問同事問題前，請先考慮下面幾件事：

這是單向的資訊分享還是對話？

電子郵件是發送資訊、讓對方按自己的時間決定何時考慮的好方法。他們可以隨時回應，同時你也沒有必須馬上回覆的壓力，可以先整理思緒。然而，儘管有時感覺沒那麼正式，但電子郵件的形式並非對話，這種溝通管道是先集中一個人的想法，而非兩個人（或更多人）一來一往地討論，因此容易造成誤解。電子郵件是告知別人資訊的好方法，但如果你的目標是影響他人，並讓對方深刻理解你的作法，那就要選擇對話的形式，例如：可以透過你來我往的簡訊、打電話或當面交談。

主題是否牽涉同儕，或是較為敏感，因而可能引發爭議？

無論透過 Slack、Facebook Messenger、WhatsApp、iMessage 還是任何你慣用的通訊軟體，非正式的對話最好透過即時訊息傳送，不過這種溝通形式由於力求簡短，不適合討論複雜的問題。這種以文字為基礎的溝通方式，也使我們無法藉由說話音調的細微差異或視覺的線索，察覺對方是否感到不自在。如果主題較為敏感，請強迫自己改用比較私密的媒介。尤其如果你發現，自己為了避免當面衝突，寧可用文字和別人溝通時，因為這麼做往往不會有什麼好結果。

這個主題可以當場解決，還是需要事前準備？

如果選擇直接對話，請考慮對方否需要時間準備，無論心理或其他方面的準備。要是主題靈活或可能引發爭議（和情緒），你就應該讓參與對話的人有時間蒐集資料、仔細思考自己的立場，並為談話做好心理準備，否則可能導致對方防禦心過重或感到不知所措。

提前規劃面對面的討論，讓參與者事先針對主題進行思考。私下交談可以讓對方感到自在，深層的連結並非一蹴可幾，只有透過事前規劃並投注時間，才能達成這個目標。

事先安排的討論不一定要太正式，例如：我就比較喜歡約對方喝咖啡、散步或用餐。談話是否有效，很大的程度取決於對方能否敞開心房，在多數情況下，非正式的聊天能讓彼此更坦誠，防衛心也沒那麼重。

面對面談話除了比較親密外，也可以透過音調變化和視覺提示蒐集非語言的資訊，進而釐清對方的想法，正如肢體語言專家凡妮莎．范．愛德華茲（Vanessa Van Edwards）在《和任何人都能愉快相處的科學》（*Captivate: The Science of Succeeding with People*）一書中寫道，高達93％的溝通為非語言的形式，「代表我們的肢體語言、面部表情和其他非言語行為比我們所說的話還重要」，然而，專門研究情緒智商的愛德華茲也表示：「多數人甚至沒有思考過自己的肢體語言是在對別人表達哪些事情，以至於很多商界人士沒有意識到自己的肢體語言反而對他們不利。」

與團隊溝通的管道五花八門，我們很可能選擇阻力最小的路徑，而非把重心放在溝通的目標，以及哪種溝通方式能幫助你實現目標上。如果選擇了輕鬆卻不恰當的溝通方法，反而會適得其反。隨著溝通管道日漸多元，我們必須仔細選擇合適的溝通方法和時機。

直言不諱，實事求是

溝通時，經常夾雜太多拐彎抹角與推諉卸責。團隊的每個人都有自己做事的方法，但越能實話實說，營造出所有人都能毫無隱瞞地表達自己立場的工作環境，團隊就能運作地更順暢，問題也能更快地解決。

解決問題要實話實說

避免閃爍其詞、掩蓋重要訊息，這種政客的作風不值得學習；日子一久，人們反而會尊重坦誠直率的人。如果你認為問題因為推諉塞卸責、吞吐遮掩或閃爍其詞而變得模糊不清，可以試著簡化拆解。我最常詢問 Behance 負責維護平台、讓數百萬名用戶使用順暢的開發與營運團隊的問題之一就是：「目前有沒有什麼事讓你們晚上睡不著覺？」我會努力探討表面之下的問題，挖掘出真正脆弱的地方。

如果針對問題提出解決方案，卻遇到阻力，請先後退一步，確定每個人都了解問題了。對問題不夠了解時，往往很難接受解決方案，所以必須先讓眾人了解不解決的後果，再提出解決方案。實話實說能夠引起共鳴，也令人難忘，所以你必須尋求並陳述事實。

打造產品時要定位明確

多數人的天性是取悅並配合別人。在製作產品的過程中，如果想迎合太多各式各樣的客戶，產品就會變得過於籠統，而非針對特定類型的客戶打造。產品越包容，就越不可能為特定使用客群帶來革命性的改變。

例如：Instagram 並非第一個讓用戶與朋友分享照片的通訊軟體，但卻是以最明確清楚的方式做到這件事的其中之一。Instagram 的目標很清楚，讓用戶以為數不多的濾鏡修圖，與特定一群人分享照片，並刻意放棄其他功能，也沒有配合不同使用者的需求；類似地，拼趣也設計明確，讓用戶有組織地尋找與整理圖片。許多類似的其他網站和工具，例如美味書籤（Delicious），都提供書籤和其他視覺功能，但拼趣直接把重點放在圖片上，讓客戶從一開始就知道，自己可以達成什麼目標，因此能夠脫穎而出。

如果想滿足用戶的各種需求，反而會失去特色和吸引力，我將之形容為「紐約小吃店問題」，店門口擺著沙拉吧、披薩、中華料理和壽司的招牌無論裡面的食物多好吃，都不會有人認真看待任何一樣餐點。如果打算和太廣泛的用戶客群互動，就無法和其中的一群人深入交流。

我會在稍後的章節進一步討論優化產品的方式，但其中最重要的，莫過於寧可只針對少數，而非涵蓋所有人。在闡述產品遠景的初期階段，要清楚說明服務和不服務的對象，以及你們打算做什麼和不做什麼。你必須做出決定，不要模稜兩可。

表達意圖時要清楚明確

如果想要求團隊、投資人或社群做某件事，必須清楚說明目標，不要試著給予太大的彈性，「這個月要談定三個客戶」，比「我們這個月在敲定客戶方面，要有很大的進展」有效，具體的目標可以消除模糊的成功定義。

同樣地，尋求協助時也要明確，讓對方知道你需要什麼，不要只是籠統地要求支持或反饋，而是針對特定對象提出具體請求，否則你只會得到概括的回覆，而非能轉換為行動的明確支援，例如：在我投資的公司裡，有些創辦人會寫電子郵件，問我能否提供人脈和聘雇方面的協助，如果問題明確，我就會更投入，像是「我想找有品牌識別經驗的初階設計師，你有沒有認識這樣的人？」而非「我在打造團隊，有沒有哪些我應該見面的優秀人才？」

明確表達想法，才能得到你想要的東西。

簡明扼要的力量

小提醒：

簡短的電子郵件可以縮短回應時間。

簡短的發言更有效（別人也會專心聆聽）。

站著開會（你們會腿酸）有助於優先討論重要事項。

開場白越短，團隊越能專注於吸收重要訊息。多數人的注意力無法維持到最後。

從你的觀點開始講，但不要以此作結。

清除路障，找出解決方案

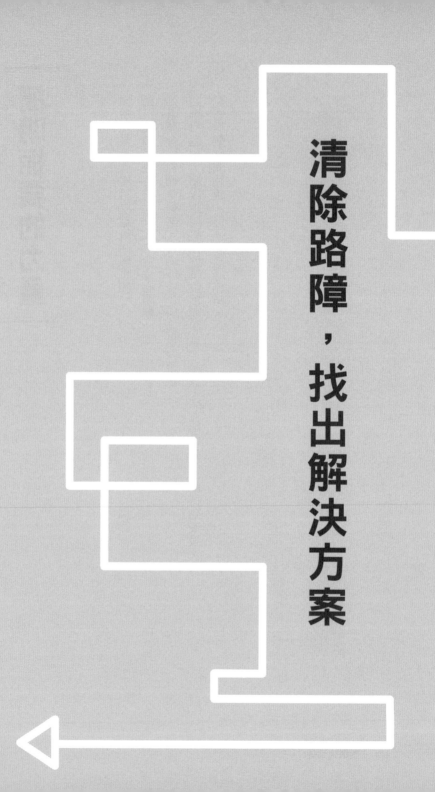

處理「組織債」

假使遇到左右為難的狀況，無法當機立斷的領導人會導致團隊出現「組織債」，這就如同「技術債」的概念，程式碼和暫時的解決方案不斷累積，漸漸成為團隊的負擔。組織債是領導人該做卻沒做的改變所導致的債務累積。

這個術語為矽谷創業家史蒂夫・布蘭克（Steve Blank）所創，他描述：「新創公司草創初期，只為了『把事情做完就好』而做的種種妥協……可能導致成長中的公司進入混亂不堪的狀態。」這些行動（或缺乏行動），有許多不是出於追求生產力，而是為了避免衝突。因此，最常見的決定往往是不做任何決定。

在標榜友善文化和舒適工作環境的大公司裡，領導人也許寧可避免引發騷動，不是隔離表現不佳的員工，就是改調到其他專案或團隊，不想面對解雇員工可能引發的麻煩；他們往往不願花時間計劃、與人力資源部門協調或進行必要的溝通，尤其當溝通可能引起對方不快時。結果就是貼上ＯＫ繃，潛在的問題永遠沒有解決，而是把責任留給下一個決策者。這類公司的中級主管以自己規避內部政治和「第三軌」議題[1]的能力為榮。組織債漸漸累積，然而從表面上來看，效率也許達到巔峰。

1　譯注：third-rail topics，意指爭議太大，連政治人物都不敢碰觸的敏感議題。

到最後，高額的組織債會危害團隊運作與產品，員工步伐不一，導致進展緩慢，官僚主義進駐，團隊漸漸失去動力。

我們可以做些什麼？如果遇到障礙，請將之清除，而非繞道而行。是否有某項法律程序，必須打很多通電話才能處理，是否有能夠加速的新流程能採用？也許你費了好一番功夫才找到合適的人選解決問題，那可否把解決方案建檔，省去他人的麻煩？當下也許得花較多的力氣去做，但其他遇到相同障礙的同事就可以更快地將之排除。我和團隊開會時，無論是自己的團隊或其他公司，都會主動尋找「房裡的大象」，也就是明明存在，眾人卻刻意迴避的問題。規避似乎無法達成共識的主題是人類的天性，所以你必須仔細尋找線索，如果提到某個特定主題，眾人便靜默或微笑，你就知道這件事值得深究。有時，你必須直截了當地問：是誰阻礙了進展？

你要鼓勵其他人像你一樣，花時間找出效率不彰的程序，並提出改善的方法。重視誠實、持續改進的文化會是小公司的優勢。我的一位朋友亞倫·迪格南（Aaron Dignan）經營一間名為The Ready的顧問公司，專門進行組織改造，他提出「賞金計畫」的概念。在這個體系下，「員工只要遇到妨礙為客戶傳遞價值的政策或流程，都可以上網通報（並提出建議）」。我很喜歡這個點子，激勵所有人清除可能導致組織債之效率不彰與愚蠢的作法。

如果對一件事有所疑慮，無論是電子郵件或開會時的言論，請採取行動或發問。出於誤解而擱置一旁的問題會影響進展，你必須當機立斷、一次處理。

很多大問題沒有被解決
只因小問題能更快處理

在致力於提升工作效率的過程中，我們可能把重心放在能夠快速完成的任務上。作家兼研究員查爾斯·杜希格（Charles Duhigg）在他的著作《為什麼這樣工作會快、準、好》（*Smarter Faster Better*）中，把生產力描述為「善用體力、腦力與時間，以最少的付出得到最有意義的報酬」。我們希望以最少的付出感受到回報，因而不去處理最需要花力氣解決的難題。

在大公司工作時，我看過不少相對而言比較小的決定，例如：公司標誌要放在網頁最上方的哪個位置，類似小事會引發一連串討論的電子郵件，但沒有人去處理網站必須更新這個較棘手卻更重要的問題。當然，決定標誌擺在哪裡，比如何或何時去重新設計直接影響使用者體驗的網站容易多了，因此行銷與產品團隊的領導人都先去處理可以快速解決的小問題。「做完了！」的感覺太誘人；撲滅矮灌木叢的小火，比只能控制森林大火的一小部分，更能在短時間內得到成就感。但如果不控制，森林大火會造成更大的傷害。

過度渴望取得進展，往往會影響最重要的實質進步，其中一部分可歸咎於我們取得小勝利後就會分泌的多巴胺。另外也因為我們以錯誤的方式衡量生產力，例如：電子郵件信箱還剩幾封未讀郵件，或清單上還有幾個待辦事項等我們去劃掉。

正如我的前同事、99 U 總監約瑟琳・葛雷（Jocelyn K. Glei）在她的著作《取消訂閱》（*Unsubscribe*）裡所解釋，電子郵件滿足大腦「完成的衝動」，也就是一旦開始做一件事，就想將之完成的本能。（科技專家正是利用這種衝動，透過在進度條上顯示個人簡介「完成度」的方法，吸引我們花時間在 LinkedIn 這類應用程式上填寫個人資料。）

「清理電子郵件收件匣會帶給我們成就感，因為這個行為包含了非常明確的進度指標。一開始有二三二封電子郵件，現在只剩五十封，事情有所進展！你朝著電子郵件生產力：未讀郵件變成零的終極目標邁進。是大腦強迫我們完成這項任務。」葛雷寫道。

她繼續說：「問題在於，清除收件匣雖然讓我們強烈感受到進展，但那只是一種感覺，因為未讀郵件的數量不符合進度條的黃金法則：你不能向後移動。反之，你的未讀郵件數量永遠可能增加。你把心力放在上頭，會以為自己正朝著目標前進，但只要稍微不注意，又會出現更多封電子郵件。於是，目標離你越來越遠。」且非所有電子郵件都同等重要。

相較下，執行最重要任務的進度往往難以掌控，因為有意義的工作通常很花時間，且我們用來完成那類工作的應用程式往往「隱藏了」我們的進度，例如：使用 Word 或 Google Docs 時，我們可能在相同的檔案裡刪除、重寫直到滿意為止，用 Photoshop 也會剪下、複製，很少保存最初的草稿。

「這是進展的矛盾，」葛雷寫道：「我們在藉由科技，執行相對來說沒什麼意義的短期任務時很容易看到自己的進展，但若從事費時的創意計畫，反而很難看到進展，但那些才是重大影響我們生活的工作。」

我們必須抵抗這種傾向，培養出解決困難問題的胃口。要讓生產力有其意義，必須先定義出哪些任務能帶來重要的影響，並優先處理它們。一些我合作過的團隊把大任務與小任務的差異形容為「巨石」和「鵝卵石」。

每個計畫裡，都會有幾顆巨石和許多鵝卵石；把巨石推上山坡很困難，但卻會對這個計畫產生重大影響，也是讓公司脫穎而出的關鍵。巨石可能是重要的新功能、新的服務架構，或是替網站撰寫草稿。相形之下，鵝卵石則是無數的小調整和可以迅速修正的改變，不太可能讓你們因而與眾不同。

我都會提醒自己，花80％的時間處理巨石、20％的時間對付鵝卵石，但這種事知易行難。即使我們知道應該解決重要的大問題，卻仍會被快速的回報吸引，所以我們要努力抗拒。

透過不斷發問來消除模糊並打破官僚主義

流程太多會助長官僚主義，任何規模的團隊都可能遇到這個問題。官僚主義如同冰冷的海水，海面即將凍結。大公司則是一艘大船，雖然可以走得很遠，但速度也最慢，只要稍微停滯就可能困住，但若能朝著正確的方向持續前進，最終就能抵達目的地。

大公司的多數新舉措都會困住，漸漸被遺忘，因而，你必須讓新計畫和新點子一點一滴地保持前進。如果你在大公司上班，或和大公司合作，很容易把缺乏創新和彈性歸咎於官僚主義，包括公司規模大太、流程太多、所有決定都必須經由主管層層批准。然而，罪魁禍首其實是未能持續前進。只要有一小群願意不斷前進的人，大公司也可能創新；要讓大船保持移動，就必須不斷質疑。

「為什麼我們好像一直開同樣的會，討論差不多的事？」

「何不放膽嘗試，看看會有什麼情況發生？」

「究竟是什麼事（或什麼人）妨礙我們做決定？我們現在就去見他們！」

「到底什麼時候才能得到確定的答案？」

這些問題不一定要由頂頭上司提出，最好由實際執行的人來提問。曾任美國運通（American Express）執行長的肯・切諾爾特（Ken Chenault）告訴我在職場上快速升遷的祕訣，以及如何在大型官僚機構裡得到善於創新的聲譽，他說：「我會要求上司做決定。你不能光坐在那裡，等著別人做決定，你必須要求他們做決定。」

讓船保持移動、站在船頭破冰並不容易，但這種人才能讓大公司改頭換面。要不斷發問、有時必須提出煩人的問題；不要期待所有人都同意你的想法，而是要求他們當場說出反對意見。如果還搞不清楚下一步該怎麼做，就要大聲說出口。模糊不清會抹煞很棒的點子，傑出的領導人則能夠破除模糊不清。

避免衝突反而會阻礙進展

爭吵令人不自在。與工作上遇到瓶頸的人共事，或無法面對已投入的成本，我們很可能為了維持表面的和平而屈服。也許你因而妥協、調整自己的遠景，決定「各退一步」，讓大家開心？或者你設法繞過問題，把心力放在眾人想法較一致的部分？然而，這些作法都無法真正解決手上的問題，只是在逃避。

任職於 Adobe 時，我遇過幾次較為複雜的產品上市經驗。當時，Adobe 正從販售軟體轉型為提供服務的公司，原本由不同團隊主導的計畫，例如：Photoshop 團隊因為矩陣制度的關係，必須和公司內所有相關人員合作；在產品即將上市前，一定有人會說：「我們還沒準備好！」然後提出更多延後的理由。「評價不會好。」「團隊對於能否擴展還沒有十足的把握。」「測試還不夠。」這些聲浪會引發一連串討論，說明為了「做好準備」還必須做些什麼。眼看著上市的期限漸漸逼近，討論也變得更加激烈，情緒日漸緊繃，參與者紛紛退出，會議無法召開，進展也因而停滯。

遇到這種情況時，我總感到左右為難。我了解大家都想避免衝突，希望和同事保持良好關係，而非涉及短暫的不和，以換取更好的結果。畢竟我們都必須維護長遠的情誼與友好的工作環境，所以自然會想息事寧人。

但引領變革的人必須挑戰和平。營造出禁得住爭吵與摩擦的環境，不要被動地接受猶豫不決的狀態，而是藉由以下問題，把衝突帶到表面上來：

「我們來討論，如果早一點推出產品，最嚴重的結果會是什麼？如果推出後造成些許混亂，那會比延後幾個月還更糟糕嗎？」

「究竟是誰說我們還沒準備好？我們必須做那些特定的事，才算做好準備？」

「我們的最小可行產品為何？我們還沒有達成嗎？」

到頭來，你希望團隊了解衝突的價值。衝突能讓你們做出大膽的決策，承擔必要的風險並取得更好的成效，只要團隊對於最終決定抱持的信念相同，意見分歧就會是好事。

羅德島設計學院（Rhode Island School of Design，RISD）前任院長，也是我長久以來的人生導師約翰．前田曾說：「好的團隊會從正面進行友善的攻擊，而非在背後刺你一刀。知道問題出在哪裡，你才能解決問題。」如果一個人很在乎自己的工作，把緊張情緒、含糊話和嚴酷的現實帶到表面上來，衝突必然會出現。最令人感到不自在的事往往最需要當面對質，我們時常避開的棘手問題也最有可能讓我們把潛力發揮到極致。我決定有一天，要在辦公室掛一個「大象止步」的標誌，為了清除所有「房裡的大象」，團隊必須願意承受正面攻擊。

疏導競爭的能量

我們對於公司內部或公司外部的競爭對手，經常抱持鄙視的心態，而非心存感激，其實我們很需要他們。競爭對手幫助你提高警覺，提升工作效率；他們和你一起建立市場，吸引資金和人才；不同團隊之間的競爭可讓顧客以更實惠的價格享受到更好的體驗，也讓你所處的行業更加健全。

然而，我們也經常舉棋不定，不知該試著削弱競爭對手、仿效他們或刻意忽視。其實，我們該做的是利用他們了解市場，並改善自己的作法。

觀察、學習，不要模仿

這些年來，Behance 在作品集網站方面遇到不少競爭對手，其中一些像是：Krop、Coroflot 和 Carbonmade 等，可能因為時機問題，也可能是技術或品牌次人一等，最後不是以失敗告終就是變得很小眾，其他網站像是：DeviantArt 和 Myspace，則非那麼具體的威脅，因為他們的重心從來不是專業創意人士。

然而，Behance 成立幾年後，Dribbble（dribble 是籃球運球的英文，再多加一個 b）出現了，他們讓互動設計師能以單張圖片的形式呈現進行中的工作，並限制上傳影像的大小。設計師提供內容因此變得更容易，且這種小快照通常讓作品看起來比實際上好看；設計師不用把完整的作品及如何整合所有元素（此處最能看出功力）供人檢視，只要展示一系列精心設計的圖標或作品的一小部分。因此相較於 Behance，資歷較淺的設計師可以在 Dribbble 上刊登更多照片，且不用花太多力氣，乍看下就能變得較好看。

我們的團隊開始擔心，越來越多資淺的互動設計師在 Dribbble 上相當活躍，他們的 Behance 作品集則呈現休眠狀態。我們冷靜地以為，單張圖片無法顯示設計師解決問題與講述故事的能力，但 Dribbble 的手法絕對讓使用者增添內容變得更容易，乍看下也比較好看。無論目的如何，容易使用和快速回報絕對是社交網站成功的重要原則。

如果把焦點集中在眼前閃閃發亮的新對手上，奇怪的情緒、反應和危險的想法也隨之浮現。在 Behance，我們開始討論理想與現實：該堅持信念、繼續打造展示與發掘創意作品的最佳平台？還是要提供類似 Dribbble 上傳單張圖片的功能？

最後，由於希望維持競爭力並同時採用兩種策略，我們決定增添陳列快照的新功能，讓會員能夠呈現作品的一小部分，毋須提供完整的背景。雖然和 Dribbble 仍有區別，目標卻相同，也就是讓平台的使用變得更容易，或說「不那麼 Behance」。

事後看來，增添快照功能顯然是情緒性的反應，而非符合策略的作法，而且我們的策略本來已經很成功。的確，每天發表更多影像當然更輕鬆，但那樣的圖片不符合我們讓創意人以故事形式呈現出最佳創作的使命。用戶上傳的單張圖像不符合我們的原則，在大約一年並浪費不少精力之後，我們決定捨棄這項功能。

如果我們希望在人們心中，Behance 是全世界展示作品集最好的平台，為何要花那麼多時間開發本質上，我們覺得沒那麼好的展示方法？若堅持原本的信念，讓競爭對手擁有我們不認同的空間，就可以利用那些資源打造更紮實的策略。

後來 Dribbble 成長趨緩，不過仍受到一小群相當活躍的設計師喜愛。回顧整件事，我們當時應該做的，就是深入研究 Dribbble 以更了解我們的市場，而不該對他們的用戶和使用網站的模式過度反應，因為那不符合我們的策略。如果花更多時間思考，就能證實我們的原始論點：蘊含豐富內容和背景故事的作品集，更符合創意人士的需求，那也是單張圖片做不到的。

Dribbble 應優化而非動搖我們的信念。Behance 的目標和他們不同。所以要對競爭對手的作法感到好奇，但不要模仿。

檢視競爭對手在做什麼，然後問自己一系列問題：

「他們的策略和目標是否與我們相同？」如果策略和想法不一樣，且你依然抱持原有的信念，就不應該分心，要繼續堅持走自己的路。Google 在一九九八年上市時，是第二十一個搜索引擎，其他還有 Alta Vista 和雅虎（Yahoo）等，不過由於他們的策略獨特，所以很少模仿他人的作法。Google 不只提供索引，還整理網路資料，讓搜尋結果的品質越來越好；相較於列出一大堆搜尋結果，他們希望優先提供最好的結果，也因此才能脫穎而出。

如果競爭對手的策略和目標與你們相同，你就必須問自己另一個問題：**「他們的戰術是否**

較好？」如果是，就可以考慮採用相同的手法。很多人都知道，二〇一六年和二〇一七年時，Instagram多次抄襲Snapchat的戰術，兩個應用程式在同樣的領域競爭，Instagram運用Snapchat學到的教訓來超越對手。他們模仿Snapchat的「故事」和3D貼紙功能，因為這些手法完全符合他們「提供讓朋友們分享生活點滴媒介」的策略。Instagram向Snapchat汲取靈感，這麼做也符合他們的策略和目標。

有時，競爭對手最令你佩服的作法並不聰明，也無法擴展，他們可能在做短期內有利於他們的事，但無法長久持續。我在第一批所謂的「獨角獸公司」常看到這種現象，這些公司的價值粗估達十億美元，並運用他們募得的大筆資金以無法永久的價格招攬客戶。這些公司的領導人關注的是競爭對手的市占率和吸引客戶的方式，而非他們所屬行業的長遠未來。後來證實，這種短期策略都無法延續，一整批採用相似策略的公司利潤日愈減少，等到資金枯竭時，大多都缺乏能夠永續的商業模式，無法吸引新的投資人。

尋找實際行動的動力

你可能有很多改進產品的點子，也大略知道所屬行業的下一步，但沒有實際行動，這些想法和直覺就毫無價值。我們每天忙於應付日常業務、執行近期計畫，導致許多好點子和必須花時間追求的目標無法執行。通常是來自競爭對手的壓力，讓我們燃起展開行動的動力。

我在《想到就能做到》書裡，介紹布魯克林的攝影師諾亞．凱林納（Noah Kalina），他多年來每天拍攝自己的照片，但一直沒有好好運用。有天晚上，他在網路上看到另一名攝影師提到類似的計畫，但對方製作的時間比他短很多。因為意識到可能有人會搶先一步，促使諾亞火速地將每天拍攝的照片製作成影片，並在約一週後上傳到 YouTube 上。現在，他的影片〈每一天〉（*Everyday*）是有史以來觀看次數最多的 YouTube 影片之一，這也讓他成為知名攝影師。迫在眉睫的競爭，促使諾亞完成五年多來一直沒有完成的計畫。

競爭可以推動缺乏短期回報的長期努力並帶來急迫感，讓你先放下原本優先執行的任務。只要是符合目標，根據競爭對手的腳步調整速度就可以大幅提升做事效率。

和競爭對手一起打拚

競爭對手除了促使我們提高生產力，也讓我們所處的行業更健全。隨著時序推移，同業競爭則有助於擴展潛在市場的規模。以共乘領域為例，Uber 比 Lyft 早一步推出叫車服務，Lyft 則比 Uber 早提供共乘的選項，然後，Uber 推出讓司機在回家途中順路載客的功能、Lyft 提供了「提前安排行程」的服務……諸如此類，當然真正的贏家是消費者，他們從兩家公司永無止境的競爭中獲得更多且更好的服務。

所以，要感謝競爭對手，有了他們，我們才不會滿足於自己的產品與流程，孤立與缺乏實質威脅會導致自滿。我寧願有人競爭也不要自滿，且從長遠來看，必然是兩者之一。優秀的對手除了能助你一臂之力，還能驗證市場的需求、讓你保有滿足市場需求的企圖心。因此要讓團隊知道，我們必須尊重對手扮演的角色，而非忽視或希望他們離開。

成為自己最大的競爭對手

我們雖然要密切關注競爭對手，但不要過度受其影響。若把太多心力放在他們身上，而非客戶與你們獨到的服務方式，就會失去自己的特色。保持關注，但不要受其左右。

如果對自己的想法和執行方式抱持信心，那你應該成為自己最大的競爭對手。你要打敗的，是你們過去的最佳表現，包括生產力最高的一週、最迅速的衝刺、舉辦過最好的活動。與過去競爭不但不會影響你的長遠目標，也是最純粹可靠的方法，讓你在最短的期間內取得進展。不斷提升自己的最佳表現，才能取得非凡的成就。

創意枯竭是逃避真相的後果

我聽幾位作家提過，美國小說家喬伊斯．卡洛．奧茲（Joyce Carol Oates）曾說：「倘若作家不相信自己的點子，就會出現文思枯竭的現象。」的確，創意枯竭是逃避事實，以及不願面對不確定、恐懼和混亂的後果。逃避這些障礙，把心力放在眼前的任務的確是吸引人的作法，短期內也十分管用，但你會在不知不覺中受影響。疑慮慢慢浮現，原本清晰的頭腦、視野和無拘無束的想像力漸漸癱瘓；你的判斷力開始出問題，見解也不再那麼清晰有力；你開始重複使用舊戰術和老素材，創造力停滯不前。質疑自己的點子會削弱創意並帶來失敗。

要克服創意枯竭的現象，你必須大膽提問，把聚光燈聚焦在「房裡的大象」上。也許是產品很爛，也許是你的商業模式和基本假設都有問題。真相很傷人，也可能暫時耽擱你的腳步，但最終則能為你帶來自由。

創業家兼投資人保羅．葛雷姆（Paul Graham）是新創公司孵化器（incubator）Y Combinator 的創辦人，他曾在接受採訪時提到臉書創辦人馬克．祖克柏：「告訴馬克他哪裡有錯，比告知一般新手創辦人容易，他不會覺得受威脅。如果他錯了，他會想知道錯在哪裡。」保羅接著說：「傑出創辦人的差別不在於他們對理想的堅持，而在於他們面對真相時的謙遜。」

最令我佩服的思想家，會根據某個核心概念構思點子，通常是他們認為獨一無二、別人尚未發現的概念。

無論是打造新產品的理論或想像中的未來世界，這些人都會真心相信，並以此為動力，但當某件事或某個人挑戰他們的想法時，他們也能坦然接受，不會轉過頭不去正視，也不會帶著防衛心來回答棘手的問題，而是對於自己可能錯過的觀點感到極度好奇。他們不會因為希望自己的假設仍能成立而詢問引導性的問題，而是轉換為學習的模式，敞開心胸接受另一套事實，也許因此全盤推翻了原本的論點。

找出真相必須保持好奇、不要自我設限，另外還要切割情緒，別讓過去的假設和論點妨礙新發現。敞開心胸、保持謙遜，亟欲了解自己錯在哪裡，且最好在別人發現之前。

快速前進是好事，只要記得每次轉彎都要減速

企圖心強烈的團隊經常不知如何拿捏速度，而且太快，而非太慢。迅速前進的確能讓我們更快發現真相，若可以不斷嘗試而非花時間思考，就可以馬上知道點子究竟是否可行，並加以修正；然而，迅速測試點子、快速更迭、提升效率雖然有各種好處，但有時你仍得強迫自己放慢腳步，有些計畫的創意層面最好細火慢燉。

「橫衝直撞」（move fast and break things）是臉書的著名口號，可見於他們辦公室的四處，從海報到杯墊，這也替科技業和新創公司建立出一種思維模式，認為最快的就是最好的，即使大意魯莽也無妨。這種想法激發無數關於管理專案、主持會議與開發新產品的方法，像是艾瑞克·萊斯（Eric Ries）提出的「精實創業」（lean start-up）方法學，他也以此為名出版了一本書，成為有效開發產品的指南，並超越創業領域，進入《財星》五百大企業（Fortune 500）的董事會，且理由相當充分！長久以來，阻礙大公司推出產品與學習的龐雜流程已經過時。但就像多數規則一樣，一定有例外的狀況。

過度追求速度和效率，最大的風險是沒有仔細打造可能讓你們脫穎而出的環節。雖然新產品的多數元素都很普遍，應該盡可能快速、精確地實現，但每一個產品都有其與眾不同的特質，也許是你的品牌、新穎的

設計，或截然不同的使用者體驗，也可能是為潛在客戶提供更好選項的新技術，這些讓產品獨樹一幟的環節，可以幫助你創造價值並募得大筆資金，因此在打造這些特質的過程中，你不該抄捷徑、倉促行事，或省略創作的流程。

很多團隊為了在最短時間內，把「最小可行產品」推向市場，只好刪減或妥協可能讓他們和競爭對手形成區隔的關鍵特性，例如這些年來，我發現幾個行動社群網絡推出非常精簡的「第一版本」，裡面看不到他們當初向我簡報時引以為傲的特質。如果進一步追問，他們會解釋說：「這只是最小可行產品。」但多數都維持不了太久，根本沒時間推出他們獨特的功能。多數團隊低估了最小可行產品的持久力。無論打造或推出怎樣的產品，由於消費者的邏輯和想法都很難改變，所以產品推出後的改造也更困難了。如果沒有慢慢烘焙產品的特點，只是隨手撒在上頭，很可能會變得食之無味。

快速完成一般的功能，但要花時間打造你最引以自豪的特質。記得，顧客不會因為功能而願意花時間使用，他們追求的是經驗；用戶不會被功能打動，而是被使用產品的經驗打動。快速前進的確很好，但別忘了在打造最後可能成為競爭優勢的環節上放慢腳步。

慢工出細活

大廚會告訴你，很多佳餚背後的祕訣是耐心。以低溫慢煮，浸潤出的風味和口感會特別美味。

我們的創作也是如此。與「橫衝直撞」正好相反的是，實現創意的過程必須專注、抱持耐心，雖然人人都知道，非凡的成就不是一蹴可幾，但如果看不到終點且似乎難以掌控進展時，我們還是會焦慮不安。哈佛大學心理學家丹尼爾・吉伯特（Dan Gilbert），也是《快樂為什麼不幸福？》（*Stumbling on Happiness*）一書的作者，認為人類大腦對於某些威脅的反應比較強烈，他在美國國家公共廣播電台（NPR）的《Talk of the Nation》節目裡解釋道：「人類非常擅長躲避快速飛來的棒球；哥吉拉（Godzilla）跑到街上，我們也知道要往另一邊跑。我們就如同所有哺乳類動物，非常善於辨識當下明確的危險，這就是我們存活這麼久的原因，不過幾百萬年下來，我們多少學到了新技巧。」吉伯特表示，人類大腦與其他物種不同的地方，就在於能夠把未來視為當下。

「我們可以展望退休生活或和牙醫約時間，且今天就能採取行動，像是為了退休而存錢或使用牙線，這樣半年後檢查牙齒才不會聽到壞消息，但我們才剛學會這個技巧。」他說：「這在動物王國算是很新的演化，而且我們還不是做得那麼好，相較於當下的明確危險，我們還無法以同樣積極的態度應對長遠的威脅。」

人類大腦的演化使我們能夠對立即的威脅做出強烈反應，但對於長遠的危險或目標，就沒辦法那麼專注，這就是我們為何如此擔心恐怖攻擊，卻不那麼憂慮全球暖化；儘管正如丹尼爾·吉伯特所表示，出現飛機炸彈客的機率，遠低於海水淹沒部分佛羅里達州或曼哈頓的機率；這也是為什麼我們無法抗拒立刻滿足，卻不善於管理慢慢積累才能看到的成功。

容許自己花時間追求一個點子，很可能看到神奇的結果，就像上等葡萄酒，葡萄留在葡萄藤的時間越長、葡萄酒存放在瓶裡的時間越久，風味就越豐富。

如果沒有期限，我們很少花上很長的時間來創造。個人計畫也許可以慢慢烹調、開花結果，但通常是出於必要，而非主動選擇。這些計畫常遭到我們忽略，但若能實現，往往能看到非凡的成果。

我記得，Behance 早期大受歡迎的作品之一，是攝影師傑克·雷德克里夫（Jack Radcliffe）刊登的「艾莉森」（Alison），他呈現女兒艾莉森的生活片段，從幼童到青春期，然後是成年與婚後。每張照片分開來看，也許沒什麼特別的，但這項作品橫跨多年，讓全世界超過一百三十萬名點閱的觀眾驚嘆佩服。時間為創意作品增加的價值，為其他方法難以取代。

對我來說，寫作就是慢工出細活的事。打造 Behance 必須追求速度，當然，我們會仔細考量產品更迭，遇到關鍵決策時也會放慢腳步，但總不忘盯著時鐘和越來越少的資金。99U 大會舉辦的時間已經敲定，強迫我們加速決定；產品必須儘快更新，因為客戶沒有等待的耐心；所有功能似乎都得汰舊換新。唯一可以慢慢進行的項目就是寫作。我記下截取自不同文章的靈感、其他創業家的觀察、創業與帶領公司的感想……然後再三回顧，心中沒有最終的目標。有時，我會用印象筆記（Evernote）記下問題或大致的想法，兩年後又回頭添加更多內容，或把句子寫完。長年來，我反覆推敲、刪除或增添，讓它們慢慢演化。

這本書是以文火燉煮多年而成的一道菜餚。

除非你是大師級畫家、獲得終身教職的教授，或《紐約客》（*New Yorker*）雜誌聘請的作家，否則很少人可以靠著慢工出細活維生，但我們可以用慢慢進行的計畫讓工作更為圓滿完整。你不能忘記擺在爐上的鍋子，必須不時檢視，也許加點鹽或撇去上頭的泡沫。在你有生之年，這些計畫可能成為你最傑出的創作。

要求原諒而非許可

我不記得是誰先說了這句話，不過，在 Behance 被 Adobe 收購後，「要求原諒、而非許可」很快就成為我們團隊秉持的重要原則。我們渴望持續以新創公司的精神發展業務、開發產品，不希望有太多來自新東家的會議或流程減緩我們的速度。如果每次改變都要等待批准，產品就會停滯不前，團隊成員也會開始倒數計時，計算何時能拿到分配的股票。我希望每個人都能運用最好的判斷力做決策，而非迷失於大組織的醬缸文化。

我們也可能犯錯，像是遺漏某個法律程序，或傳單忘記放上贊助商的商標。如果出了差錯我們會道歉，然後從中學習，但團隊成員仍然可以執行自己的想法。我們當然有過錯誤的決定，但正確的決定更多，如果什麼事都要等待批准，就不可能做到。

若想改變既有事物，尤其不能事事等待批准，因為你要改變的是已經運作順暢的體系，加上既有結構帶來的舒適和自滿。如果事情非做不可，卻得徵求許可，最好的結果是猶豫遲疑，最壞的就是遭到否決。在我開始引導 Adobe 產品與團隊轉型期間，我很快地發現，若想向他人尋求共識，必招致太多的對話和會議。我必須仔細篩選，分辨哪些決定需要共識、哪些可以憑直覺決定，前者仍是我的優先選項，但是，如果我的信念非常堅定，也認為公司的免疫系統可能在它有機會成形前將之消滅，就會逕自低調地展開行動。如果事後遭到質疑，我就和大家討論，若有必要也會恢復原狀。但為了讓大膽的點子有機會生存，有時必須先採取行動，再根據需要來調整。

點子越大膽、改變越不尋常，我們就該預期反彈有多大。建築界就是如此，每次重大的突破似乎都伴隨尖刻的批評，世界上最具代表性的兩座建築：艾菲爾鐵塔（Eiffel Tower）和羅浮宮金字塔（Louvre Pyramid），都在爭議中誕生。一八八六年五月，是巴黎為了慶祝法國大革命一百週年舉辦世界博覽會（Universal Exposition）的三年前，主辦委員會提議在博覽會場址戰神廣場（Champs de Mars）蓋一座紀念碑。

古斯塔夫・艾菲爾（Gustave Eiffel）是一位著名的工程師，設計過自由女神（Statue of Liberty）的骨架結構，也曾在世界各地建造鐵橋。他的團隊提出高達九八四英尺的鐵塔設計，也是世界上最高的建築，最後雀屏中選。

然而，艾菲爾鐵塔還沒開始建造時，嘲笑和反對聲浪就已經湧入。其中最著名的是一八八七年二月十四日，法國一群知名藝術家和作家，包括《三劍客》（*The Three Musketeers*）的作者大仲馬（Alexandre Dumas, fils），向世博總監遞交譴責紀念碑設計的抗議書，並在《時報》（*Le Temps*）上發表：

> 我們這群深愛巴黎之美、珍惜巴黎形象的作家、畫家、雕塑家和建築師，反對讓一名機械工程師以他庸俗的想像力，把我們的城市變得醜陋不堪。設想一下，這座荒謬野蠻、煙囪似的鐵塔，會如何對我們所有的紀念碑造成羞辱。在今後的二十年，這根鐵皮柱子可怕的陰影將不停嘲弄我

們，如墨跡般汙染這座城市。

撰寫請願書的還包括法國作家莫泊桑（Guy de Maupassant），他說這座鐵塔是以金屬台階搭建而成的細長金字塔。其他人認為它是「布滿洞洞的肛門栓劑」。儘管批評不斷，這座「傷眼」的鐵塔仍繼續搭建，並在一八八九年三月三十一日對外開放，並超越華盛頓紀念碑（Washington Monument），成為全世界最高的建築，直到紐約市的克萊斯勒大廈（Chrysler Building）在一九三〇年打破這項記錄。此次博覽會期間，共有超過兩百萬人參觀這座鐵塔，許多人登上了塔頂。

羅浮宮的金字塔則是這座有兩百多年歷史的藝術博物館主入口，一九八九年法國大革命二百週年開幕時，也曾遭受極大的譴責。美籍華人現代主義建築師貝聿銘設計的玻璃金字塔引起眾怒，當時的法國總統密特朗（François Mitterrand）因為沒有舉辦評比就宣布邀請貝聿銘設計而飽受批評。

「計畫一宣布，各界就指責它破壞原有建築的美感，」巴黎歷史旅遊中心的巴黎城市視野（Paris City Vision）如此解釋：「金字塔共由六七三片玻璃搭建，但很多傳聞都說，實際上是六六六片，也是《啟示錄》（*Apocalypse*）裡惡魔與野獸的數量。金字塔的搭建，是否為世界末日來臨的不祥之兆呢？」

對外開幕前，據說高達九成的巴黎人反對這座玻璃金字塔。一九八三年，時任羅浮宮館長的夏保德（Andre Chabaud）認為貝聿銘這個建築構想將「危及建築界」，甚至不惜辭職抗議。貝聿銘後來表示：「我常在巴黎街頭遭人怒目而視。」他自承說：「在羅浮宮之後，我就覺得不會有太難的計畫了。」然而，就像艾菲爾鐵塔一樣，貝聿銘的玻璃金字塔很快就受到巴黎人與遊客的喜愛。

我們今天很難想像沒有艾菲爾鐵塔或羅浮宮金字塔的巴黎，它們不但是這座城市，也是全世界最具代表性的建築。

最後，我們的社會時常擁抱一開始排斥的事物，公司也不例外。我們必須忍受嚴苛的批評才能得到回報。通常最好的作法是直接行動，不要太依賴為了維持現狀而制定的流程。

信念比共識重要

優化產品必須果斷，因為我們很難同時取悅客戶並堅持自己的信念。有時也可能把決定權交給團隊，但其實只要徵詢他們的建議就好。最好的決定往往不容易也不受歡迎，我們可能覺得孤立無援，並開始質疑自己。

身為人類，我們在群體裡感到安心，也得仰賴團隊合作才能獲得更大的成就，但團體很少能做出關鍵、困難的決定，正如喜劇演員米爾頓・伯利（Milton Berle）的笑話：「委員會那幫人，就是能留住幾分鐘（會議記錄），卻浪費好幾小時的人。」[2]

當然，委員會並非毫無意義，將一群志同道合的人聚集起來，可以帶來包容接納的感覺，也可以蒐集觀點並挖掘專業知識，畢竟集思廣益絕對勝過一意孤行。身為領導人，你的責任是盡可能運用團隊的知識，但不能為了逃避而指定一群下屬幫你做決定。雖然大家一起討論和調查的確有所助益，但把棘手的問題丟給委員會，你不可能得到符合信念的決策。

共識下的決定通常平凡無奇，為了取悅所有人，你會找出最低標準，也就是多數人熟悉的選項，才會導

2　譯注：原文為 A committee is a group that keeps minutes and loses hours，minutes 是雙關字，既是分鐘，也有會議記錄之意。意思是開太多會，留下會議記錄，但卻浪費了許多時間。

致最少的人反對，並更快獲得支持。英國作家赫胥黎（Aldous Huxley）就說過：「多數人都不喜歡甚至害怕他們不熟悉的觀點，因此大破大立之人出現時往往受到迫害，還會被嘲笑為傻瓜或瘋子。」

在團隊裡做事，創新之人必須願意當傻瓜。

最厲害的投資人不會固守既定模式。我在投資種子新創公司時，雖然會試著辨別模式，卻不會過度堅持以往有效的作法，況且回報最高的投資都長得不太一樣，剛開始未必看得出來，也不符合一般法則。有些公司可能在其他投資人眼裡認為市場已經飽和，且過度商業化，例如沃比派克（Warby Parker）；其他則是剛開始的市場太小、太小眾，像是拼趣、Uber 和 Carta；另外，也有感覺上不符常規、每當我向別人描述時，都令對方難以理解的公司，諸如潛望鏡。你可以參考團隊意見、歷史和常識，但困難的決定或攸關未來的瘋狂概念，則必須憑藉內心的直覺。

其他投資也一樣。馬克・索斯特（Mark Suster）曾兩度創業，並在將第二間公司賣給 Salesforce 後，開始投入創投業。我很喜歡他的一篇部落格文章：

> 沒有顯而易見的答案或所有人都會做的事，有些創業團隊猶豫到令人吃驚的程度，像是公司創辦人無法做決策，希望尋求掩護，向團隊或董事會徵詢過多意見，或管理團隊為了保險起見，打造各式各樣的產品、資源過度分散，沒有堅守核心理念等。我認為，問題的起因通常是領導人能力不足，又過度擔心不受人喜愛。尊重＞喜愛。
>
> 有些執行長知道，必須解聘某名高層主管，但卻不願執行，反而告訴自己只要再延六個月就好，

因為這名主管很珍貴。我很受不了這種事，決定已經這麼明顯了，就要採取行動。你是管理新創公司，不是奇異公司。

我希望看到強勢的領導人，這樣的人要有魄力，即使和我們意見不同都無所謂，我希望看到一名「仁慈的獨裁者」。

別誤會我的意思，公司創辦人的確要尋求各方建議，但他們必須吸納意見，當成考量的框架，然後做出決定。你接收到的建議必然太廣泛，對你幫助不大，必須根據具體情況自行判斷。

只有堅定的信念才能把團隊帶到意想不到的地方。有時你必須拋開學到的一切，包括所有課程、規則、慣例、投資人的建議，然後憑直覺行事。你的直覺是根據整個人生經驗形塑而成，向你透露出別人看不到的資訊，所以要認真對待！

違背共識當然不是沒有風險，個人信念也許摻雜偏見，過去的模式與身邊的事物可能影響你的直覺，並造成反效果。招聘員工時，你是否對特定應徵者抱持偏見？你是否根據他們的口音、背景或對方外表與你的相似度，在潛意識裡降低或提高用人標準？

所有人都有偏見，有些來自個人經驗、有些則由來於受到灌輸的想法，只有尋求建議、邀請他人挑戰你的信念，才能發現自己有哪些偏見。在此很重要的一點是：抱持堅定的理念領導團隊，同時要讓身邊圍繞能堅持理念的人，如果領導人直覺強烈，身邊卻盡是軟弱或不敢表達想法的人，你就很可能走錯路。

若想取得非凡的成就，就要抱持堅定的理念，同時建立出重視信念，認為信念比共識重要的團隊。

別讓抗拒改變的人抱有不切實際的期望

假使決定大幅度更動策略或日常職務，就必須讓團隊成員的想法一致。

二〇一二到二〇一三年，Adobe 從銷售 Photoshop 一類的盒裝軟體，轉型為提供客戶逐年付費的網路服務公司。在那段期間，許多員工和客戶都抗拒這個改變。記得當時，公司內部在開會時激烈爭辯，保守派人士擔憂，沒那麼現代的客戶會跟不上腳步，在撰寫網站文案或與客戶溝通時，也不免會想稍微包裝：我們沒有要「改變」任何事，而是「逐步發展公司提供的服務」。但試圖以委婉的方式表達，反而讓一些客戶抱持希望，認為我們可能半途而廢，回到從前販售軟體的老方法。

好好和客戶解釋，他們會比你想像中的還寬容。

我能夠理解客戶的擔憂，他們不希望每個月付費購買以前只要買一次的東西，消費者滿意過去的模式，也還不了解必須靠網路連接的雲端服務與其他新功能，但我們知道，未來的創作過程要依賴協調合作並連結不同設備。這個領域的未來必須藉由我們的產品來改變，且傳達遠景最有效的方式是發表聲明。事後看來，我與客戶和媒體效果最好的對話都是採用宣布的模式，而非為了減輕衝擊、希望讓改變聽起來沒那麼激烈，而以描述的方式進行。

同樣地，我發現公司內抗拒和懷疑的員工多半會避免討論轉換到訂閱模式的影響。有些桌上型電腦產品部的主管無法想像，如何在產品裡添加服務功能，他們會說：「客戶不希望控制面板的位置有所改變。」或是：「客戶不想登入。」雖然許多說法可能是真的，但我們已經做好決定，必須執行這個願景。

我記得，自己在腦海裡衡量領導人該有的反應，是要當面和反對者對質，強迫不情願的團隊接受和改變，儘管他們仍有疑慮？還是設法讓步，把重心放在少數較不具爭議的產品上？現在回想起來，我認為避免衝突反而讓團隊有不切實際的想法，以為到最後都不用做太大的改變，導致我們浪費好幾年的時間。有時你要讓客戶和團隊帶領方向，有時則要把客戶和團隊推向未來。猶豫不決會助長漸進主義，改變太和緩、速度太慢，最後就會為時已晚。你必須消弭猶豫、激勵團隊勇往直前，不要回頭張望。

優秀的團隊有辦法強迫自己改變，即使覺得不自在。別讓抗拒改變的人有錯誤的期望，以為可以維持不變。一旦做了決定、向眾人宣布，就要砍掉後視鏡。

優化產品

進入正題前，我想先說明一下，接下來的部分是關於產品優化，打造產品或服務後不斷更新重塑，這個過程本身就包羅萬象，例如：設計、品管、顧客研究和心理學，所以我把這個章節視為書中書。正在打造產品的讀者可以直接跳到這裡閱讀，也有人完全略過不看。不過，無論你的工作性質為何，都可以運用接下來的原則，在混亂中程創造出卓越的產品。

• • ● • •

創業初期就好比度蜜月，除了賦予我們源源不絕的能量，也讓我們視野澄澈。旅程剛展開時，簡單的解決方案唾手可得，但是進入中程後，情勢越來越不穩定、問題也更多，我們可能把事情想得過於複雜，或透過加入更多選項、功能和細微差異來解決問題。

新產品的簡單易懂是競爭優勢，但日子一久，隨著逐漸發展，產品可能變複雜，這也是我們不樂見的結果，我稱之為「產品的生命週期」，你打造的任何「產品」，包括各式各樣服務或體驗都包括在內。

產品的生命週期

1 簡單易懂的產品會吸引大批客戶。

2 為了服務用戶並擴展規模，將產品加入新功能。

3 產品變複雜。

4 客戶紛紛改用另一個簡單易懂的產品。

保持簡單並不容易，簡化產品或客戶使用經驗相當困難，維持簡單又更不容易。產品越簡單明瞭、符合直覺，就越難在優化產品的過程中維持單純。

無論優化哪一種產品，目的都是讓功能變得更強大，同時更容易使用，達成這種平衡的關鍵在於做決策時必須記得一個原則：「人生就是關於時間，以及如何運用時間」。

生活中所有產品或服務不是讓你花時間，就是幫助你省時。我們觀看的新聞頻道或電視節目、使用的臉書和Snapchat等社交應用程式，另外還有書籍和電動遊戲，都在爭奪我們的時間；其他產品像是Uber（讓我們快速叫到

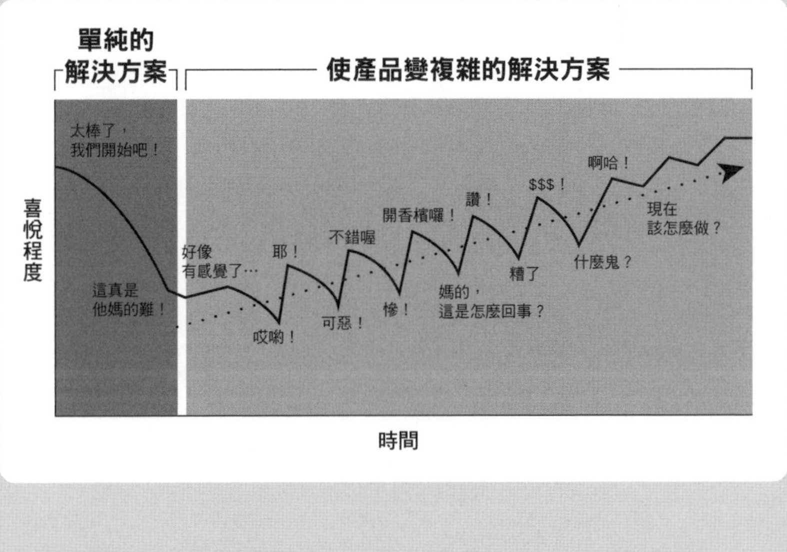

車）、Slack（讓我們迅速和團隊溝通），以及亞馬遜的 Alexa（縮短購物時間），都可以幫助我們節省時間。除了數位產業之外，烘焙店和販售現成食品的餐館也屬於後者，例外的只有少數類似推特這種產品（讓你更快取得更多訊息）或是藍色圍裙（Blue Apron，縮短在家烹飪的時間），既讓你消耗時間，同時也縮短做這些事的時間。

事實就是，我們不停與時間搏鬥，無論節省或消耗，我們了解時間有限，所以相當珍惜。只有執行滿足人類天性的活動，我們才不會那麼關注時間的流逝，像是讓自己變好看、滿足好奇心，或受到他人的認可，這些都是時間的神祕地帶。開發產品時如果考量這些天性，就能贏得客戶的時間。

回顧這些年來，改善個人生活最多的產品，都是在消除日常生活中的不便，像是手機裡的 Google 地圖，讓我只要用指尖點幾下，就能在不同城市裡穿梭、不再迷路；Uber 這類產品則是減少安排交通工具或叫計程車的麻煩；幾十年前，聯邦快遞（FedEx）和優比速（UPS）出現之後，我們只要填寫簡單的表格，不用和不同貨運公司打交道，就能把東西寄到世界各地。縱觀歷史，許多頂尖企業都是尋找這類日常生活中的不便，設法將之消除，幫助我們節省時間。

優化產品的最終目的就是要讓它更容易使用，同時符合人類的天性。

我會在接下來的章節中，協助你微調產品的使用邏輯，包括：如何改善客戶的入門經驗？如何在面對新挑戰與新顧客需求的同時，依然保持簡單易懂？如何讓產品越來越受歡迎，並鼓勵用戶投入？如何持續優化產品和行銷方式，以滿足客戶的需求？

優化產品本身就是一門學問。雖然接下來的兩個章節都偏向討論數位產品，但我相信其他商品、服務和消費者體驗也都適用。

以自己的創作為榮，但別因此對問題視而不見。產品一旦停止發展，你就注定失敗；一旦覺得滿意，我們就容易沾沾自喜。所以永遠不要對產品感到真正滿意，而是認為目前的版本依然有進步空間。從許多方面來看，產品的狀態多少反應出團隊的狀態，本書討論的忍受中程與提升團隊的技巧，都會體現於客戶的使用體驗上。打造卓越的產品需要嚴守紀律、持續更迭，並從心理學的角度思考顧客的想法，替他們解決生活中遇到的困難。

簡化與重塑

找出你可以做得不那麼好的事

我太太的臨床心理學博士班同學曾說過：「要成為優秀的心理諮詢師，你必須很擅長照顧病人，文書工作做得還可以就行。」他們的論點是，如果行政工作做得太好，就無法把全部的心力放在患者身上。

很多人將生產力和績效混為一談。但你必須決定，團隊和產品的哪些層面最能使你們脫穎而出，以及哪些是你願意做得沒那麼好的事。競爭優勢來自於有意識地承認並接受弱點，同時了解自己的優勢，選擇對哪些事放手與決定關注的重點一樣重要。

我在哈佛商學院的課堂檢視過幾間在特定層面表現卓越，同時犧牲其他環節的公司。其中一個例子是西南航空（Southwest Airlines）。西南航空成立時，其他民航業者都遵循一套相同的價值觀，例如：提供的航線數量、食物和服務品質、具有競爭力的價格以及飛航安全。西南航空則是從一開始就選擇專注於特定項目，並犧牲其他價值，以做為市場區隔的公司。

當然，他們絕對同樣重視飛航安全，但對於餐點選擇或航線數量，西南航空寧可把資源轉移到讓價格和服務品質更具競爭力。他們簡化機上提供的餐點，並專飛美國西南部的航線，不去和其他地區的所有航空公司競爭。因此，西南航空以服務最好、價格便宜、只飛特定航線而出名，他們也不斷優化自己的競爭優勢。

你可以試試看以下的練習。首先，列出所在行業知名業者的特色和價值（如果是自由接案者，也許是你的客戶可能考慮雇用的其他人；假使是新創公司，則是現有公司或競爭對手），也許他們可以為客戶提供低廉的價格、強調客戶服務或供應速度，或能夠提供多元化的服務。換句話說，就是顧客和客戶決定合作對象時會考量的因素。

現在，為你自己或公司列出相同的清單，但把重點放在你希望為人所知的部分，也許是工作品質，但你不介意花更長的時間或收取較高的費用；或許你希望專接急件，不想接下導致無法靈活安排時間的大型案件。只要經過有意識地權衡，然後把較多心力放在你最擅長的領域，那就會成為你的競爭優勢。

這個練習應該能幫助你了解自己不希望遵循的業界價值，以及希望別人認同你的價值，前者就是可以不用做那麼好的事，只要你把最重視的環節做得很好。當然，找出並排除弱點很重要，但把一件事做得非常好、讓自己脫穎而出，才能帶來卓越不凡的成就。

每增加一個功能就刪掉一個

好產品不會因為不發展就保持簡單，而是必須不斷提升核心價值，同時刪減不符合核心價值的功能。相較於後來的使用者，最早開始使用新產品的用戶往往較具遠見，也更能忍受些許不便。時序推移下，你必須漸漸排除這些不順暢，也就是刪除或減少部分服務，才能讓產品持續成長。

相較於六年前的Behance平台，我們目前的產品可謂簡單到驚人的地步。我們去除「訣竅」和「群組」功能、自訂作品集顏色的選項，以及無數不符合核心價值的功能和實驗。每刪除一個功能，都會引發一小群用戶抱怨，但卻有助於更多客戶投入。產品越簡單，就越能引起共鳴，如果決定加入經得起時間考驗的選項，都是出於必要，而非為了新奇。

創造的過程是從一個小夢想開始，接著就是不停修正，但創意人通常不太擅長這方面，刪改靈感可能令人沮喪，但此處的重點是顧客，不是個人的創意才華。

產品如果大受歡迎，可能遇到兩難的局面，假使把心力放在取悅積極參與的用戶上，就很難吸引新顧客。現實情況（也是新創公司的好機會）是，很多公司把成熟產品的龐大用戶群視為理所當然，且把產品弄得越來越複雜，我在前面介紹過「產品生命週期」，公司沒有好好珍惜既有的客戶，加入不必要的複雜功能，用戶就轉向另一個簡單的產品。

經得起時間考驗的產品，幾乎都是把簡單易懂當成核心設計原則。身為甜綠董事，我一直很佩服創辦人喬納森、尼克和內特對簡單的堅持。雖然一開始是為環境所迫，且隨著公司成長，他們也曾考慮加入更多服務。內特解釋：「我們很幸運，第一間門市的空間有限，只有五百平方英尺。我們一直知道，自己想把一件事做好，因為令我們佩服的都是那種公司，雖然討論過這件事，不過強迫我們嚴守紀律的是空間，儘管後來空間較為寬敞了，我們也曾討論：『要不要販售其他商品？還是加入不同口味的冰沙？』真要說的話，那些東西也符合核心價值，但第一間店證明了那些都非必要，沒有那些東西，甜綠也很受歡迎。我們沒辦法做別的事，這反而是好事。」一開始強迫他們保持簡單的限制成為他們的核心價值，而非阻礙。

這樣的限制也有助於創新，同時不會偏離核心產品。總部位於紐約的椰子公司 Coco & Co 共同創辦人盧克．麥肯納（Luke McKenna）就是用這種方法打造他們的產品：

> 我們的重心很狹隘（只賣和椰子有關的商品），這讓我們能夠維持單純的供應鏈……開一間椰子公司的挑戰是必須拆解熟悉的事物，為客戶創造他們意想不到的價值，假使擴展到椰子以外的商品，就會減損當初吸引顧客之簡單、專注的創意……我們從來沒有為此而感到受限，反而因為焦點明確，使我們更能下定決心尋找創新方法、維持新鮮感……所以我們設計了太陽能的椰子車，並與斯里蘭卡的椰子農場和飽受戰火蹂躪的社區合作，生產出最好的椰子油、椰子奶油和各種椰子產品，甚至運用創意，打造出原本只存在於想像世界中的機器和裝置，用來剖開、處理或展示椰子。

維持簡單為何如此困難？很大的一部分是因為和「超級用戶」的關係太緊密，這些使用者是最常使用產品的一小群客戶，通常也是「少數發聲者」。超級用戶對你們的產品有很多建議，你們也會傾聽這些人的抱怨和要求。由於希望自己認真負責，你會針對他們提出的問題研究解決方案，反而沒有花心思吸引新的客戶。你們做事的輕重緩急與判斷力都可能受少數發聲者挾持，因為他們和產品有很深的連結，你可能因此無法顧及新客戶的需求。

只有刻意設計維持單純的流程，才能預防這種結果。針對數位產品，我喜歡採用的策略是比較打算添加的功能與既有的功能；舉例來說，假使你決定打造新功能，就要考慮終止既有的功能。

強迫自己遵守「每增加一個功能，就刪掉一個」的原則，這有助於開發出單純的產品，這麼做不僅有益於新客戶和多數現有客戶，也能幫助我們改善產品並解決問題。產品越繁雜，就越難辨識出哪裡及為何有效；運轉的零件越少，你就越知道在什麼時候要拉哪些槓桿，以及可能看到什麼成效；產品越簡單，你的直覺就越敏銳。為了讓自己保持專注、做出更好的決策，增加時別忘了減少。

殺死你的寶貝

剪除嫩枝並不容易，即使我們知道這麼做可以優化主幹。實驗或測試新計畫和功能，到頭來多數都得剔除，包括一開始覺得很棒的點子。

去除無用之物並不難，扼殺萌芽卻令人沮喪，但有些計畫剛開始看似有希望，卻不值得你花心力去執行。許多團隊為了保有更多的選項，會維護任何似乎稍具潛力的功能或計畫，尤其是標榜具有「多重收入來源」，或能為各式各樣顧客提供「不同功能組合」的新創公司；我也認識一些藝術家，在別人問他們，最近在做些什麼的時候，回答一長串進行中的各種創作。置身旅程中程，你會本能地保留每一個可能「中了」的計畫，同時朝著不同路線前進，不但感覺安全，也似乎比較有彈性。

但事實卻非如此，同時追蹤多種選項，反而導致你無法朝著特定方向前進。能量、速度和專注力都過度分散，且公司業務太廣泛，你就更難運用身邊的資源，團隊搞不清楚公司的遠景為何，你很難在搭電梯的十五秒內向投資人解釋公司業務，朋友和專業人脈也無法幫你散播一致的訊息，協助你達成目標。

同時維持多種方案必須付出的最大成本，是單一目標的推力變得太小。如果方向只有一個，每個目標都以前一個目標為基礎，且一段時間內只有一個問題需要解決，你的大腦就能深層思考，這是同時執行多種方案、解決各種問題無法達成的狀態，當所有心力都投注於單一方案或作法時，每個人都能集中注意力，如此一來就能夠快速前進。

Behance剛成立時，我們也難逃維持多種選項的陷阱。雖然這些舉措都符合公司的使命，也就是「組織創意世界，讓專業創意人士有能力引領自己的職涯發展」，事實上卻造成我們精力過度分散。除了為數百萬名創意人士建立Behance平台，讓他們整理並展示自己的作品外，我們也開發、推廣讓創意團隊管理專案的工具，叫做「行動方法」（Action Method），並推出一系列記事本和相關產品，另外還創立99 U會議、網站和雜誌，提供創意領域管理與組織的資訊。雖然這些作為都符合我們的品牌和使命，卻造成資源極度分散。假使是不成功的產品，我們可以毫不猶豫地砍掉，實際上也剔除了不少，但我們很難捨棄成效不錯的產品。我現在都說，Behance成立的第二到第四年是「失落的歲月」，我們前進的速度太慢，差點因為想保留太多可行的途徑而陣亡。

為了核心目標，痛苦刪掉好點子的掙扎在文學界相當常見，甚至可以一句話來形容：「殺死你的寶貝（Kill your darlings.）。」美國作家也是諾貝爾獎得主威廉．福克納（William Faulkner）曾說：「寫作時，你必須殺死你的寶貝。」驚悚小說大師史蒂芬．金（Stephen King）在談論創作的書裡也寫：「殺死你的寶貝，殺死你的寶貝，即使你這三流作家孤芳自賞的心靈會因此而受傷，也要殺死你的寶貝。」據說，第一個提出這個建議的是作家亞瑟．奎勒考區（Arthur Quiller-Couch），他在一九一四年向一群有志成為作家的聽眾演講時表示：「關於實際的寫作原則，我會說，如果你突然靈感泉湧，很想振筆直書，那就放手去寫、全心全意地寫，然後在稿子寄出去前通通刪掉。殺死你的寶貝。」

創意寫作是介於簡單與可能性之間的一場戰爭。打動人心的情節和吸引人的角色必須簡單，才不會混淆讀者，但創造迷人的故事又得發揮想像力，因此不得不刪除與主線無關的優美段落和精彩人物。資歷尚淺的作家會設法將之編織進去或努力證明它們存在的理由，只因為他們太愛那些段落或人物，但一等一的作家就能鼓起勇氣、嚴守紀律，殺死這些「寶貝」。這同樣適用於滿腔熱血的創業家，雖然剔除自己好不容易構思出來的點子並不容易，尤其是有價值的點子，但你非得這麼做不可。

殺死自己創作的事物很難，有時需要外力的協助，我的作家朋友、著作豐富的提姆．費里斯（Tim Ferriss）尤其擅長借助社群的力量來刪減或改進自己的點子，包括書籍段落、標題與播客（podcast）主題，他解釋：「我發現最有幫助的問題是：『如果必須留下10%，你會保留哪個10%；如果一定要刪除10%，你會刪掉哪10%？』如何詮釋回應和答案本身一樣重要，有時候，只要一張票就可以幫助你做決定，要是有人說：『我喜歡這裡，絕對要留下這10%。』那就把它留下來，即使十個人當中有九個都說應該把那裡刪掉。刪除必須達成共識，但是只要有一個人持反對意見，你就可以保留……當然，除非我任性主觀地決定自己他媽的超討厭這部分，就是想刪掉，那就沒什麼好留的。讓自己開心最重要，因為其他人有無數機會閱讀不同文章和書籍，但決定一本書的內容後，接下來的後果是你要一輩子面對的。」

身為作家和創業家，我絕對遇過同樣的問題，也因此感到掙扎。

Behance的專案管理工具、筆記本和年度會議是我們的寶貝，喜愛、支持這些舉措不是沒有道理，但成本實在太高昂，儘管有一群忠實粉絲，我們還是決定中止「行動方法」，並將紙類產品外包，不再投注資源執行這部分的計畫；至於已經發展到涵蓋書籍、活動和線上智庫的99U，我們則選擇保留，因為團隊已經找出分配時間的方法，對於品牌和行銷的助益也證實超越付出的成本。這些計畫拖延我們的速度，還好我們在還來得及的時候外包或殺死大部分的寶貝。

我合作過的公司也遇過類似問題，有一陣子，甜綠團隊投注很多時間和心力開發果汁商品，最後還是決定叫停，把重心放在核心產品上；我投資過的辦公室管理與服務供應商Managed by Q的創辦人兼執行長丹・特蘭（Dan Teran）曾經刪減為客戶提供的四分之一服務，丹回憶道：「儘管這些業務一直在成長，像是為企業提供餐點和健康保健服務，但我們還是決定，把重點放在做得比別人好的部分，才不會偏離核心競爭力，也就是辦公室清潔、維護、技術支援、安全與管理。當時這個決定引起不少爭議，我們也因此幾乎無法達成業務目標，但這絕對是正確的作法，如此一來，我們才能在最需要我們提供服務的環節上加倍努力。」

你必須不停實驗，嘗試不同的道路，才能找到最佳途徑。如果實驗結果不符合核心戰略，那就將之刪除，專注於特定環節的創意勝過各式各樣的創意。

我的第一本書《想到就能做到》提及，我們必須扼殺創意，才有辦法推動少數最重要的點子，另外也介紹華特・迪士尼（Walt Disney）的作法：

事實證明，華特・迪士尼竭盡全力確保他的創意團隊在必要時進行適當審查，並無情地扼殺創意，據說，在製作動畫長片時，迪士尼會實施一套程序，運用三個房間的方式來培養點子，然後將之嚴格檢視。

第一個房間：於此第一階段，可以天馬行空地提出創意，不受任何限制，腦力激盪的本質就是無拘無束的發想及無限制地拋出點子，在此，沒有人會提出異議。

第二個房間：整理並歸納第一個房間的瘋狂點子，最後得出電影的分鏡腳本與一般性的人物素描，相傳俗稱故事版的分鏡腳本，原始概念就是在這個房間構思出來。

第三個房間：又稱「冒汗間」，整個創意團隊在這裡嚴格檢視專案計畫，同樣沒有任何限制，也不受禮節拘束，因為在第二個房間裡，所有個人的點子都已經整合在一起，在第三個房間裡的批評都不是針對個人，而是針對整個專案。

每個創意工作者和團隊都需要第三個房間。我們在打造團隊並制定創作流程時，很容易傾向給予在第一個房間的創意奇想特權，但在第三個房間的嚴格審查和第一個房間天馬行空的創造力同樣重要。

華特・迪士尼的兩名首席動畫師奧利・強斯頓（Ollie Johnstone）和法蘭克・托馬斯（Frank Thomas）曾形容華特・迪士尼說：「其實他有三重人格，分別是夢想家、務實派和掃興的人。開會時，你無法預期哪一個會現身。」看來華特・迪士尼不只會用三個不同房間來推動團隊工作，他自身也體現了這三個房間的特質。

你也許告訴自己，留住不同點子可以保有更多選項，事實上則是，無法拋開心愛的點子，就像是不夠專業的作家。聚焦能量、朝一個目標全力邁進，才是最可行的作法。

如果連自己都覺得不夠棒
就別做了！

身為一名投資人，最尷尬的時刻莫過於看到團隊已經不相信自己打造的產品，卻不願承認。為了實現點子而招兵買馬、募集資金壓力自然很大，我們會希望「貫徹始終」，有時可能只是順勢前進，即使數據或直覺都告訴我們不對勁。

創造的過程中，即使對產品失去信心，我們還是很難放下最初的願景。每次發現團隊似乎失去信念，我都會設法以最委婉的方法告訴他們：「如果不覺得他媽的棒，就換別的東西做！」

如果動機只是為了把一件事做完，我們就無法打動身邊的人並運用周圍的資源。當然你也可能誤打誤撞，做得還算成功，公司能賺錢，用還可以的產品填補市場缺口，但這樣的結果會帶給你什麼感覺呢？

假使發現自己沒那麼投入，也許是直覺在告訴你些什麼。公司創辦人或單獨從事計畫的人比較有辦法決定放棄，轉向其他感興趣的事物，在做決定的當下，你可能捨不得投入的成本，但我保證日子一久，你就會覺得那些都微不足道。不要讓疲憊或缺乏短期獎勵來混淆你的直覺，每次冒險都很困難，每個優秀團隊都難免失去動力。我認為，一切可以歸結到你是否依然相信最初的願景，如果你認為需求依然存在，且經過這段打造產品的時間，你更相信市場必須改變，那就堅持下去。

但是，假如你對原本設想的最終狀態失去信心，也知道自己可以做得更好，那就要改弦易轍。你必須斷絕舊路，才能找到新方向。我經常看到公司創辦人承認自己的產品行不通，也開始考慮替代方案，但即使有更好的點子，也知道產品其實沒那麼棒，他們還是會本能地保護已上市的產品，如果進一步追問，他們的藉口往往是：「我不想讓使用產品的顧客失望。」或是：「我們希望保留選項，不然產品突然很受歡迎怎麼辦。」當顧客發現你不再花心思改善產品時，他們到頭來也會感到失望，況且若產品沒有改善，就不太可能突然大受歡迎。

同樣的原則也適用於其他困難的決策，例如：宣布某個功能或產品壽命結束。決定中止產品不是最困難的部分，接下來的步驟，也就是決定如何以及何時停止更是阻礙重重，一旦作出決定，你很可能會聽到各式各樣延後的理由。

「要慢慢來，不要突然結束，我們可以停止更新產品，過一陣子，客戶就會得到暗示。」

「我們不能讓客戶不高興，所以要編出一套故事，解釋這麼做的理由。」

有些擔憂確實合理，但多數只是拖延的藉口。以忽略的方式中止產品，只會延長死亡的過程，且顧客一定會不高興。雲端檔案儲存公司Box的創辦人兼執行長亞倫．萊維就說過：「想讓每個人都對決定感到滿意，所有人都會不滿意。」如果影響層面太大，你自然希望再等一下，直到確定決定是對的，但這麼做，反而會影響生產力和團隊的向心力。迅速扯掉ＯＫ繃可以分割痛苦，讓你把精力投注於打造下一個產品上。

亞馬遜執行長貝佐斯在二〇一六年寫給股東的年度公開信裡指出，所有組織，尤其像亞馬遜這種大型企業，都很可能出現決策過度謹慎與緩慢的問題，他說：「有些決策事關重大，且不能推翻或幾乎無法推翻，就像單向進出的門一樣。這類決策過程就必須講究方法，小心謹慎，不宜躁進，更需仔細推敲、多方諮詢。因為決策一旦做成就沒有退路，且無法補救，這類決策可以稱為『第一類決策』。但多數決策不是這類，而是可以改變、反悔的，就像雙向進出的門一樣，這種『第二類決策』如果出了差錯，還不至於無可挽回，只要再度把門打開，走回原來的出發點就行了。第二類決策不但可以，且應該快速進行，由一個富有決斷力的個人或小團體來決定即可。」

他解釋道：「當組織規模日漸成長，就會有種傾向，也就是幾乎所有決策都以冗長的第一類決策方式來進行，之中的許多其實用第二類方法就行。如果所有決策都用第一種方法，就會造成企業運作緩慢、不假思索地規避風險、不願嘗試，最後導致難以創新。我們必須設法消弭這種傾向。」

如果不再相信自己困難重重的冒險計畫，就要設法改變；如果產品的某些層面有問題，就要下定決心將之刪除。假使缺乏這種誠實和果斷，你的工作和事業就無法前進。承認事情不對勁，然後著手改變，就能思考其他問題，也才有足夠的精力去實現。

提防過度創意反而導致用戶摸不著頭緒

Behance 剛成立時，我們偶爾會過度發揮創意。

例如：針對最基本、應該維持單純的東西，我們自創術語，像是創意領域，我們是用「realms」，而非常見的「creative fields」，這雖然能夠區隔 Behance 與其他線上社群的不同，但卻讓用戶感到陌生。我們從中得到了教訓，理解新產品已經不容易，不該再另創術語，讓用戶更加摸不著頭緒。

添加一點創意、讓產品與眾不同的想法在所難免，但用戶必須推敲的環節越多，解決方案就越無效，前題是簡單與複雜的解決方案一樣有效。最厲害的產品應該是效果越來越好，而非創意越來越多。

如果想改變一個行業，我們會本能地希望自己與眾不同。但是，取得市占率最好的方法是讓消費者感到熟悉，廣受接納的產品和服務提供顧客容易辨認的模式，所以不要拿陌生的事物「重新訓練」用戶。我和創業家邁特．范．霍恩（Matt Van Horn）討論過這件事，邁特研發出名為「六月」（June）的智慧烤箱，這款烤箱能辨識食材並自動烹調。一開始，他的工業設計師團隊設計出外觀和傳統烤箱完全不同的產品，不過他們最後發現，如果希望消費者把智慧烤箱視為傳統烤箱的替代品，就要看起來像烤箱。他們已經設法翻轉一般人熟悉的行為，也就是烹飪，因此沒必要把事情弄得更複雜，像是在說服顧客在廚房放一台迷你太空船。我們要用熟悉來破壞常態。

最厲害的產品會運用生活周遭的模式，像是眾所周知的蘋果操作系統，一開始是採用「擬真化設計」（Skeuomorphism），也就是模擬真實世界型態的樣貌。蘋果把備忘錄設計得像真正的筆記本一樣，皮革上還繪有縫線，雖然被許多專業設計師當成笑柄，但這樣做是為了減少認知落差，讓用戶覺得使用數位備忘錄和擺在桌上的傳統筆記本沒有太大差異。傑出的科技產品與其他解決傳統問題的現代方案都會喚醒我們的肌肉記憶（muscle memory），所以要盡可能利用既有的模式，讓用戶連結到日常生活和肌肉記憶。

唯一要強迫顧客改變行為或使用新術語的時機，是為了突顯產品獨特、重要的價值，例如：Snapchat是第一個設計成一打開程式就看到相機鏡頭的社群軟體，其他競爭對手（例如：Instagram和臉書）則是先看到其他人的動態。新用戶剛開始可能覺得陌生，但它重新訓練用戶，提供完全不同的社交體驗。Snapchat比較希望被視為相機而非應用程式，以相機的模式推出產品，就是向用戶傳達強有力的訊息，使Snapchat和其他社交應用程式有所區隔，也讓用戶習慣傳送不同型態的訊息。

不要只為了創意而創意，網路術語或行為能夠流行絕非沒有原因。另外，要盡可能運用簡單的模式，必要時才重新訓練用戶，「熟悉」有助於提升使用率。

檢查太仔細可能適得其反

無止境地評估，希望產品變得更好，必然能發現必須修改的元素。然而，如果過度檢查，就會出現我稱之為「視野凝聚」（cohesion horizon）的現象，也就是無法從正確的角度審視，開始堅持無意義的細節，不再從整體來評估。一旦出現「視野凝聚」的現象，決策就可能過度情緒化，並造成傷害。倘若發現自己過度偏執、不講道理，就要叫自己放手。創作時要投注情感，但評估的時候就不能感情用事。

長時間檢視一項產品、一個段落或一件藝術品，到最後一定會覺得哪裡不對勁。揮之不去的不安全感引發無謂的辯論，你突然看不到重點，也失去直覺。如果繼續堅持，你很可能燙平原本使創作與眾不同的皺摺，所以檢查必須適可而止，否則你所做的一切經過批評、編輯後，就會變得毫無特色。

無數研究結果顯示，檢查過度會使我們喪失「工作記憶」，也就是完成高度認知任務所需的記憶。正如心理學家祥恩・貝洛克（Sian Beilock）和湯瑪斯・卡爾（Thomas Carr）在《實驗心理學期刊》（*Journal of Experimental Psychology*）所描述：「運用工作記憶執行任務的能力若受干擾，可能影響表現。」他們的研究證實，過度思考問題所引發的焦慮和壓力，會明顯干擾工作記憶。

除此之外，史瓦茲摩爾學院（Swarthmore College）也曾針對「完美追求者」（maximizer）與「滿意即可者」（satisficer）的心理效應進行研究，這是經濟學家赫伯特・西蒙（Herbert Simon）於一九五六年創造的術語，「滿意即可者」的決策風格為「優先考慮夠好的解決方案，而非最佳方案」，只要達到標準就可以做決定；「完美追求者」則希望做出最佳的可能決策，即使找到夠好的方案，他們也會仔細審視每個選項。

記者貝琪．肯恩（Becky Kane）在「Todoist」部落格中寫道，史瓦茲摩爾學院的研究顯示：「完美追求者」的生活滿意度、幸福程度、樂觀和自尊心都顯著低落，也比「滿意即可者」更常感到遺憾和憂鬱。完美追求者也更常進行「社會比較」[3]，以及「反事實思考」[4]在做出購買決定後也經常感到遺憾、沒那麼快樂，並在表現不如同儕時，出現更多負面情緒。

檢查過度的人很可能是「完美追求者」。雖然這種完美主義的傾向也許會帶來出色的成果，但正如研究證明，也可能導致「分析癱瘓」[5]。

除了「視野凝聚」現象，任何非必要的檢查都可能適得其反，起因是過度重視單一元素，而非綜觀大局。對細節過度偏執，反而讓微不足道的小事分散注意力，你開始批評、修改細節，沒有顧及整體目標。要是你非得找地方改進不可，那至少要試著從整體來看，而非一一檢視，如果架構沒問題，就要以目標為依據，尋找改進的方法，不要拘泥於磨平每一個小稜角。

如果期限緊迫，又有太多任務必須完成，就能幫助你繼續前進、不再固執己見。不要找尋更多選項，而是提醒自己，如果不做出決定就不會有進展，反正你隨時都可以回頭或調整，所以別再鑽牛角尖，要持續前進。

3　譯注：social comparison，透過與他人比較來定義自己。
4　譯注：counterfactual thinking，針對現實生活發生的事想像相反的狀況，通常是由令人不悅或難過的事件引發。
5　譯注：analysis paralysis，領導者陷入只顧分析，卻難以做決定的狀況。

成功的設計是看不見的設計

近年來，我們看到各行各業的領導人以不同方法體現「最好的設計是看不到的設計」理論，正如迪特・拉姆斯（Dieter Rams）的「好設計十大原則」（Ten Principles for Good Design）中的名句：「好設計是盡量少設計。」

這些年來，特別是打造 Behance 平台這段時間，我有幸追隨世界各地不同領域的設計師，並和他們合作。我漸漸發現，頂尖的設計師都在解決特定的問題，而且主要是靠著刪減，而非添加。

最好的設計往往受到忽視，因為設計師刪除的元素本就不該存在。消費者若能流暢地使用某個實體或數位產品，就不會注意到裡面的設計元素，包括：界面、配色和字體，這些設計也許不會得獎或令人難忘，卻讓產品容易使用。

如果設計是你的產品或流程的重要環節，那就要提醒自己，別拘泥於圖像和閃閃發亮的新事物，而是盡可能地刪減元素或用戶必須做決定的步驟。減少選項以及簡短的說明、簡單的步驟，必然有助於提升產品，也許在當下不符直覺；很多人都以為，產品的功能和外觀都要不斷演化，但日子一久你就會發現，去蕪存菁才能讓用戶有更好的體驗，這是任何新功能或額外的文字說明都做不到的事。

不要停止改善產品的「第一哩」體驗

無論是打造產品、創作藝術還是寫一本書，你都要記得，客戶會根據一開始與創作的互動做出判斷，尤其是前三十秒，我稱之為「第一哩」，那也是產品最關鍵，卻往往不夠完備的部分。

第一印象只有一次機會，在這個急速移動的世界裡，公司匆匆推出最小可行產品，幾乎都是到最後，才思考使用者體驗的第一哩。對於實體產品，可能是包裝、說明書的措辭、協助客戶了解產品特色的標籤；對於數位產品，可能是熟悉產品的入門程序、說明文字以及預設設定。我們花了很多時間雕琢鎖在門裡的東西，有時卻忘了給用戶一把鑰匙。

失敗的第一哩體驗，可能導致新產品一走出大門就成了跛腳鴨，也許有不少用戶下載、預購或註冊，但很少人能夠超越入門程序，真正開始使用。假使用戶開始使用產品，你必須讓他們在短期內就感受到成功，並讓他們了解以下三件事：

1 **他們為什麼在那裡**

2 **能達到什麼目標**

3 **接下來怎麼做**

例如：Adobe為體驗設計師（experience designer，設計網站或行動應用程式界面，能夠提升畫面美感或使用者體驗的設計師）打造的Adobe XD，是他們發展最快的新平台。第一次進入程式，你就應該知道自己**為什麼在那裡**（設計你構思出來的超酷應用程式）、**可以達到什麼目標**（打造不同體驗，並以範例或列表呈現），以及**接下來怎麼做**（你總是清楚知道下一步要做什麼，以及完成任務必須採取哪些步驟）。

一旦新的使用者了解這三件事，就會願意投入時間和精力，與你的產品建立連結。你不需要一開始就讓他們知道如何使用所有功能，只要用戶信任你們，也知道接下來的步驟是什麼就好。

關於產品體驗的第一哩，我主要是透過打造Behance以及與其他新創公司合作的過程中學到教訓。Behance最早期的註冊流程包含太多步驟和問題，例如我們要求新加入的會員選擇他們主要的三個創作領域，例如：攝影、新聞攝影或插圖，選單很長，新用戶平均要花一二〇秒瀏覽清單，然後選擇主要的創作領域。了解用戶背景、讓他們立即連結到相關社群雖然是好事，但是這個特定的註冊步驟導致我們流失了超過10%的新用戶。我們決定將之移除，稍後再蒐集這項資訊，等到新用戶走過第一哩，並經常使用產品、願意信任我們的時候再來詢問。我們也減少或刪除其他步驟，註冊比例因此增加了約14%。刪減、改善第一哩的使用者體驗對用戶人數成長的助益，超越當年推出的任何功能。

後來幾年，我也協助數十間公司優化第一哩的使用者體驗，包括拼趣「歡迎新用戶」的初始版本，目標是提升用戶關注的「釘板」數量、Uber剛上市時的說明介紹、甜綠訂購外帶沙拉的行動應用程式、潛望鏡的現場直播應用程式，以及Adobe的行動創意應用軟體。無論什麼產品，都是要盡可能地以最少的步驟、文字和時間，讓使用者知道他們為什麼在那裡、可以做到什麼，以及接下來該怎麼做。

已經站穩腳步的產品也無法避免這個問題，例如：推特雖然已經有不少用戶，卻依然在第一英哩體驗上遇到障礙。對於一部分用戶，也許是前一億五千萬名使用者來說，原本協助新用戶熟悉產品並選擇追蹤哪些帳戶的流程已經足夠，然而到了某個時間點，推特遇到一群用戶，這些人缺乏耐心，也不想了解如何選擇接收的訊息，他們只想看新聞，但推特的入門程序比打開電視或上網複雜。即使改善核心產品，推特仍在摸索如何讓新用戶與產品建立連結，成長也因而停滯了。

許多公司一直到產品即將推出，才倉促規劃入門體驗的關鍵元素，剛成立的公司特別容易犯這種錯誤。協助新用戶與產品互動的「行銷漏斗最上層」是未來成長的根源，但是使用者的初始體驗，例如為產品設計「導覽」，以及決定預設流程，皆經常被擺到最後。我甚至看過，有些團隊把這些任務外包或交由一個人處理。

除此之外，儘管隨著時間過去，第一哩的體驗應該越來越重要，實際上卻更常受到忽視。產品的用戶漸漸超越具有冒險精神的早期採納者之後，第一哩體驗應該要進一步簡化，並考量各式各樣的用戶群，不能只考慮一開始希望吸引的超級用戶。產品上市越久，用戶也開始轉變，如果是同類型的客戶，應該一開始就能吸引他們。所以產品上市後，仍要不斷審視第一哩體驗，只因目前的用戶滿意，不代表同樣的方法在未來依然適用，因為你會吸引更廣泛、截然不同的用戶群。如果沒有重新思考新用戶的需求，就很難滿足能把產品帶入主流的顧客。產品拓展到不同人口、世代和國籍，第一哩體驗也必須隨之調整。

客戶體驗產品的第一哩不該是打造產品的最後一哩。如果希望用戶數量大幅成長，那就應該把30％以上的精力分配到第一哩體驗上，即使產品已經推出一段時間。那是吸引新用戶最重要的元素，所以要精心打造，不是到最後才草草添上。

前三十秒的體驗要符合人類懶惰、虛榮和自私的天性

第一哩體驗的前三十秒衝刺，可以決定用戶會不會跑完一整圈。我們嘗試新事物的前三十秒，都是抱持懶惰、虛榮和自私的心態，這不是對人性的抨擊，而是打造實體或線上產品的重要建議。我們遇到的每個人，以及每個造訪我們的網站或使用產品的客戶，一開始的態度都是漠不關心。

我們**懶惰**，因為我們不願投入時間和精力去拆解和理解新事物，我們沒有耐心閱讀使用說明書、沒有偏離常軌的時間，也缺乏學習意願。生活中必須學習的事情太多了，我們已經沒有足夠的時間工作、玩樂、學習和愛人，所以如果一個新事物得花太多力氣了解，我們就會不願嘗試。我們避免做太花時間的事，除非確信這件事對自己有好處。

我們**虛榮**，因為人都在乎別人如何看待自己，至少一開始是如此。鏡子、美髮產品和社群媒體都迅速提供回饋，所以 Instagram 和推特這類產品會讓用戶在最短的時間內得到讚或朋友。如果沒人可以分享，就不會有人想使用這種新產品。雖然我們使用 Instagram 這類程式，也許把多數時間花在瀏覽朋友的近況上，但只要留意自己使用的模式，就會發現每次分享照片或文章後，你就會更頻繁地上網檢視。

你希望知道別人對你文章或照片的評論，且會再三查看。我都說，Instagram 的即時動態功能是一種「自我評價分析」；你鼓起勇氣發表或分享自己的創作，就能看到別人的評價和對你的吹捧，其他應用程式、畫展開幕典禮、媒體報導和新書發表會也是同樣的道理，一有機會，我們都會全神貫注地聆聽別人對我們的看法。

產品設計師了解，「自我評價分析」是讓使用者持續提供內容和參與的重要機制，創意應用程式的重點都放在讓你看到誰在欣賞你的作品，而非觀看別人的創作，也是其中很好的例子。我們把重心放在自己的表現上，而非敞開心扉瀏覽和發掘世人的創意，虛榮心阻礙我們汲取創意。

當然，我們不會對至親好友妄下定論，也不會在他們面前裝模作樣，但在不熟悉的人們認識你之前，你希望在他們心裡留下好印象。這樣的自我評價分析是非常強大的約定形式，因為虛榮心主導前三十秒。

我們**自私**，因為我們在乎自己。使用產品或服務時，我們希望馬上獲得超過初期投資的回報。使用說明書、難拆的

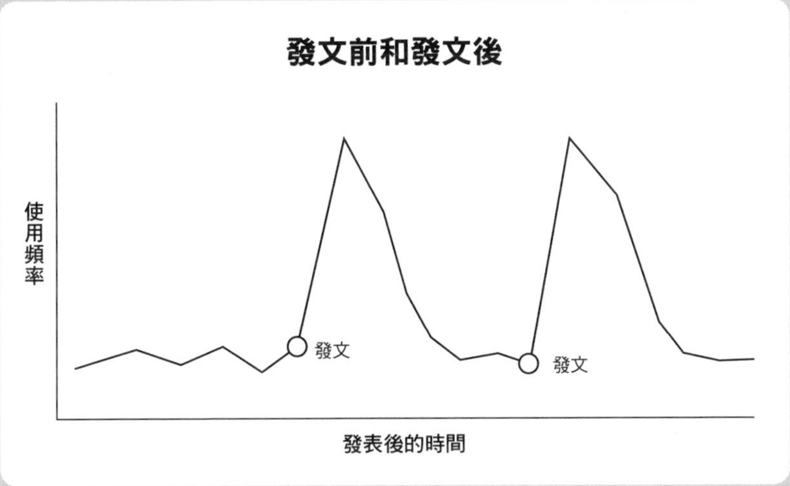

包裝、費時的註冊流程，以及其他妨礙迅速取得回報的小問題都會造成疏離。新用戶必須立即看到回報，無論之後能得到什麼。

懶惰、虛榮、自私的原則適用於各種產品體驗上，包括實體和線上產品。最初三十秒，訪客沒有多餘的時間投資於未知的事物，這是懶惰；用戶使用產品或服務，希望立即帶給別人好印象，這是虛榮；儘管產品從長遠來看潛力無窮，使用者只想知道如何馬上從中獲益，這就是自私。

我們身邊的每段新關係或資源都因此岌岌可危，只有超越伴隨新體驗的懶惰、虛榮和自私之後，才能真正將心力投注其上。所以要設法協助使用者穿越每次新體驗的表層，找出裡面蘊含的意義，並將其展現出來。

把我們拉過前三十秒的東西都是**鉤子**。別以為你用不著這種東西，每個人都需要，更重要的是，別以為你的客戶不需要鉤子。如果看到「只要花幾秒鐘註冊，你的生活就更有條理」的提示，那就是一個鉤子；報紙的頭條新聞也是鉤子；書籍封面與上面的保證，像是「一週只要工作四小時」，這都是鉤子；約會網站更是到處都有鉤子存在。有效的鉤子能以短期利益吸引我們，接著再連結到長期的承諾。

思考一下你的購書流程，包括電子書和紙本書，無論文筆多流暢有趣，都只是數百頁的文字。在這個情況下，鉤子通常是封面和標題，為我們描繪出美好前景的封面可以抵銷懶惰，吸引我們伸手將書拿起；閱讀大家都在討論的書籍，可能讓你看起來更聰明、對當代思潮更熟悉，如此一來就能滿足你的虛榮心；標題和副標則是向你保證書裡的內容有何助益、與你的個人興趣有何關聯，這是照顧到我們自私的心態。

零售業也是如此。經營一家商店，櫥窗內展示的商品決定了顧客會不會走進去。所以櫥窗設計是一門學問，與店內的商品推銷和產品品質完全是兩碼子事，如果無法吸引顧客上門，他們就無法感受到床單的觸感多柔細，或陶鍋有多平滑。

你的挑戰是必須為兩種不同的思考模式設計產品體驗，一種是針對潛在客戶，另一種是既有客戶。如果希望潛在客戶投注心力使用產品，請顧及他們懶惰、虛榮、自私的心態；對於已經通過前三十秒、進入大門的顧客，則要建立有意義、能夠延續一輩子的體驗和關係。

主動替顧客做好比展示和解釋重要

我們推出一項新產品時，通常會想解釋那是什麼，並指導用戶如何使用，這樣的想法帶來大量說明、教學影片和一連串線上「導覽」，如果是非數位的產品或服務，則是厚厚的一本使用手冊、冗長的菜單，或是向顧客介紹的冗長說明會。

如果覺得有必要解釋產品如何使用，而非讓客戶自行摸索並感受到成功，那不是第一哩體驗的設計有問題，就是產品過度複雜。

透過**解釋**來鼓勵用戶使用產品，是最無用的方法，這是我到 Adobe 上班後的深切體認。每年都有好幾百萬人下載 Photoshop，但打開程式一次之後，就再也沒有用過，比例高到超乎想像。Photoshop 的新檔案是空白的頁面，多數人都不知道下一步該做什麼。沒有指引，也沒有模板可供選擇。如果到 YouTube 或 Google 搜尋「Photoshop」，就會看到成千上萬的教學影片，嘗試教導人們如何使用這項產品，這代表顧客使用產品前，需要多少解釋。Photoshop 的教學課程、影片和書籍已經成了一門生意，那是令人望而生畏的產品，沒有考慮到第一哩體驗。

後來，Photoshop 團隊開始設計新的入門體驗，像是加入歡迎頁面和快速啟動創意專案的小祕訣，但這種**展示**方法成效不彰，用戶仍得花時間和精力學習如何運用繁雜的功能，才能順利使用。

第一哩體驗最好的鉤子是**主動替客戶做好**，我們要從旁協助，讓他們感受到成功並引以為傲，這樣一來你的客戶就會投注更多心力和時間學習，進而發現產品的潛力。

如果是數位應用程式，例如製作並發送派對邀請函或生日賀卡的線上工具 Paperless Post，就是提供模板，讓使用者選取和編輯，而非解釋如何從頭開始製作數位卡片；至於 Instagram 或 Google 和蘋果的相片編輯工具，則提供智慧濾鏡，同時為照片製作不同效果，而非強迫用戶學習如何調整對比、亮度和清晰度。在多數情況下，用戶都可以選擇逐一調整，但那並非優先選項。

同樣的原則適用於實體產品和店內體驗。我合作過的運動服飾公司戶外之聲（Outdoor Voices）就提供「套組」，向顧客介紹可以成套購買的商品，不但讓他們節省時間，也很時尚。「套組」就是事先搭配好的品項，讓新顧客直接購買，不用瀏覽多個產品類別或理解不熟悉的術語。顧客喜歡這種簡單、個人化的購物體驗，且因為成套購買，可能買下原本不想買的東西，公司也能從中受益。

你不能指望新客戶在那裡聽你解釋，甚至展示產品時，也不能期望顧客耐心觀看。最可能吸引用戶的方法是替他們做好，至少一開始是如此。有了成功的經驗後，顧客才會深入參與，並充分挖掘出產品的潛力。

新奇比實用吸引人

為客戶打造新產品或體驗時，要先讓他們看到產品的新奇之處，甚至以遊戲的方式呈現，再證明其用處。我們通常會因為新鮮有趣而去嘗試新的產品和體驗，過一陣子才漸漸發現產品的實際用途。

二〇〇二年，我大學畢業後的第一份工作是到高盛位於紐約廣場一號（One New York Plaza）的交易部門上班。當時，只要是打算從商的畢業生都希望在華爾街工作幾年，無論有何長遠計畫。我大學時主修設計和商業，等於得先放下一半興趣，讓自己完全沉浸於交易世界，其實這並非容易的決定，但我還是決定試試看。

每天的工作對我來說幾乎都很枯燥，不過我漸漸對交易部門使用的科技產品產生興趣。那陣子，交易部門開始採用非常先進的技術，可在短時間內替客戶下單，但交易員還是習慣用老方法，不願嘗試新科技。

二〇〇三年，高盛辦公室安裝全新的電話系統，其中最重要的功能是虛擬會議室，讓交易員、研究分析師和業務員可以隨時使用桌面的耳機開會，只要出現重大消息，這些人就可以加入虛擬會議室，不用離開辦公桌就能進行討論。儘管他們開了好幾次培訓課程，也發送一連串電子郵件，但還是沒人使用，包括我在內，虛擬會議室一直處於休眠狀態。直到有一天，一名高階主管打著一條有各式馬戲表演圖案的鮮艷領帶走過我們辦公室，只見一位名叫瑞奇（Rich）的業務員朝著辦公室大喊：「大家，一號會議！」眾人剛開始都困惑不已，不過馬上意識到瑞奇是指虛擬會議室一號，每個人都迅速戴上耳機，按下電話終端機上的「一號會議」，加入討論。瑞奇說了一個關於領帶的笑話，虛擬會議室爆出笑聲。

從那天起，我們就開始頻繁地使用虛擬會議室，且逐漸是為了專業用途。新科技經常是透過新奇來吸引用戶，隨著對技術越來越熟悉，使用率也會提升。類似例子發生在十年後，二〇一三年秋天，Behance 團隊開始採用當時新推出的溝通工具 Slack，我們一開始只用它來分享動畫圖案、笑話和推薦附近的咖啡館，不過不到幾週後，整個團隊就在上面協調產品發表會和行動計畫。

相較於實用，我們通常因為感到好奇，才去嘗試新產品或新的工作方式，所以打造產品或體驗時，要先讓顧客感覺新奇，再證明其用途。別因為產品的某些特徵或功能不夠實用而將之隱藏，最重要的功能是可以吸引用戶的功能，有時客戶會只為了好玩而開始使用產品，並走過第一哩。

質疑既定想法以破除漸進主義

雖然持續簡化和改進有助於打造出好產品，但我們也必須在過程中做出大膽的改變，但做到這點並不容易，因為這麼做會破壞協助你們取得進展的系統和措施。幫助我們不脫離常軌、以漸進方式改善產品的作法，遇到必須改變的時候反而會成為阻礙，且公司規模越大、過去表現越好，就越難破除漸進主義。

漸進式的改變能夠帶來成功並讓公司擴展，但到最後成長必然會消退，卓越的產品變成另一個現狀。這不一定是壞事。事實上，只有透過微幅調整、更新和潤飾，產品才會越來越好。但如果把績效指標、季度目標和其他短期衡量措施當作優化產品的動力，就容易出現「局部最大值」的問題，也就是感覺自己非常成功，但僅限於你假設的市場。

各種規模的團隊都會遇到「局部最大值」的問題，例如推特，這個傑出的社交網站曾經推翻政權，透過即時訊息連結世界，同時為世人帶來喜悅和衝突。他們一度是臉書的競爭對手、成長迅速，但近年來卻停滯不前，每月活躍用戶的數量似乎已經到達頂峰，我認為這是因為他們選擇逐步漸進，包括提升盈利能力、每月的用戶參與度，以及控制垃圾訊息，而非採用大膽舉措，像是開拓新市場和重新定義產品。推特沒有成為未來的媒體、重塑電視，或成為特定主題的最佳即時訊息來源，而是看起來和十年前沒什麼兩樣。

推特不是持續受限於「局部最大值」，就是力圖改變。但是組織要先改革，產品才可能改變；團隊必須以不同的方式衡量績效，基本假設和實際行動才會隨之轉變。此外，除了對內要向員工解釋新目標，對外也要讓所有利害關係人理解，這對受歡迎的上市公司來說，並不容易做到。

規模較小的團隊也會遇到相同的挑戰，例如工程師希望改善基礎設施，但這麼一來，就犧牲了容易衡量的短期產品和業務目標。如果只是根據工程師團隊發表的新功能數量，或是否達到能夠衡量的短期里程碑來評鑑績效，你就可能抑制真正讓產品與眾不同的長期投資。

破除漸進主義和避免受「局部最大值」局限的關鍵是轉換基本假設。舉例來說，如果你們的產品是出現於社群媒體和行動應用程式的時代，那麼到了語音啟動的產品進入家庭、擴增實境改變行動設備的現在，你們又有怎樣的假設？

遇到產品策略必須大膽改變的時刻，先列出產品或服務所依據的核心假設。許多在網路初期出現的科技公司到後來都必須大幅改變，二〇一七年年初的一個下午，Meetup的執行長兼創辦人史考特・海弗曼在紐約市總部附近告訴我，他對於重新打造產品和打破漸進主義的想法，他說：「僅僅因為目前你的產品與市場契合，並不代表這會一直維持下去，如果有這種想法其實很可怕，世界、人心、社會、文化都在變，產品停泊的位置也會改變。」

史考特說，他一年前開始擔憂公司未來的發展，決定後退一步，重新思考經營方向與公司成立以來大環境的變化。他也承認自己已經四十多歲，而公司60%以上的員工都不到三十二歲，史考特總覺得，自己像是和一群有博士學位的教授坐在一起，每個人都比你聰明，他的整個思考模式都出現誤差，即使只有些微差距，他說：「你很難確定，因為你整個人陷在裡面。」史考特解釋，年輕員工提出難以回答的問題時，他說：「我的防衛心變得很重，會說：『你不知道你在說什麼。』重點在於，發現何時必須敞開心胸接納屬下反抗的行為，防備心太重就是明確的信號，這頓時點醒了我。」

如果借用莎士比亞的說法，對於史考特而言，那是「這個女人有點此地無銀三百兩」（lady doth protest too much）的時刻，年輕員工質疑 Meetup 的原始概念，他的反應是過度抗拒，那正是他需要的當頭棒喝。身為 Meetup 的投資人，我感到相當振奮，因為史考特很有自知之明，也願意重新構思公司的核心概念，而不是繞著局部最大值做微幅的修正。

雖然 Meetup 的長遠目標沒有變，也就是把擁有共同興趣的人聚集在一起，並建立網路下的社群，但他們的產品如今已變得很不一樣，原本僅限於網站的平台轉移到行動裝置上、品牌更新、入門流程進一步簡化，預設的體驗不同，活動也比以往多元。史考特認為，重塑的動力是年輕員工的想法和需求。

比如，只要有新員工加入，他就會召集數百人的團隊，當著眾人的面詢問他們：「我們做的事在你們心目中為什麼重要？」史考特回憶，有次，一個人站起來對著全公司的員工說：「我是 iOS 工程師，上星期開始上班。加入 Meetup 是因為我是跨性別者，參加過一次 Meetup 聚會，那次經驗對我來說意義重大，因為我了解社群的支持真的是很大的力量。」史考特說：「無論什麼故事，這些新員工都說出自己對公司願景的詮釋，這讓所有員工再度思考，我們做的事為什麼重要……你可以拚命宣導或計劃，但只有員工把使命內化成自己的想法，公司才可能改變。」

在這個過程中，史考特扮演的角色是接受現實，也就是公司必須歷經大幅度的轉變才能實現願景、超越臉書這類後起之秀，他表示：「如果沒有以新的模式追求相同的目標，就一定會出問題。不過我們沒有到處問別人：『我們該變成怎樣？我們該變成什麼樣？』那是一門藝術，要自然而然地讓 Meetup 變得更好，為了我們，也為了客戶。」他們積極招募新血，並讓新人能以自己的方式詮釋公司的使命，Meetup 終於脫離漸進主義，並產生大幅度轉變。二〇一八年，Meetup 最終被聯合辦公空間服務商 WeWork 併購，很大一部分可歸功於公司再次成長，成為數百萬名用戶生活的一部分。

由於習以為常，我們很少質疑既定假設，新點子則是太快遭到排除，因為那不符合慣例，令人感到陌生。吸引並培養新人才是打破既定模式的好方法，倘若領導同時包含新舊人才的團隊，你必須在漸進式的改變與質疑一切之間找到平衡，另外也要了解「局部最大值」的傾向，如果發現自己防備心太重，就要挑戰自己接納破壞的力量，堅決否認是提醒你的有力訊號。

鼓勵內部創新

管理公司日常營運、面對繁冗瑣事時，我們往往向外尋求改善產品的創新方法，像是參加年會、聘請顧問，希望能透過這些方式重新構思，找出截然不同的做事方法。雖然這些作法都有助於激發新點子（以及吸引新成員），但仰賴外部力量保持創新不但冒險，通常也所費不貲。許多時候，最好的創新資源就坐在你面前。

關於這一點，我最喜歡的其中一個例子來自先前介紹過的連鎖沙拉店甜綠。第一次走進甜綠的門市，馬上就能感受到他們對設計的重視以及對新科技的接納，這和其他快餐連鎖店很不一樣。不久後，我和團隊見面並加入他們的董事會，提供技術、設計和行銷方面的建議，也開始對喬納森、尼克和內特能在多數人認為停滯的領域裡不斷創新深感佩服。

和三位共同創辦人坐下來聊天，馬上就會知道，他們無論做什麼決定都圍繞甜綠的理念，像是討論線上訂購系統，選擇什麼生菜，如何減少排隊時間，談話都會回歸到核心原則：為顧客提供優質的餐點和體驗，採用本地食材，並向顧客和員工提倡健康的生活方式。如果你做的每個決定都緊扣使命，公司其他人就會效法，員工不僅更忠誠、投注更多心力，也會積極參與產品發展。

其中一名執行長內特對我說：「有時候，最具創意的好點子就在我們眼前，你今天在菜單上看到的創意餐點，很多都是團隊成員或員工在廚房替自己或同事做菜時的構想，其中一個例子是『暖沙拉』這道餐點，那是有一年冬天，團隊成員自己製做的燉菜，我們原本就供應野藜佐鷹嘴豆與扁豆湯，員工自己在上面加了雞肉和起司。這道品項就是出自內部的創意，類似例子還有很多，除了在廚房，也包括在公司的其他環節上。創新其實不斷發生，你只需要有敏銳的眼力將它們辨認出來。」

能夠辨識創新的點子固然重要，但如何讓員工先分享他們的想法？以及如何確保主管能夠辨識並支持可能引發重大影響的微調或是內部創意？內特說：「我認為那源自於我們的核心價值，其中之一就是透過不斷演變來產生影響力。我們一直從演變的角度來討論創新，創新不一定是閃閃發亮的新事物，可能是很小的調整，感覺雖然微小，卻能引發重大的變革。」領導人的任務是再三重申公司的使命，以及實現使命必須採取的步驟。

可惜多數公司的員工目標沒那麼一致，也缺乏架構去辨識並鼓勵內部創新，員工發現必須改變的事物，或偶然中構思出好點子時，卻缺乏一套價值觀或支援系統讓他們提交與呈現，使其有辦法讓能將之付諸行動的人看到。產品和團隊因此停滯不前，必須向外尋求創新。

如果沒有讓團隊了解使命，獲得他們的認同，團隊成員就無法協助產品演化；只要以彈性、關心和內部的慶祝悉心滋養，突破的點子就能在內部萌芽並付諸行動。如果不支持內部創新，團隊會對他們打造的產品漠不關心，產品也因此無法演進。

綁住顧客的心

同理心和謙虛比熱情重要

二〇一一年，克萊門．費迪從法國搬到紐約，加入Behance團隊，他年輕、有企圖心，我很快就發現，他將成為一名最頂尖的產品設計師，因此，當克萊門在二〇一五年二月走進我的辦公室，告訴我他打算成立自己的公司時，我當下覺得有點難過。我非常尊重克萊門，也替他感到開心，但卻不希望失去他。

我問克萊門的第一個問題當然是：「你要成立怎樣的公司？」他解釋說，他一直對新聞抱有熱情，也希望連結興趣相投的人，他說他就讀設計學院時就規劃出類似拼趣的概念，那也是我早在這類網站流行前就投資的公司。長久以來，克萊門都對組織群眾與分享新聞和資源的方法感興趣，因此決定離開有保障的工作（以及喜愛他的團隊！），去追求他的夢想。

我最初的反應是：「天啊，又是新聞類的網站。」我兩度投資與新聞相關的新創公司，創業者都是我很佩服的人，且兩間公司都著重於設計，到最後都以失敗告終。更何況，拼趣與其他許多模仿的公司已經如此受歡迎，另外，我也質疑新聞業的商業模式，加上臉書的規模如此強大，我不認為消費者需要更多第三方新聞平台。但決心和夢想能夠創造奇蹟，克萊門（以及我投資失敗的兩間新創公司創辦人）對新聞領域充滿熱情，也提出很好的理論，決心改善用戶發掘並參與感興趣主題的方式，但這樣的熱情也可能讓他們看不清這個領域的潛在機制，導致他們無法對客戶需求進行真實的評估。

不幸的是，對點子的熱情不一定代表需求。克萊門花了一年精心構思，成立了Topick，最後成長還是不如預期，他決定收手。「我們從頭到尾搞錯的就是我們打算解決的問題。」一天晚上，我和克萊門在紐約一起喝酒聊天，他向我解釋道：「我們知道自己想做什麼，也就是按照興趣整理新聞、消除雜音，卻沒有求證，一般人是否認為這是很大的問題。我們把太多心力放在自己身上，太關注自己的興趣和直覺，沒有測試廣大的市場。儘管許多人和我們抱持相同的想法，但我們的興趣不能代表所有人。」克萊門相信，如果當初花幾星期專心研究顧客的需求和問題，他就不會創辦那間公司。

克萊門的經歷讓我聯想到許多其他的創業者，他們最初的動機都是針對某個主題，而非某個問題。我成立Behance也沒什麼兩樣，一開始是想替創意人士打造線上社群，讓數百萬人展示他們的創意作品，但很快地我發現，那些客戶都有相同的挫折，他們沒興趣加入另一個社群，而希望自己的作品受到認可並提升創作潛力。他們想要實用的工具，除了協助他們管理線上作品集，也讓更多地方、更多人看到他們的才華。在更了解問題後，我便針對問題調整計畫。

光憑熱情啟動的計畫，很可能在做決定時沒有考量到一開始打算服務的對象。你必須先理解客戶為什麼苦惱，這種同理的能力比對解決方案的熱情還重要。

近年來，很受歡迎的相機兼訊息應用程式Snapchat就是因此而崛起。很多新創公司都在做類似的事，也就是協助用戶分享照片、希望與臉書競爭，但是Snapchat的創辦人伊凡．史匹格（Evan Spiegel）發現了青少年特有的不安全感和偏好，那些人也是他們的第一批用戶。Snapchat在二〇一一年成立，當時青少年對於在網路上留下父母或師長可能看到的資訊格外敏感，訊息很快消失的概念能減輕這群用戶的焦慮。此外他們也理解，許多青少年是用家人傳下來的智慧手機，儲存空間有限、螢幕也可能破裂，所以設計了非常簡單的使用者界面，也不用依賴手機儲存影像。

所以在愛上你的解決方案前，要先設身處地體會客戶的感受，同樣地，在把點子轉變為事業前，應該先了解周圍的市場動態，例如每年都有幾間公司推出 iPhone 應用程式和配件，很快就被複製，或在蘋果推出新一代 iPhone 之後就毫無用處，像是蘋果把手電筒功能納入操作系統前的手電筒應用程式，以及蘋果鉛筆（Apple Pencil）推出前，各式各樣的 iPad 觸控筆，以及在性能優異的 AirPods 問市前的無線耳機，諸如此類，不勝枚舉。

雖然這些製作 iPhone 應用程式和配件的公司對客戶需求很敏感，面對市場時卻不夠謙虛，沒有發現其他公司有更好的立足點，很可能取而代之並滿足顧客需求。

執行點子或解決方案時，要先從以下三個角度來過濾：

1 設身處地體會客戶的需求和挫折

你必須了解使用者的煩惱。對於可能因為你的點子而受惠的客戶，你是否能理解他們的感受？他們為何感到苦惱？源頭為何？你很可能也是自己產品的用戶，因此要特別留心令你苦惱的環節。喜劇演員傑瑞・賽恩菲爾德（Jerry Seinfeld）接受《哈佛商業評論》採訪時，針對他最好的點子從何而來，回答說：「了解自己不喜歡什麼真的很重要，創新有很大一部分是：『你知道我真的受不了什麼嗎？』……『我真的受不了什麼』就是創新的起點。」讓你倍感挫折的事物可能讓很多人都感到挫折。

2 面對市場要謙虛

要謙虛檢視市場動態。有沒有其他公司的立足點比你們好得多，能為客戶提供更好的服務？有的話，他們為什麼還沒做到？市場上的哪些變化可能立即影響公司前景？

3 對解決方案的熱情

最後一層的過濾，是你對解決方案是否抱持熱忱。我記得以前曾經出現好幾間提供線上洗衣服務的新創公司，但是創辦人在公司成立幾年後，發現自己對洗衣服務並非真的那麼在乎。只因為發現市場需求，不代表你就是適合解決的人。如果不願意日復一日、年復一年地解決這個問題，就可能中途失敗或退出。

在把點子轉變為事業前，你必須設身處地為客戶著想，並謙虛地分析市場，不要讓熱情拉著你，把你帶離顧客太遠。同理心和謙虛是很好的過濾器，失去同理心，你就注定失敗。

在適當的時點吸引適當的顧客

「不要一下子就吸引所有顧客」的說法似乎違背邏輯，但第一批加入的客戶最好不要太多，你才能直接與他們溝通，並盡可能提供面對面服務。產品剛推出時，你必須排解問題、慢慢擴張。

我時常和處於不同創業階段的團隊辯論何謂「理想客戶」，理想客戶不只一種，各個階段的顧客會影響產品發展及團隊做事的優先順序。公司有生命週期，理想客戶的定義取決於公司和產品處於什麼階段。

願意嘗試↓能夠包容↓引發瘋傳↓具有價值↓帶來利潤

產品推出後，你要在不同階段爭取不同類型的用戶。一開始，你需要的客戶比較像是測試人員，他們**願意嘗試**，可能因為那只是最小可行產品而用得礙手礙腳；接下來，你需要的客戶也許不願測試，但他們**能夠包容**新產品難免出現的問題和落差；一旦產品準備好迎接黃金階段，最有價值的就是可能會和身邊所有人分享使用經驗、**引發瘋傳**的客戶；公司業務逐漸發展，你必須針對**有價值**，最終能**帶來利潤**的客戶優化產品。

接下來，我會進一步討論這些客戶群。

1

願意嘗試的客戶——最能再三試用產品

一開始，你不是還在進行產品測試，就是悄悄推出產品，此時的挑戰是找到喜歡嚐鮮、願花心思使用你剛上市（或準備上市）產品的用戶。在這個階段，最有幫助的用戶能夠預期產品有待加強並願意提供建議，且隨著產品演化，他們仍會持續試用。我記得 Behance 創業初期，幾名用戶會回覆我們的每一封電子郵件，且在實際建構出來之前就了解我們想做什麼；我也記得，潛望鏡在早期 β 測試階段，有一小群積極參與的客戶，只要其中一名用戶進行直播，這些人都會加入。這些願意嘗試、通常很有遠見的人，是你希望一開始吸引的顧客。人數最好不要太多，因為你要認識他們，這些早期客戶了解你在做什麼，也願意參與其中。

2

能夠包容的客戶——最能包容最小可行產品

產品上市後，你必須開始行銷，不過產品必然包含尚待改進之處，此時的理想客戶也許不那麼有遠見或願意再

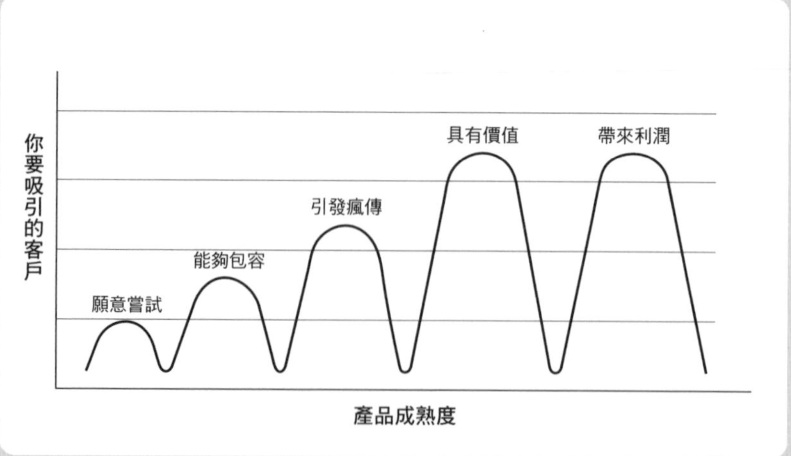

三嘗試，但是他們很寬容。這些人具備一定程度的科技知識，能夠忍受錯誤和意外，最重要的是，他們珍惜功能有待加強的好產品，勝過功能完備卻不怎麼樣的東西，這些用戶願意在一段期間內容忍功能不足，不會追求完美。若想吸引有包容心的客戶，你必須讓他們看到公司的方向，有些新創公司會提供「公開的路線圖」，或經常更新部落格，分享他們學到的教訓或是目前的進展。確保客戶對產品抱持寬容的一個方法是讓他們知道，你了解產品什麼地方有缺失，且正在努力改進。

3

引發瘋傳的客戶——讓產品爆紅

一旦擁有與市場完美契合的產品，也找到一群固定的人願意花錢購買或使用時，就要盡可能讓更多人認識你的產品。在這個階段，最有幫助的使用者是喜歡分享經驗、同時具有影響力的客戶。這些人往往沒那麼具有包容心，因為他們愛惜自己的名聲。根據我的經驗，持續、自然的「瘋傳」只有在產品已經相當精良，足以得到這些忙碌顧客的信任和喜愛時才會發生，所以我鼓勵團隊，只有覺得產品夠好之後才去吸引這類顧客，因為這些人可能不會給你第二次機會。

4

具有價值的客戶——「終身價值」最高

產品漸漸成熟，超越產品與市場相契合的階段並成為能夠持續發展的業務時，你就必須在能夠應付的範圍內吸引更多客戶。公司規模擴張、重心轉移到利潤後，最有幫助的用戶是願意對產品花更多錢和時間的忠實顧客。你可以客戶的「終身價值」來排序，讓業務和客服部門知道如何分配資源。此時的目標是推動「終身價值」，而最好的客戶就是「終身價值」最高的客戶，你必須添加新功能（同時刪減舊功能），並考慮提供更好的服務，以持續增加客戶價值。很多公司常犯的錯是為了配合特定顧客而犧牲新客戶，你必須持續滿足忠實客戶，又不會疏遠還不是那麼有價值的用戶。

5 能夠帶來利潤的客戶——隨著時間過去，有助於提升利潤

最後，對於成熟的企業來說，讓公司前進的動力是提高營利能力，此時你希望擁有能以最少資源吸引並留下的用戶。消費力最強、需求最少的客戶能夠提升利潤，而早期需要投注較多成本悉心呵護的顧客就沒那麼有吸引力了。在這個階段，公司多半會專注於從既有客戶身上獲取價值，而非吸引新客戶，這就替新創公司開了一扇門，讓他們獲得可能受大公司忽視的「較低利潤」顧客。短期內，這也許是明智的作法，從長遠來看卻可能造成反效果，因為利潤較低的用戶隨時可能湧向另一名閃閃發亮的新對手。

置身旅程不同階段，都要仔細思考，你希望怎樣的人使用產品或服務。對此，我在Adobe的同事也是好友泰勒．巴拉達（Taylor Barada）說得最好：「產品與市場契合只是旅程，並非終點。」客戶和產品都會改變，你必須不斷考量，應該把重心放在哪一種類型的用戶身上。

保持耐心、掌握節奏是創立公司的關鍵。你希望儘快打造出產品，但又必須詮釋數據，設身處地為你希望解決問題的顧客著想；你想在最短的時間內推出產品，但必須先確保產品值得投注宣傳和行銷費用；你希望吸引所有可能的用戶，但要先確定自己留得住他們。

創造產品前先想好背後的故事

每件作品都需要描述，也就是用故事說明創作背景以及它為何重要。你的靈感從何而來？產品為何有必要存在？如何和消費者連結？未來為何因此變得更美好？

創業初期，這種故事能讓團隊成員和投資人理解你在做什麼，團隊也更能承擔風險。問題在於，太多創辦人都是到了準備對外宣布或產品即將上市時，才去思考如何敘述，他們將之視為行銷手段，認為在創業初期就以產品為中心構思故事言之過早、浪費時間。大公司也好不到哪裡去，經常把這項任務指派給行銷部門或外包。敘述不是描述產品的內容或功能，而是產品出現的原由，以及為何必須存在的故事。

我們對Behance的描述是世界各地創意專業人士遇到的困境，太多人懷才不遇，設計師、插畫家以及無數創意人士沒有得到應有的認可。網路上的「比稿競賽」導致設計師拿不到錢，有時科技對他們的職涯沒有幫助，反而造成傷害。所以我們要運用科技，賦予創意人力量，讓他們能夠上傳作品，得到更多的曝光機會和認可，從而帶來更多工作。我們稱之為「創意菁英制度」，也就是創意人因為工作品質而獲得機會，不是他們的公司、學歷或剛好認識什麼人。

Behance之所以成立，基本上是出自對創意產業的不滿，以及為了幫助我們辛苦謀生的朋友。這段敘述成為我們的指南針，讓我們更清楚地知道，必須研發哪些功能（提升生產力和署名權的功能），以及不考慮哪些（提升創造力或是使作者標示不清的功能）。產品和行銷的所有決策都必須符合我們的敘述。

創業初期、甚至在產品開始打造前就訂出品牌形象，有助於發展以核心價值為基礎的有力敘述，公司彷彿有了自己的聲音，制定可能影響客戶體驗的決策時，你會發現品牌在跟你說話；Behance 成立初期，我們總覺得品牌會替我們回答問題。頭幾個月，我和另一名創辦人麥提亞斯都專注於建立 Behance 的品牌形象，那時我們連產品都還沒開始開發。

這樣的敘述可以讓團隊、客戶和可能的合作夥伴融入你的願景。許多創業者都是尚未定義出產品，就已經想好品牌的形象或標誌，其中一個很好的例子是 Uber 的共同創辦人蓋瑞特・坎普，他成立過新創設計工作室 Expa，也曾是 StumbleUpon 的創辦人兼執行長。雖然多數人創業時，都是先打造出產品，等到產品準備上市前才去思考與品牌有關的事，但蓋瑞特都是先決定品牌和網域名稱，再考慮產品。

就像蓋瑞特所解釋的：「很多人重視『產品與市場契合』（產品能夠符合用戶需求，且可以自行成長），以及『創辦人與產品契合』（合適的創辦人領導特定產品），卻低估『品牌與產品契合』的重要性，如果名字取對了，很可能成為產品的代名詞，也容易散播。」蓋瑞特的第一家公司 StumbleUpon 有四個音節，用戶經常拼錯，他因此學到教訓，發現只要先花點時間思考概念和品牌名稱，宣傳產品就比較容易。從那時起，他共同創辦的公司，例如：Uber、Spot 和 Mix，都是出自簡單的概念，讓消費者容易發掘和使用，也都有直截了當、令人難忘的名稱，很容易連結到新的意義。

蓋瑞特在開發新產品前、甚至在雇用團隊之前就先構思好背後的故事，包括整體概念和品牌名稱。在概念方面，蓋瑞特會去找只有部分人能享受的小事，例如：雇用私人司機或到一流餐廳用餐，然後想像所有人都可以發掘並擁有類似體驗會是怎樣一番模樣，例如 Uber 就是讓所有人都可以雇用（或擔任）私人司機，這在產品尚未成形前就成為核心概念。據說，科幻小說作家威廉．吉布森（William Gibson）說過：「未來已經到來，只是分配地很不均勻。」我認為這句話可以描述蓋瑞特發想的模式，也就是尋找那種豐富一小群人生活的事物，想像如何讓一般人取得它們。找到感興趣的概念後，蓋瑞特就開始構思品牌和故事。

「如果希望很多人認識你的品牌，就要找出容易識別、討論、分享、平易近人的名稱，」蓋瑞特解釋：「雖然剛開始還沒那麼重要，但後來再改名就很困難了，先找出契合產品的品牌名稱，你也會因而有信心，相信只要產品做對了就能成功，而不是思索好產品為什麼那麼難散播。」蓋瑞特也指出，品牌名稱也十分有助於招募團隊：「如果你到一間公司擔任業務主管，你比較希望電子郵件是 scott@spot.com，還是 scott@discoveraspot.com？品牌有助於團隊找到自己的身分，可是很多人都不夠重視。」

撇開實際功能不談，我們為什麼購買或使用某項產品？產品的精神、存在的原因、由誰製作與品牌名稱，都會增加產品的價值。了解你的故事不僅改變你打造的產品，也會影響行銷方式，蘋果著名的「加州蘋果公司設計」（Designed by Apple in California）就是很好的例子，簡簡單單幾個字，就把對品牌的描述帶入產品，也就是重視設計，並以身處加州這個創新中心為榮。

所以展開下一個計畫前，可以先構思故事並建立品牌，如果旅程已經走到一半，也可以花時間思考。這麼做能幫助你找到答案並做出更好的決策。故事要以生活為背景，像是產品如何賦予我們力量？它能否幫助我們節省時間，或忘記時間的流逝？你如何納入人類天性，例如希望在別人心目中留下好印象，或是做出比較好（或比較少）的決定？最重要的是，到最後你的創作有哪部分可能變成我們習以為常的事物？最厲害的發明就是這種融入生活的事物。假使希望產品經得起時間考驗、成為顧客生活中重要的一部分，就一定要讓他們理解產品背後的故事。

你只是社群（線上或離線）的管家不是社群擁有人

網路發明最大的意義之一，就是能夠連結社群、集結眾人力量，只要用手指一點，就能召集大批人士參與，無論是 eBay 創造的新型態經濟、臉書提供的社交網絡，或是 LinkedIn 建立的職涯平台，許多公司都是靠建立人際網絡來賺錢。當然，這些網絡必須仰賴用戶參與。如果 LinkedIn 所有會員或 eBay 所有用戶都刪除個人帳號，這些公司就無法運作。

Behance 的規模雖然不及這些網路巨擘，卻沒有太大差異。我總是提醒團隊，Behance 的命運和營運到頭來掌握在用戶手中，平台裡的數百萬件作品不屬於我們，我們的責任是維護和滋養網絡，而非擁有。

無論打造或提供什麼類型的社群或網絡，你都只負責管事。隨著權力下放的程度越高，無論是透過線上網絡、區塊鏈或其他連接人與人的方式，我們都必須改變對於建立和領導社群的想像。

你必須服務而非領導網絡

如果公司的未來必須依賴建立社群網絡，我們就得重新思考領導人的角色。例如決策重點不再是實現團隊目標，而是如何滿足網絡用戶的需求。無論這些用戶是想找朋友、取得推薦的服務或建立專業人脈，你的決策都必須能讓他們更容易達到目標，即使對你來說，這是很大的挑戰。

我喜歡把提供網絡的公司比喻為服務業。顧客到你的餐廳或旅館，只要感到些許不自在，或遇到不必要的麻煩，他們就會轉身離開，你無法阻止，而他們還有很多選擇。你無法對社群下指示，也不能讓自己的目標和流程凌駕他們的使用經驗之上。一個社群，尤其虛擬社群，會停留在他們覺得受尊重、需求獲得滿足的地方。你必須聆聽他們的心聲，致力於服務用戶，因為只有贏得他們的忠誠和信任，才能保有健全的網絡，所有參與其中的人包括你在內，也才能享受其中的價值。

網絡必須透明公平

企業能夠透明是好事，網絡卻一定得透明。每則評論或按下的讚都要看得到出自於何人，決定用戶看到什麼內容或誰的演算法，也不能隱晦不明。

很多人喜歡第一個以滑動方式配對約會的應用程式 Tinder，因為感覺很隨性，不像 eHarmony 或 Match.com，Tinder 不會建議你和什麼人配對，代表無論主觀條件、教育程度為何，以及是否幽默風趣，你都可以和所有人一樣評估相同的對象。

我們原本也這麼以為。

多數人不知道，只要使用過 Tinder 的用戶都會被納入內部分級，他們以受歡迎程度替使用者排名。根據奧斯汀・卡爾（Austin Carr）在《高速企業》（*Fast Company*）的報導，使用者的「迷人程度」是不為人知的祕密，不同於 Uber、Airbnb 或 TaskRabbit，Tinder 的用戶不知道到自己的「埃洛等級分」（Elo Score），也不清楚演算法是如何評分。

Tinder 前任執行長尚恩・瑞德（Sean Rad）向卡爾證實評級系統的存在，也破例讓卡爾看到他的「埃洛等級分」，雖然瑞德不願透露演算法的細節，但他表示，這並非只取決於使用者的照片，「也不只去算有多少人滑你，」瑞德告訴卡爾：「整個演算法本身相當複雜，我們花了兩個半月才研發出來，因為要把很多因素考量進去。」

Tinder 共同創辦人，目前擔任首席策略長的強納森・貝登（Jonathan Badeen）甚至以線上遊戲「魔獸世界」（World of Warcraft）比擬這種演算法，他告訴卡爾：「很久以前我玩過，每次你和積分高的人對戰，最後的得分會比打積分低的人多。基本上是根據和他們互動的人，在短時間內準確替用戶配對和評分。」

雖然卡爾說，他「在得知自己的埃洛等級分後相當後悔」，但他無法抗拒誘惑：「團隊在一旁鼓譟著，有那麼一瞬間，我以為自己可能僥倖地在 Tinder 用戶中名列前茅。」他諷刺地寫道。他的得分是九四六，一名 Tinder 的數據工程師向他解釋，那算「中上」。卡爾寫道：「這個數字很模糊，但我知道自己聽到後並不開心，『中上』對於提升自尊心沒什麼幫助。」

雖然知道自己的埃洛等級分也許不是開心的事，但是我們應該去思考，對於 Tinder 這個數百萬名用戶用來尋找一夜情、愛情，或介於兩者之間各種感情的應用程式，你是否樂於知道，它是根據你永遠無法理解的評分方法，幫你過濾可能的配對人選。

假使網絡的內部運作不透明，用戶參與時就會比較謹慎節制，網絡的潛力也因此受限。雖然你不該提供太多訊息，導致使用者困惑、混淆，但一定程度的透明可以帶來信任感。測試的標準在於，如果用戶希望他們能否知道自己為何看到特定的內容，你必須提供透明的途徑讓使用者了解背後的原因，才能維持信任感。同樣地，如果出現衝突，例如兩名用戶之間出現爭議，解決衝突的過程也必須透明持平。倘若 Behance 的用戶因為智慧財產權或其他不當行為起了爭執，我們的社群管理團隊就會試著與雙方公開接觸，處理過程也保持透明，而不是去擔任隱形法官或陪審團。

網絡領導人是自然出現

你無法指定網絡由誰來領導，而是透過召集整合社群的影響力來決定，因此網絡管理人必須把握機會推動菁英管理的力量，才能提升網絡品質。商業管理大師吉姆．柯林斯（Jim Collins）曾說：「你無法真正管理一個網絡，但如果招待周到，你可以成為一名有用的管家。」假使進一步詮釋，我甚至認為我們不該領導網絡，只能透過對用戶的照顧而成為有效的管理人。你打造功能、堅持透明和公平，如此就能提升網絡的品質和潛能，用不著施加可能破壞信任的影響力。

網絡中自然出現的領導人願意花時間檢舉垃圾郵件、編輯條目（例如幾千名每天自願花時間修訂維基百科的使用者）、歡迎新用戶（例如 Reddit 頻道的活躍用戶，或是在 Amino 平台成立數千個興趣社群的使用者），並致力於改善群眾的使用體驗。這些領導人不是受誰指派，而是由於其他用戶的尊重和感激，進而獲得影響力。

如果你正在打造網絡，就要了解掌控權不在你手中、社群也不屬於你的事實。你只能盡可能地提供服務、提升透明度與菁英管理制度，然後以認真、光榮的管理人身分參與其中。

最好的方法是走上街去

在我商學院二年級尾聲，距離畢業只剩約一個月的時候，一位教授替我們歸納兩年所學，包括金融、市場行銷、營運、管理、道德等，但他指出了我們顯然缺少的一項關鍵訓練，那就是推銷。他解釋說，學校還搞不清楚怎麼教我們行銷，但那是很重要的環節。在商學院學生心中，「推銷」似乎伴隨著汙名，我們對「推銷員」的刻板印象都不太正面，像是得和客戶嗑牙拌嘴、關心銷售額度、必須自謀生計等。沒有人喜歡「被推銷」，所以很多人不希望別人稱他們為推銷員。

但是創造新事物的過程中，你就是得不停推銷。若想尋求反饋和指導，就必須把困境推銷給可能幫得上忙的對象；建立團隊時，你要推銷你的使命；想留住團隊時，要推銷進展；籌募資金時，必須向投資人推銷；即使面對已經喜愛產品的用戶或顧客，你還是得向他們推銷。

諷刺的是，時常遭到鄙視的推銷，雖是哈佛商學院沒教的學問，卻是最重要的能力。我們往往把經營想得太理智，忘記到頭來做生意就是人與人之間的關係。如果不知道如何分享和說服，你就不可能成功。

優秀的創造者必須是優秀的推銷員，但不僅限於傳統觀念的推銷。推銷究竟是什麼？如果不是站在市中心廣場向路人兜售產品，或拿著電話簿隨機撥電話給潛在客戶，那在現代商業中，推銷的定義究竟為何？

優秀的推銷員會主動接觸別人，而不是等著別人來找你，你必須走到外面，和眾人分享你的想法、討論你的進展，並鼓勵對方發問；你要去見各種領域的人，和所有願意傾聽的對象交談；你希望了解每個人的問題，包括客戶、員工、投資人、產業線記者，知道他們有什麼願望、困難和擔憂；你要盡可能地和所有人產生連結，最好的推銷具有發自內心的同理心與人際關係。

你也許很想坐在電腦螢幕後面發展業務，找出各種不用實際與人面對面的理由，如此一來你就不用擔心受傷，但沒有比走上街頭更好的方法。如果你和我一樣天生內向，那就必須挑戰自己離開舒適圈，與周圍的人接觸。他們都在做些什麼？有沒有什麼事讓他們半夜睡不著覺？你可以如何幫助他們？別小看任何人。傑出的銷售員和記者知道每個人都有故事，且每一個故事都有可以學習的地方。只要放膽嘗試，每次互動都可能帶來更多互動，即使你認為對方不值得你花時間在他們身上，也要努力找出值得學習的事物。也許是讓你的想法更堅定或激發靈感，他們的故事一定能帶給你驚喜。

找出合適的方法，逼迫自己與人面對面推銷；花時間坐在顧客身旁，才能深入了解他們的工作或生活，要求自己發問、和別人建立關係，設法找出值得學習的事物。透過這種方式，你就能夠感受到你所處產業的「精微實況」（granularity），挖掘出寶貴的資訊並贏得新客戶，同時又能建立關係。這樣一來，你才能打造出運作順暢、歷久不衰的產品。

最好的產品勝過最早推出的產品

率先推出產品、揭示解決既有問題的新方法的確令人感到亢奮，但從長遠來看，我們寧願首屈一指，也不要一馬當先。

我親身體驗到此事，是在與凱文・貝克普爾（Kayvon Beykpour）與他公司的共同創辦人喬・伯恩斯坦（Joe Bernstein）合作時，當時不只一個團隊在研發讓用戶上傳影片的直播視頻應用程式。凱文和喬的團隊精心設計出潛望鏡平台，讓用戶有「瞬間移動」的感覺，並能與直播主即時互動。從一開始，潛望鏡顯然就與眾不同，我們聽說其他公司正在開發直播應用程式，但潛望鏡的團隊在私下進行發表前的測試後，發現平台很受歡迎，一千名用戶當中，有超過一半的人每天都會使用。

不是只有團隊本身和顧問注意到潛望鏡的早期表現，我們也看到幾個熟悉的名字，例如：推特共同創辦人傑克・多爾西（Jack Dorsey）與當時的執行長迪克・科斯特洛（Dick Costello）都加入了 β 測試，而且都是活躍的用戶。過沒多久，推特就與潛望鏡團隊接觸，希望了解更多資訊，最後提議在產品公開發表前收購該公司。

凱文與喬除了必須決定是否把公司賣給推特外，還得面對另一個問題，也就是正在開發類似直播應用程式的競爭對手是否會早一步推出產品。所有創業者都希望成為同類產品中最早推出的人。大家都想一馬當先，但事情應當如此嗎？

我們知道產品運作順暢，也相信設計周詳的潛望鏡，一旦準備好之後，肯定能超越競爭對手，但我們很難想像被其他類似應用程式搶先一步，即使是品質沒那麼好的程式。我們究竟要首先推出產品，但可能因此而無法與推特整合，還是過陣子再推出更完善的應用程式？

凱文和喬最後決定把公司賣給推特，並在發布前，花了約一個月優化程式並與推特進行整合。潛望鏡推出前一個月左右，一款名為「Meerkat」的直播應用程式公開發表並獲得高度關注，因為那是第一個在市場上出現的同類產品，但它的功能很陽春，似乎是在倉促下完成。潛望鏡約在一個月後推出，用戶的參與度和留存率都到達完全不同的層次。與推特整合是很重要的因素，但潛望鏡精心設計的功能，才是讓他們脫穎而出的關鍵（Meerkat 約在一年後關閉，其團隊後來又推出頗受歡迎的群組視訊聊天程式 House Party。）

閃閃發亮的新產品可能是下一個潮流，卻不一定能引領潮流。比賽目標應該是成為第一支把事情做對的隊伍，而非最早衝過終點線的那一支。

我們可以在產品發表前，透過公開或邀請方式進行「非正式發表」。除非是蘋果這種一舉一動都備受矚目的大企業，一般公司若能得到用戶真實的反饋並花時間改進產品，收穫必然遠遠超過媒體的大肆報導。

「但是媒體報導呢？」新創團隊往往會擔心，「第一天發表就得到媒體關注不是很重要嗎？」新聞的重點在於報導的時機，而非何時發生。除非你是名人或知名創業家，否則在你開始說故事之前，都不會有人在乎你的產品。產品一推出就該獲得媒體關注是錯誤的觀念，如果產品品質優異，加上精心設計的介紹，絕對勝過媒體報導。

況且，調整的時間越充裕越好。產品剛推出時的狀態通常最糟，多數缺陷、錯誤或受到忽視的問題，往往到了真實世界就會迅速浮現。如果悄悄上市，你就能先行調整，等到運作順暢後再通知媒體，你們「推出」產品的消息，而非一開始就這麼做。

很多人在產品還不夠完備的時候就浪費大筆金錢推銷。創業初期，最好的故事是和創辦人有關，也要出自創辦人口中，而非收費高昂的公關公司。

我認識的記者多半寧願與滿懷熱情的創辦人交談，而非專門和記者打交道的公關。公關公司對於危機處理很有幫助，其他時間只會形成阻礙，尤其是對新創公司來說。等你準備好讓客戶審視產品，並講述產品的故事時，最好的媒導報導就會自然出現。

不要渴望率先推出產品，也別太在意一開始有沒有媒體報導。相較於推出之前，產品上市後的改善更是分秒必爭，不要當那隻一開始拚命快跑，耗盡所有力氣，到了中途就開始落後的「兔子」。很多人想第一個推出新產品，成為鎂光燈的焦點，但日子一久，打造出最好的產品必然勝過最早上市。

找出並優先執行最不費力且影響力最大的任務

我們都希望精益求精，讓產品的每個環節都變得更好，但是任何產品一定都有某些部分需要團隊花最多的精力在上頭。也許是某個功能對用戶體驗造成莫大影響；也許是某個潛在問題可能導致產品全面失敗。所以你必須要求團隊把重心放在對於生存和成功機率影響最大的任務上。

我們可以很多方法分析產品不同環節的機會成本。曾在 Threadless、Digg 和 Uber 等公司領導產品設計團隊的傑佛瑞・卡爾・米科夫（Jeffrey Kalmikoff）回顧他在二〇一〇年時，替提供地理位置定位的新創公司 SimpleGeo 進行產品開發時面臨的挑戰。當時市場發展快速，開發部門不堪負荷，傑佛瑞的團隊不可能完成所有功能與改善，其中有些可以帶來短期收益，其他則偏向策略性質；有些非常複雜，需要多名員工花上數星期研究，也有些可以在幾小時內完成的外觀修正。

傑佛瑞的挑戰是找出影響最大的任務，不過這種事說易行難，雖然全公司上下都希望改善產品，但每個人都有各自的偏好。業務經理主張，增添定價選項和行銷頁面；開發人員則希望重構（refactoring）程式碼；初期用戶又有完全不同的偏好，要求加入其他新功能。

為了決定把精力集中在何處，負責領導產品設計的傑佛瑞要求公司執行長和銷售人員檢視他們要求執行的所有計畫和功能，然後從收入和策略的角度排出優先順序。業務團隊檢視所有項目，若是對策略和收入可能產生重大影響的任務就給三分，其次是二分，無關緊要的就是一分；他們對於主要功能或設計上的修改多半只給一分，因為雖然對產品本身來說很重要，卻不一定與收入和整體策略相關。

接著，傑佛瑞把相同的清單拿給開發設計團隊檢視，同樣要求他們把清單中的所有項目從三排到一，這次是把一分分配給只要一小群人就可以很快完成的項目；需要多花幾天，但不用到幾週的項目則是二；必須花費大量時間和精力，也就是三週以上才能完成的項目就是三。

兩個欄位都填寫完成後，傑佛瑞找出得到三／一的項目，也就是從業務部門角度來看非常重要，設計團隊也容易完成的任務，這些項目就會優先執行，因為只要花最小的精力就能帶來最大的影響；得到一／三的任務通常放在最後面，因為那會耗費最多人力，收益卻最少；其他則落在中間。

我合作過的其他團隊則使用之前討論的「巨石和鵝卵石」類比來描述重要程度相當，但花費精力大不同的任務。如果只專注於「巨石」，也就是那些三／三，既重要又費力的任務，那麼你就永遠無法完成「鵝卵石」，也就是同樣重要，但容易完成的三／一任務。所以不能只根據重要程度或是耗費精力決定優先順序，而要同時考量兩個面向。若過度強調避免微小瑣事，只把時間花在能夠擴展的解決方案上，就無法以簡單合理的策略改進產品。

不同功能必須以不同方式衡量

雖然必須評估產品或服務的所有層面，但衡量方式則不盡相同，例如大部分功能可以依據使用率來衡量，若產品的一部分很少有人使用，那不是功能本身或行銷手法需要改進，就是必須完全移除；也有些使用率不高的功能，像是車輛的「拖曳功能」，本來就不是平時會用到的配備，只要在必要時發揮作用就好；另外，則有只為了吸引顧客購買產品而設計的功能，那就可以逐漸淘汰，像是火箭的助推器一樣。

如果只按照使用率來衡量所有功能，就可能忽略顧客與產品互動的細微差異。

產品開發通常受到使用者需求驅動，幾乎所有功能都是我所謂的「投入動力」，目的是激發顧客投注心力使用產品，這類功能可以透過使用頻率，或在必要時能否發揮作用來衡量（進而促使客戶繼續使用你的產品）。許多公司使用傳統行銷手法推廣「投入動力」，誤以為顧客是對最可能使用的功能感興趣，例如：以有趣的方式編輯照片，或是更好的溝通管道；相反地，最能激發興趣的特質往往是最新奇卻不一定實用的功能，我把這些功能稱為「興趣動力」，因為它們的目的不是為了鼓勵顧客持續使用產品，甚至積極投入，而是為了激發興趣。

我在創意應用程式推廣新功能時看過這種現象，用戶紛紛在網路上表示驚嘆，實際上卻很少使用；我也從消費者的角度親身體驗過這種動力，例如ＨＢＯ備受好評的電視影集《冰與火之歌：權力遊戲》（*Game of Thrones*）開播時，他們同時透過 iPad 應用程式ＨＢＯ ＧＯ推出和影集相關的附加體驗，包括詳盡的虛構地圖等，目的是鼓勵用戶透過應用程式觀賞影集，取代電視機或筆記型電腦，藉此和觀眾建立更直接的連結。這是很棒的「興趣動力」，但就我所知，很少人使用這些附加體驗，那是吸引觀眾使用應用程式的好方法，但我沒有看到太多人在社群媒體或應用程式的評論中提到自己使用過。這些互動功能不但有趣也極具創意，實際上卻很少人使用。這樣算失敗嗎？這就要取決於你衡量時是將其視為「參與動力」或「興趣動力」，用戶也許沒有持續使用這項功能，卻因此下載了ＨＢＯ ＧＯ應用程式。有趣的是，節目播出幾季之後，這些附加體驗的功能就消失了，不是因為使命已經達成，就是衡量的方式不恰當。

Adobe 推出 Photoshop、Illustrator 和 Lightroom 的新版本時，我親眼看到「興趣動力」有多重要，儘管多數客戶每天只使用產品一小部分的功能，但新鮮的事物總是引人矚目，例如可以改變特定建築物或場景觀看視角的「透視彎曲」。雖然根據數據，在推出某些引發大量討論的功能後，實際使用的人並不多，但卻有助於推動整體進展，並讓客戶對新版本產生興趣。真正鼓勵消費者使用新版本的「參與動力」是讓用戶每天使用起來速度更快、更簡單的因素，那就可以藉由傳統的衡量方式來評估，但漸進式的改善沒那麼有趣，也無法登上頭條新聞，你必須激發潛在客戶的興趣，所以推出新功能時，要讓「興趣動力」和「參與動力」相輔相成。

評估產品時，要先分辨不同功能的功效，再以此進行衡量。假使發現引發興趣的功能使用率不如預期，你可能很想將之刪除，就像ＨＢＯ ＧＯ《冰與火之歌：權力遊戲》的附加體驗，或是 Photoshop 很酷的工具，但決定其命運前，請務必確定它的用途，你的目的是加強參與度、安撫一小部分重要用戶，還是吸引新客戶？目的不同，衡量方式也不一樣。

神祕感是吸引顧客投入的魔法

新創團隊行銷時，經常不知如何拿捏公開透明與保留一定程度的神祕感。簡單明確固然重要，但是吸引消費者投入的神祕感也不可或缺。

吸引顧客最有效的方法之一是激發他們的好奇心。說來似乎有點矛盾，因為新創公司還沒有市場需求，所以按常理來說，你應該盡可能讓消費者知道你的故事、向潛在客戶展示產品，如果還沒有太多消息可以分享，有什麼就講什麼！但是這種符合邏輯的作法無法破除漠不關心，顧客若不感興趣，就不太可能發現你們的存在。

任何優秀的廣告人都會告訴你，描述產品或服務時，你不該毫無保留、全盤揭露，而是要簡短有力，更重要的是，利用人類渴望學習、了解未知或有限資訊的天性。

愛因斯坦曾說：「我沒有特殊才能，有的只是強烈的好奇心。」演化心理學家可能不太喜歡聽到這句話。為什麼？因為科學家仍然不知道，人類為何如此好奇。

從演化的角度來看，好奇是很矛盾的心態，與傳統的決策理論背道而馳，人類決定做一件事，應該是為了實現特定目標。此外，這種對訊息的好奇可能導致我們效率不彰，無論是瀏覽臉書、受 BuzzFeed 誘餌式標題吸引，或用棍子敲石頭、看看會發生什麼事的穴居人。如果演化的基礎是適者生存，那人類演化至今，為什麼還會浪費這麼多時間。

一九九〇年代中期，卡內基美隆大學（Carnegie Mellon University）的喬治·魯文斯坦（George Loewenstein）提出關於好奇心的心理學理論，他將之稱為「資訊缺口理論」。魯文斯坦認為，好奇心有兩個步驟：首先，某個情況讓我們發現自己遺漏了一塊資訊，並因此感到痛苦（例如 BuzzFeed 的標題），我們亟欲填補這個缺口以緩解痛苦（點擊標題）——媒體記者艾瑞克·賈菲（Eric Jaffe）在《高速企業》的 Co.Design 網站如此撰文解釋道。

魯文斯坦在《心理學公報》（*Psychological Bulletin*）期刊上寫道：「這種資訊缺口會產生剝奪感，我們稱之為好奇心，出現好奇心的人受到激發，想取得遺漏的資訊，以減少或消除這種剝奪感。」此外，許多心理學家認為，這種蒐集更多資訊的動力，有助於我們做出更好、更明智的決策，讓我們安全地成長茁壯。

根據魯文斯坦的理論，好奇心與飢餓、性慾這類原始慾望沒什麼兩樣。賈菲寫道：「一開始的症狀就像是飢餓或性慾，都令人極端不舒服；緩解的方式，例如進食或交媾，都能帶來深深的滿足感（好吧，有時候啦）。」這項理論也指出，人類發現自己不了解一些事情的時候，應該最為好奇（萬事通就沒那麼好奇）。魯文斯坦提出五種可能觸發資訊缺口的狀況，包括問題或謎語、懸而未決的事物、不符期望的資訊、想獲取別人知道的訊息，以及對於暫忘事物的提醒。成功的廣告或最多人點擊的標題，都是運用上述一部分或所有觸發因素。

最新的腦神經研究支持魯文斯坦的資訊缺口理論，行為經濟學教授柯林·康莫洛（Colin Camerer）在加州理工學院（Caltech）實驗室進行的一項實驗，讓「受試者邊接受大腦掃瞄，邊觀看機智問答、猜測答案，然後看著答案揭曉，」賈菲寫道：「研究小組（與魯文斯坦合作）發現，好奇心會啟動與獎勵相關的神經迴路（包括大腦的左尾狀核區域）。」

這個發現非常有趣，因為大腦的尾狀核正位於新知識和正面情緒的交匯點；過去就有研究證明，那部分的大腦是透過學習和尋求答案而被激發，也與多巴胺的獎勵途徑有密切關聯。喬納．萊勒（Jonah Lehrer）在《連線》（*Wired*）雜誌的文章引用加州理工學院發表的同一個研究，他表示：「我們從中得知，人類對於抽象資訊的渴望，也就是好奇心的起因始於對多巴胺的強烈渴求，與對性、藥物和搖滾樂的反應源於相同的原始途徑。」

艾瑞克．賈菲寫道：「加州理工學院的研究人員也發現了所謂『倒 U 字型』行為的證據。好奇心在愚昧無知和萬事通曉之間的某一點會出現高峰，也就是倒 U 字型的高點。」正如研究人員於二〇〇八年在《心理科學期刊》（*Psychological Science*）發表的論文所提到：「好奇心隨著（一定程度的）不確定而增加的事實，顯示出少量知識可以激發好奇心與對知識的渴望，就像嗅覺或視覺刺激引發對食物的渴望。」

最厲害的廣告人深知，如何觸發這種「倒 U 字型」行為，在觀眾的好奇心達到高點時揭露產品，以做為獎勵。還記得二〇一七年美式足球超級盃那支與移民有關的廣告嗎？那則廣告主要是描述一群木工在川普總統的邊界牆上做了一扇門，讓墨西哥的移民家庭通過。這支名為「旅程」（The Journey）的廣告在許多人心中是當年最棒的超級盃廣告，因為故事動人、引發爭議，也吊足觀眾的胃口，等到移民家庭成功跨越邊界後，我們才知道那是建材公司「84 Lumber」的廣告。

演化讓我們對學習心癢難耐，偏執地渴求知識的回報。

若出現挑動情緒的問題或令我們吃驚的影像，我們會停下手邊的工作，暫時拋開嘲諷和既定的想法，花時間理解我們看到的事物並填補缺口。我們因為驚奇而投入。

尚未解開的問題會引發好奇，即使我們一開始根本對答案不感興趣，只要面前出現一張簾子，你就很想知道簾子背後是什麼。所以推出新產品或服務時，不要解釋地過度明確，完全不留一絲疑問，提出尚未解答的問題也許更能吸引顧客。

電影預告片就能激發這種好奇心，讓觀眾窺見精彩的場景或人物，卻不提供完整背景，讓我們很想知道究竟發生了什麼事；伊隆．馬斯克（Elon Musk）的特斯拉（Tesla）電動車，則透過像是「荒誕速度」（ludicrous speed）這類功能來營造神祕感，他們毋須解釋如何啟動該項功能，更不用解釋那是什麼意思，顧客就會深受吸引。

最擅長營造神祕感的企業可能是蘋果公司，他們向來對新產品極度保密並精心策劃宣傳活動，每次都能吸引數百萬人收看產品發表會的影音直播，希望得知新一代 iPhone 的功能。我在 Adobe 領導行動產品時，曾和蘋果公司的行銷部門與 Keynote 團隊密切合作過，他們對於透露哪些訊息及何時透露的決策謹慎到令人吃驚的程度，即使產品發表後，揭露任何優勢或環節都必須經過深思熟慮，且非常節制。正如我的創業家朋友，也是蘋果早期產品設計師戴夫．莫林（Dave Morin）曾告訴我的：「神祕創造歷史。」保留一部分不讓人看到，人們就更渴望看到全貌。

模糊不清能激發的好奇心勝於任何產品說明或功能列表，我稱這種力量為吸引顧客的「魔力」。那是一種幻覺，令潛在用戶著迷，並破除他們的理性。

別想討好所有人

我向來不認為公司應該「追隨客戶」，彷彿品牌或服務必須根據客戶或他們不斷改變的偏好來調整，只因為一群用戶的需求出現變化，不代表你一定要隨之起舞。有些事情該調整，有些則不應該。

很多設計公司拚命追隨客戶的需求，不過這麼做的下場通常都不是很好。他們一開始很有原則，非常了解自己想吸引什麼類型的客戶並提供、不提供怎樣的服務，也打造出一流的團隊，令客戶相當滿意，但日子一久，忠實顧客開始要求他們提供更多服務，新客戶也尋求核心產品以外的業務。為提升價值並把握成長機會，他們開始擴展業務範圍，但服務項目越來越多之後，他們變得什麼都做、不再專精於特定領域；他們擴展品牌，吸引更廣泛的客戶群，漸漸失去昔日為人所知的優勢。最後，他們的品牌在提案時輸給其他專注於特定領域的公司，新客戶也因為他們服務範圍太廣而對他們不感興趣，如此持續循環。

一家與我緊密合作的設計工作室就不斷挑戰這種循環，那是全球最大的設計諮詢公司五角設計（Pentagram）。他們開業多年，曾替《紐約時報》和萬事達卡（Mastercard）設計品牌形象，希拉蕊．柯林頓（Hillary Clinton）二〇一六年的總統大選標誌也由他們設計。儘管有機會擴展服務範圍，他們卻一直沒這麼做，而是專注於設計具指標性的品牌及品牌背後的策略；他們不提供公司內部的社群媒體支援和意見領袖行銷（influencer management programs），也沒有為了擴展業務而收購規模較小的工作室。雖然很多公司為迎合大眾需求，擴展為一條龍式的服務，但五角設計始終堅持站在光譜的邊緣，也因為他們的專業而廣為人知。

我以創業合夥人形式合作的指標創投公司（Benchmark），也展現出類似的紀律。雖然多數創投公司將其業務擴展到包含：會議、招聘團隊、行銷、公共關係與公司內部服務，但這間指標創投公司一直維持較小的規模，並專注於特定業務，到現在公司都沒有招募副理，並中止和大型基金與數名合夥人合作的實驗。合夥人和尋求投資的創業者會面時，都會刻意讓他們知道公司的服務項目有限，代表指標創投真正關注的是投資夥伴與創業者的關係，對方也會希望由創投公司的合夥人提供服務，而非其他資淺的員工。由於競爭激烈，多數創投公司都不斷增加服務內容，而指標重點式的創投服務，讓我們能夠脫穎而出。

當然，所有行業都會轉變，領導人必須思考專精特定領域是否依然具有優勢，例如許多頂尖的電腦硬體企業必須轉型為軟體公司，也有些行業是因為出現獨樹一幟的競爭者而引發轉變，例如結合電腦軟體，與其他傳統揚聲器製造商競爭的音響公司 Sonos。要是競爭的場域出現變化，你的區隔因素不再是優勢時，這時就必須採取大膽的行動。選擇不變也許能讓你與眾不同，也可能導致失敗，所以要持續評估，但不要只為了維持競爭力而改變原則，這反而破壞特有的競爭力。

最好的品牌是站在光譜的邊緣發展，不會想服務所有客戶。討好所有人只會讓你變軟弱；為了吸引更多客戶而放棄原本獨具的優勢，你就永遠無法領先群雄。所以在管理品牌並思考公司發展時，請堅持讓你與眾不同的事物，不要為了取悅市場而妥協，因為一旦這麼做了，你的市場可能很快就會消失。

自我優化

我們在前面討論如何持續優化團隊和產品，不過還沒提到與之同步發展的旅程和機會，也就是如何優化你的決策、計畫和直覺。正如團隊的架構、系統和產品必須不斷改進，你的領導力和制定困難決策的能力也一樣。接下來的章節會幫助你優化個人已經做得很好的地方，以實現更高遠的目標。

規劃與決策

制定計畫，但不要固守計畫

「每次我都發現，為了戰事做準備，到頭來計畫都派不上用場，但計劃的過程卻必不可少。」

這是艾森豪將軍（Dwight D. Eisenhower）的名言，直到今天這句話都適用於各種冒險。為了制定計畫，我們會暫時放下每一天的作戰行動，評估自己的位置和目標，即使計畫內容與最後發生的狀況完全不同，但光是計畫的過程，就能提升我們的判斷力。

很多人回溯自己的創業旅程時，會下意識地改寫原本的計畫，我也不例外。二〇一二年年底，Adobe 收購 Behance 後的某一天，最早加入團隊的工程師戴夫．史坦（Dave Stein）找到了一張照片，那是二〇〇七年時 Behance 的策略目標，這張五年前制定的單頁文件列出我們計劃完成的所有目標及實現目標的時間（驚）。他笑嘻嘻地拿著照片走進我的辦公室，因為實在差很多，雖然我們「組織創意世界，讓專業創意人士有能力引領自己的職涯發展」的使命沒變，但實現方法、做事順序和制訂期限都很可笑。

我試著回想自己五年前在想什麼，當時我滿懷壯志、滿腔熱血，但是對於某些事也過度天真，像是我們會不會因為回饋而改變做事順序，我們的願景如何隨公司成長而縮小範圍，以及執行這些點子需要耗費多少精力。然而當時，那些計畫對我們來說很有幫助。除了有助於招募新人外，也讓我們為潛在的未來做好準備。只要遇到變化，我們就制定新計畫。做事的優先順序必然會改變，優秀的領導人要能夠隨之調整。

你必須有改變計畫的自信，願意改變代表你依然保有彈性、願意學習，我相信這就如同婚姻和其他關係，兩個人不是一起改變，就是漸行漸遠，不可能永遠維持過去可行的模式。

商業計畫是創業的必備環節，但我們必須把計畫視為思考的過程，而非當成地圖來看。適應力和直覺是勝出的關鍵，你透過計畫取得進展，卻是靠著偏離計畫而成功。

無法專注就無法成功地拓展

手上的任務圓滿達成，你開始有了名氣，更多機會隨之出現，此時你就必須做決策。成功的創業者和藝術家會吸引合作對象；聲望顯赫的領導人得到新職位或董事會的邀約；知名投資人獲得各式各樣投資和加入不同組織的機會；成名作家受邀發表演講並寫更多本書。無論答應與否，或決定如何篩選眾多選項，假使無法拒絕別人或做出決定，就難以擴展你的成就。

拒絕的藝術

我認識提姆．費里斯（Tim Ferris）很多年了，他除了寫出好幾本暢銷書、主持播客，也是新創公司的種子投資人，對於評估機會和做出對的選擇，他向來條理分明、嚴守紀律。我時常忙得焦頭爛額、分身乏術，提姆卻十分擅長說不。他寫書的時候，會把電子郵件設定為自動回覆，告訴對方他正在「修行」，不太可能回信。他可以果斷地拒絕收費演講，放棄大部分的介紹和詢問，且似乎一點也不掙扎。所以我請教他駕馭機會的祕訣。

提姆在寫作方面還沒那麼出名時，拒絕的機會沒那麼多，當時他用一個簡單的方法判斷是否接受邀約：

那是否為「前所未見」或最具衝擊力的「品類殺手」？他希望把時間保留給真正能重新定義某個領域的創作，而非和一堆人在同樣的空間裡競爭。

五年多之後，他的暢銷書《身體調校聖經》（*The Four Hour Body*）問市，提姆認為自己必須改善時間管理，他解釋：「也就是轉移到《呆伯特》（*Dilbert*）作者史考特・亞當斯（Scott Adams）提出的「系統化思考」，意思是根據你想發展的技能和人際關係來接案。」

提姆繼續解釋：「這點很重要，因為你從中獲得的技能和人際關係超越單一任務的成敗，這些資產如滾雪球般不斷累積，讓你又有更多機會運用這些技能和人脈。我就是這樣開始主持播客，也以同樣的方法決定投資哪些新創公司，到目前為止已經投資了七十幾家……我現在看待每件事，幾乎都是透過一個問題：『即使這個案子沒做成，我能不能從過程中得到對我有幫助的人脈和技能？』我就是以這個方法來決定是否要接受。」

我通常把焦點放在拒絕一件事的機會成本上，提姆卻有辦法拒絕任何無法替他帶來他希望的技能與人脈的事物。但若是熟人呢？拒絕陌生人很容易，但當認識的人越來越多，拒絕他們的邀約就更為困難。

「如果是很好的朋友，就應該不會太在意或覺得我是針對他，所以用不著解釋太多，」提姆說明：「假設他們提出邀約或要求，答應的話我就得犧牲太多，那我會說：『對不起，某某人，我很想做這件事但實在沒辦法，我會在旁邊替你加油，不過這次真的得婉謝了。希望我忙到一段落時，我們再一起做點什麼。』就是類似這樣的答案，用不著解釋太多，也可能是：『老兄，真希望我可以答應，不過現在真的沒辦法，事情太多了。改天再聊，希望你一切都好。提姆。』如果這樣還不夠，必須解釋一大堆、再三保證，然後他們還是不開心，導致關係出現嫌隙，那就算不上真正的朋友。」

「如果朋友要求我做某件事，我通常會問：『從零到十，你有多需要我？因為如果是十，你那麼需要我做我就答應你，但我現在真的很忙，所以你要讓我知道。如果這對你來說真的非常重要，我會盡全力幫忙，把其他事情排開，如果不是的話就下次再說。』真正的朋友，十個當中有九個會回你，那就下次再說。然後，當他們真的需要你幫忙時，你就一定會幫，這絕對是『種什麼因得什麼果』。」

我們應該效法提姆，在職業生涯初期大膽下幾次賭注，闖出一番天地、重新定義一個領域，但接下來就要挑戰自己，只接下能將我們的技能和人際網絡提升到另一境界的任務。出於本能，我們會希望保留更多後路，盡可能地說「好」，這種傾向也許在職業生涯初期對我們有所幫助，但到後來反而會造成傷害。

選擇的藝術

生產力和決策很大一部分取決於如何管理選項。世上數一數二的決策專家、美國心理學家貝瑞・史瓦茲（Barry Schwartz）在他二〇〇四年備受推崇的著作《只想買條牛仔褲：選擇的吊詭》（*The Paradox of Choice: Why More Is Less*）中詳細說明，考慮更多選擇，為何反而導致我們對最後的決定不滿意，而非認定自己做出正確的決定。他以買牛仔褲為例，現在走進店裡，都能看到林林總總的款式，黑色或淺色牛仔布、磨損效果或原色、高腰或低腰、緊身或寬鬆、靴型或窄版，而非單純地拿起三十二腰的褲子試穿，然後去結帳。我們反而因此對最終的選擇沒那麼滿意，總是會想，有沒有一件更合身、顏色更漂亮的褲子藏在貨架深處。

史瓦茲把人分成兩種，也就是之前提過的「完美追求者」和「滿意即可者」（經濟學家赫伯特．西蒙於一九五六年創造的詞彙），史瓦茲說：「完美追求者必須確保每次購買或決定都是最好的。從做決策的策略來看，完美追求者製造出令人怯步的任務，隨著選項增加，任務又變得更加困難。」一個完美追求者會花一整天遊走於不同商店之間，尋找最佳選擇和最好的價格，而滿意即可者「滿足於夠好，不擔心可能有更好的東西，」他說：「她找到符合標準的產品，然後就停手。」完美追求者可能覺得自己做出正確的決定，但滿意即可者往往更快地下決定，最後也對自己的選擇更滿意。

為避免選擇太多而導致癱瘓，我們應該快速做決定，而非深入調查所有選項、逐一權衡。心理學家捷爾德．蓋格瑞澤（Gerd Gigerenzer）在他提倡信任直覺的著作《半秒直覺》（*Gut Feelings*）的前言裡，駁斥一般視為常規的決策模式：「數十年來，與理性決策相關的書籍及管理顧問公司都鼓吹『三思而後行』和『行動之前先分析』，提醒我們小心謹慎、深思熟慮、仔細分析、調查所有替代方案、列出所有優缺點，並根據機率權衡損益，最好藉助最新的統計軟體。但這種方法沒有描述真實的人，包括這些書籍的作者，是如何思考和推理。」

做決定之前，不要衡量或尋找更多選項，有時候最好的選擇就是一開始感覺最合適的方案。不然你只是浪費時間和精力尋找更多也許稍微好些（甚至更差）的選項，導致你不停懷疑自己，反而無法建立信心。

每個人在工作上都會走到一個階段，缺乏機會和選項已不再是問題，而是得面對何時與如何說「不」的挑戰，以及需要衡量多少選項才能做出明智的決定。多數人不知道自己過去之所以成功，很可能是因為選擇較少，因此更能專注的結果。若想更上一層樓，你就得明智選擇或拒絕更多機會。

避免短視近利

所有計畫都會牽涉到談判，那是領導人必須掌握的重要技能，無論雇用員工或與客戶和供應商達成協議，協商過程都是在為彼此的關係定調。你當然希望交易對你有利，每個人都是，但你也要建立長遠來說，有所助益的關係，有時一開始吃虧真的是占便宜。

有些人採取強勢的態度談判，要求非份的利益或壓低自己的付出，他們的策略是刻意越過公平的界限，預期對方會把他們往後推。然而這麼做，等於是設下拉鋸戰的先例，雙方都不信任最初的報價和說法，這種談判模式可能讓你一開始獲得較多利益，但也替未來的合作關係設下敵對和不信任的基礎。

如果是買房子這種一次性的談判，也許可用這種強勢的「要求超過應得」的策略，但遇到攸關長遠關係的協商，就要奠定良好的基礎，尋求有利於雙方的結果。這樣的談判能夠帶來信任、尊重和忠誠，比用不正當手段榨取對方所能獲取的額外價值還珍貴。若要評估談判成效，可以問自己幾個問題：「談判過程增加或減少彼此的信任度和尊重感？」「談判是否讓你們的想法更加一致，或因此出現鴻溝？」「雙方是否都退讓一步，相信從長遠來看，這才是更好的作法？」如何衡量談判成效會影響你在過程中的決定。

對於商業談判，我向來力求公平。我的作法很簡單，也就是一開始先和對方聊天，讓他們知道我秉持的哲學是雙方都能從中獲益，因此希望達成對彼此來說最公平的交易結果。我會解釋，我不想看到任何一方覺得遺憾，希望和對方建立長遠關係，彼此都認為這是公平的交易，沒人占對方便宜。然後在準備提出的條件時，我會設身處地替對方著想，試著理解對他們來說何謂公平、應得的條件，然後也思考對我來說公平的條件，最後再告訴對方我的提議，並解釋思考過程。運用這個方法，你就能得到能和對方分享、以透明的分析過程支持的數據。

所以下次談判時，不要只想到數字。別忘了，談判的結束往往是一段關係的開始，很可能為你帶來更高的價值，遠遠超越發票上的數字。

不要低估時機的重要性

我們花很多心力關注趨勢、新科技、數據和人性，卻往往忘記時機的重要性，也許因為我們無法掌控時機，所以比較少談論，但時機的重要性不亞於其他影響工作成果的因素，因此值得我們花時間思考。

不同時機需要不同領導人

很多人招聘主管，往往把重點放在特定領導人是否能融入公司文化，而不去考慮時機的問題。不同階段的公司有不同的需求和機會，有時需要能夠推動產品創新的領導人，有時則要幫助公司循序漸進，有時公司也需要以財務為導向的執行長，能夠平衡利潤和支出、改變公司經營模式，有時則是有遠見、重視產品的執行長，能替產品創造故事、重新定位產品，公司也可能需要 Adobe 執行長山塔努·納拉延（Shantanu Narayen）所謂替產品「插旗的人」或是「築路者」。根據我的經驗，上述主管很少是同一個人，就和我們尋覓約會對象一樣，時機、能力和價值觀都很重要。

若想拔得頭籌，公司在不同階段就要有不同領導人（或不同的領導風格），做到這點並不容易，因為多數公司都緊握過去成功的劇本不放，但是劇本會過時，而且公司越成功，就越難將之捨棄，尤其撰寫劇本的就是領導人（通常是公司創辦人）。每次協助其他公司聘請高層主管，或聽說哪間公司有新執行長上任，我都會思考那間公司的立足點，他們從什麼地方走到這裡？未來將往何處？有什麼新的機會和威脅？公司目前需要怎樣的領導人？目前的領導人能否成為那樣的人，還是必須另闢蹊徑？理想的領導人會隨著公司變化而改變。

在對的時間做出對的決定

理想主義又缺乏耐心的我，這些年來學到最重要的教訓就是靜心等待、讓事情水到渠成。若希望實現願景，卻又不破壞整個系統，就必須等待時機成熟，讓人們慢慢接受、一一測試，並讓想法沉澱、等待適合的人加入。雖然過程中你也許覺得挫折，但多數情況下，公司和產品的改變確實需要循序漸進。調整步調固然重要，但團隊或產品遇到轉型的關鍵時刻，你就要迅速堅定地扣下板機。我最佩服的領導人知道如何健康地漸進，同時又能在必要時大刀闊斧、當機立斷。

假使什麼事都循序漸進，「局部最大值」變成上限，只是不斷改善過去可行的作法，公司的市場規模必然受限。雖然我認為我們必須謹慎前進，在投注所有精力前仔細測試與驗證，但是新點子必須一股作氣地全力執行，有時候你需要往前跳一大步，而非跨一小步。優秀的團隊知道何時必須大膽行動，也能為了實現目標而重新組織；傑出的領導人平時穩紮穩打，但也能在對的時機做出不受歡迎的決定，即使這樣的決定可能打破常規、使員工覺得不自在。

在對的時機做對的投資

投資是專注於未來的學問，但只能透過目前掌握的因素來做決定，我們預測未來並下注時，不可能預測到變數（我們所能知道的變數）會如何交錯影響，因此對未來的預測雖然是很好的動腦練習，卻還是要建立在對當前問題與人性深刻、準確理解的基礎上，否則很可能下錯賭注。

時機的另一個關鍵是順勢而為，關於選擇合適的投資時機，我會去看，團隊是試圖違抗可能的結果，還是以更好的方式來呈現，我會投資後者。最好的團隊都擅長運用對他們有利的力量。

不要執著於沉沒成本

我懂。你花了好幾天、幾星期，甚至好幾年創作一幅你所愛的作品，並從心靈之眼編織出一些想法，或為一項計畫打造專業化的硬體設備，但不知為何，你總覺得不太對勁。雖然這份工作也許還有它的價值，不過你可能要放手、別再堅持下去。我們在面對可能的失敗時，往往高估自己擁有事物的價值。

這種天性叫做「稟賦效應」（endowment effect），意思是我們會因為擁有某項物品，便認為它比較珍貴。很多實驗都證明，人類通常不願放棄手上的東西，只因為那是他們所擁有，即使有人提議以合理的價格交換。對於如何規避稟賦效應、判定某個事物的合理價值，我喜歡英國廣播公司（BBC）撰稿作家湯姆．斯塔福德（Tom Stafford）的建議，他會問自己：「假設這不是我的，我願意付出多少心力來取得？」他解釋：「結論通常是，如果沒有這個東西，我根本不會想要。」如果因為害怕失去某樣事物而不願放手，第一步就是要判斷它真正的價值，而衡量價值最好的方式就是想想看，就自己現在對整件事的了解，你是否願意再做一次。

從更深的層面來看，無視於沉沒成本代表容許自己改變心意，無論你啟動什麼計畫，或曾經多強烈地提倡某個主張。貝佐斯曾在接受採訪時表示，他不認為「始終如一」是正面的態度。他說，想法最正確的人都經常改變心意，他時常鼓勵高層主管提出自相矛盾的論點。在當今的世界，資訊流動和變化的速度都這麼快，一個人的觀點為何要恆久不變？團隊身處於一個領域的最前線，應該意識到所有信念都可能在短時間內出現變化，如果你的態度是堅守原始的信念，那你在這個快速變化的環境裡，就更可能出錯。

堅守原始信念背後真正的原因是捨不得已經投注的能量、時間、聲譽和金錢，這些資源都是沉沒成本，只有容許自己和團隊捨棄這些投資，才有辦法在該改變時改變心意。

你也必須抗拒嘗試挽回沉沒成本、只改變一小部分的衝動。若發現自己必須全力朝著新方向前進，就不要緊握不放，即使你們的宣傳活動或產品功能已經取得進展。放手吧！把心力轉向你想解決的問題，並從那裡重新開始。重複使用行不通的東西，不太可能帶來輝煌的成果。

培養工作時的直覺

藉著矛盾的建議和別人的懷疑來培養自己的直覺

在投資過八十多家不同的新創公司，並擔任其中幾間公司的董事或顧問，陪伴他們走過許多重大變革後，我深深體會到，在某個情況下很好的建議，可能完全不適用於另一種情況。我們不僅要學會分辨何謂中肯的批評、哪些是嘲諷的譏刺，也必須辨別「最佳作法」何時變得不合時宜。

無論好壞，你永遠不缺建議和願意提供建議的人，且往往出現在你不想要或不需要的時候。我記得加拿大科技與設計工作室Tiny的合夥人安德魯．威爾金森（Andrew Wilkinson）和傑若米．吉分（Jeremy Giffon）曾概括而論，成功的創業家向別人提供建議，就等於有人告訴你：「我就是用這些數字贏到大樂透。」

投資人也不吝於分享他們多年來擔任公司董事以及自己在職業生涯中發現的模式，但正如我的朋友兼投資專家杭特．沃克（Hunter Walk），也是創投公司Homebrew的合夥人，曾向一群創業者所建議的：「永遠不要聽投資人的建議，你可能失敗；永遠遵循投資人的建議，你絕對失敗。」那是因為「最佳作法」的問題在於每次的情況都不同，因此我們應該尋求建議、納入考量，但不一定要照做。我最喜歡的創業家喬．佛南德茲（Joe Fernandez），也是Joymode和Klout的執行長兼創辦人，曾經鼓勵其他創業者說：「我們要找的投資人，能夠尊重你不一定會遵循他們的建議。」

最好的建議方式不是指導，而是引發對方去思考。尋求他人智慧的好處雖然毋庸置疑，但建議的真正價值來自於思考不同論點。我在撰寫本書的過程中，就是不斷探索相互矛盾的觀點，並意識到來自不同情況的見解有多麼不同。事實上，多數「最佳作法」只能做為參考的選項，潛在的思考路徑越多，就越能從不同角度檢視自己的作法。

更複雜的是，有時他人對你的懷疑，包括早期客戶、投資人和家人，反而是正面的跡象。我最喜歡舉的例子是二〇〇一年，iPod 剛上市時得到的評論。一封寄給《Macworld》編輯的信，表示那是「蘋果再次失敗之作，就像牛頓一樣……蘋果可以把 MP3 播放器設計地更創新，不是只讓它看起來很酷、隨便加入幾個功能。」資訊科技網站 Slashdot 對 iPod 的評論更是簡潔扼要：「沒有無線功能，空間也比不上 Nomad 播放器。爛。」世人喜歡打擊陌生的新事物。

我們的社會很虛偽，在頌揚一件事前會先排擠它。我們斥責自大學輟學、追求他們感興趣的事物，但在學校學不到東西的人，然後在他們成為賈伯斯、祖克柏或蓋茲這類科技奇才後，又開始為他們歌功頌德。同樣地，許多新點子在流行前都不受歡迎。因此如果有人和你大唱反調，通常就是好預兆，如果每個人都覺得你瘋了，你不是真的瘋了……就是發現了好東西。

如果想推動一個行業前進，就必須從懷疑中獲得信心。多數人講求實效，不喜歡改變，且會引用歷史，他們提醒你，你可能因為「歷史重演」而失敗，卻忽略歷史雖然不斷重演，但等到不受過去束縛的人寫下歷史後，將是另一番光景。

觀察好幾間公司的生命週期後，我發現第一輪疑慮可歸結為「我不懂」、「我不會買」，以及「多數新創公司最後都失敗」，然後是質疑你的產品決策和行銷手法，說那很「奇怪」；要是經歷過併購或首次公開募股，你會聽到：「多數併購都沒有成功」以及「公司上市後就不會創新」。旅程中唯一不變的就是懷疑，你若受其左右，就無法前進。

喬・佛南德茲曾向我建議說：「相信自己能完成別人做不到的事，基本上是創業者最大的力量，也是最大的弱點。」的確，你必須聽取建設性的批評，但要把實用主義者的懷疑視為正面的訊號。假使感覺他人的懷疑與你的直覺背道而馳，那就要增強直覺。只要打從心底相信自己在做對的事，就要學習從懷疑中獲得信心，不要抱怨那些人不夠支持，而是讓他們感到吃驚。

無論你得到的建議是否實用，還是過度負面，都要納入考量，進而構思出自己的做事方法；從不同角度分析那些建議，然後逆向思考，想想看，某個策略為何對別人有用，卻可能導致你失敗。越是花時間思考不同觀點，你就越能記得學到的東西。

最後，不要過度重視別人的作法或建議，這反而會影響你對願景抱持的信念，也不要因為想法與眾不同就開始質疑自己的直覺，最能引發共鳴的是直覺，真正讓你脫穎而出的是獨樹一幟，而那也是你的計畫中，最容易受到所有人誤解或低估的因素。

不要盲目優化，持續檢視你的衡量指標

我們都喜歡也很依賴指標，反而忘記那是用來衡量什麼目標。你可能計算商店的顧客流量、上網人次或廣告點擊數，但你們今年的目標是達成某個銷售數字，還是建立自己的品牌？衡量指標的危險之處在於，它會在短時間內影響我們每天的行為。追蹤小事的成長比掌握不時變化的環境容易，因此我們時常把心力放在錯誤的目標上。

作家兼行銷奇才賽斯．高汀（Seth Godin）把衡量指標稱為「替身」（stand-ins），他在個人部落格裡寫道：「有時候重要的事很難衡量，最簡單的作法就是替這些事找到替身，然後衡量那些替身。例如，我們其實不在乎訪客花多少時間瀏覽網站，而是能否完成交易、廣告銷售或網站內容能否引發實質的行動，但這些東西一開始可能不易衡量，所以我們要把重點放在瀏覽時間的長短上。問題是，替身幾乎都不是正確的指標，一開始看來也許不錯，但一陣子之後，員工就會想出操弄系統的方法，把數字弄得很漂亮，而非專注於你真正希望改善的環節上。」

我們很難抗拒尋找替身的衝動，因為它們容易測量，但這種衡量措施很危險，因為我們可能過度執著，反而忘了真正重要的指標。賽斯建議我們詢問自己：「如果必須在提升替身數字或你真正關心的事物間抉擇，你會把心力投注在哪裡？」

別讓錯誤的衡量措施導致你偏離目標，若打算提升特定指標，請為了團隊和自己，重申你希望達到的結果，而不是只討論指標。每次都要問：「這件事背後真正的目標為何？」答案幾乎不會如你想像中容易測量。避免過多的衡量措施，因為你追蹤的數字越多，對單一指標投注的心力就越少。我曾數度在合作過的團隊上看到這個問題，尤其是規模較大的公司，他們時常製作包含數十個指標的大型數據面板，高層主管開會時，都把注意力聚焦在上面。一次檢視這麼多衡量指標可能導致討論和建議過度分散，而不是集中於少數幾個最重要的指標上，較容易改善的指標自然得到較多關注，但我認為每間公司應該只有幾個、甚至一個最重要的指標。

我最佩服的團隊往往只用一、兩個核心指標衡量公司發展，代表他們在特定年分必須達成的進展。例如我協助成立的專業服務推薦網絡 Prefer，其執行長兼共同創辦人朱利奧・瓦斯康賽羅斯（Julio Vasconcellos）就是使用單一指標衡量公司成立頭兩年的關鍵數據，也就是「媒合數量」，代表專業服務人員和客戶透過公司平台和公司工具合作的次數。Prefer 團隊衡量每個月媒合成功的總數，了解產品留住客戶的能力，而「新的媒合次數」則代表產品的效應與吸引新用戶的能力。當然，朱利奧大可專注於較傳統的衡量措施，例如：下載次數、每月收入、用戶總數、交易次數以及無數其他方法。然而，透過只衡量「媒合數量」，他授權團隊嘗試不同策略以優化公司最重要的指標，而不是把時間花在試圖提高收入或下載次數這類表面數字上。

衡量團隊進展也可運用相同的原則，最寶貴的資源是時間，最重要的衡量標準就是運用時間的效率。拉菲爾・達希斯（Rafael Dahis）曾任推特產品經理，後來加入 Prefer，成為該公司第一個產品經理，他常提醒我們，投資在時間上的回報是最重要的指標：「我們每天都應該問自己：我們有沒有把時間投注在最重要的事情上？……只要簡單估算一下，你就能根據投報率安排做事的先後順序，確保你在一定時間內得到最大的回報。」

我們把衡量指標當成做事的根據，無論好壞，都會限制產品發展和思考模式，成為你的盲點，所以要把衡量指標設在你希望探索的區域，才能在最短時間內產生最大的影響力，然後要持續評估指標的效力，讓它符合你的長期目標。

數據來源影響結果而且不能取代直覺

如果根據指標結果做決策，數據背後的品質就很重要。長達十年與產品團隊合作，檢視他們提供投資人的最新訊息，讓我深深體會到，相同的統計數字或數據在不同主管手中，基於不同目的，可以有多少方法利用和詮釋。缺乏背景的數據可以誤導別人，用來證明你想證明的任何事，只要知道想找什麼答案，一定能在某個地方找到支持它的數據。

不負責任的數據蒐集和呈現方式不僅可能誤導大眾，還非常危險。例如二〇一七年的「美國大日蝕」（Great American Eclipse），由於諸多警示文章，民眾不但爭相購買日蝕眼鏡，一名 Reddit 用戶製作的圖表更讓網民失去理智。那張圖表顯示，日蝕之後，搜尋「我眼睛痛」的人數和之前搜尋「日蝕」的人一樣多，引發所有盯著太陽看的人們最深層的恐懼：我們要失明了。

下頁圖示是 Reddit 用戶「superpaow」製作的圖表。

正如《石英》雜誌所報導，應該是這張圖表而非太陽讓你的眼睛痛。這些數據使用令人混淆的 Google 搜尋趨勢資訊，Y 軸也定義不清。《石英》雜誌的記者尼西爾．桑納德（Nikhil Sonnad）從 Google 搜尋趨勢取得原始數據，他在報導中提及，這些數據顯示，特定搜尋詞彙在不同時間的搜尋熱度。他在 Google 搜尋趨勢上搜索「日蝕」和「我眼睛痛」之後，得到了左頁這張圖表。

「原本看似有趣的趨勢（『我眼睛痛』超越了『日蝕』），現在似乎完全不具任何意義，」桑納德說：「在第二張圖表裡，『我眼睛痛』完全沒有增加，而『日蝕』在日蝕期間（紐約的觀測時間）達到高峰。」桑納德解釋，混亂的根源來自 Google 如何衡量所謂的「搜尋興趣」，他說：「這是 Google 搜尋趨勢使用的術語，基本上就是特定時間內，搜尋次數最高的字詞稱之為『搜尋興趣一百分』，那段時間的每次搜尋都是相對於這一百分的峰值。因此，例如在我繪製的圖表裡，『日蝕』在上午十一點的熱門程度大約是下午兩點左右的一半。（日蝕在紐約時間下午二點四十四分達到高峰）」

Reddit 用戶製作的原圖沒有指出，這只是相對值，桑納德繼續說：「他沒有標記 Y 軸，也沒說明這些數字代表什麼意思，讓人們以為那是實際搜尋次數，而非相對於每

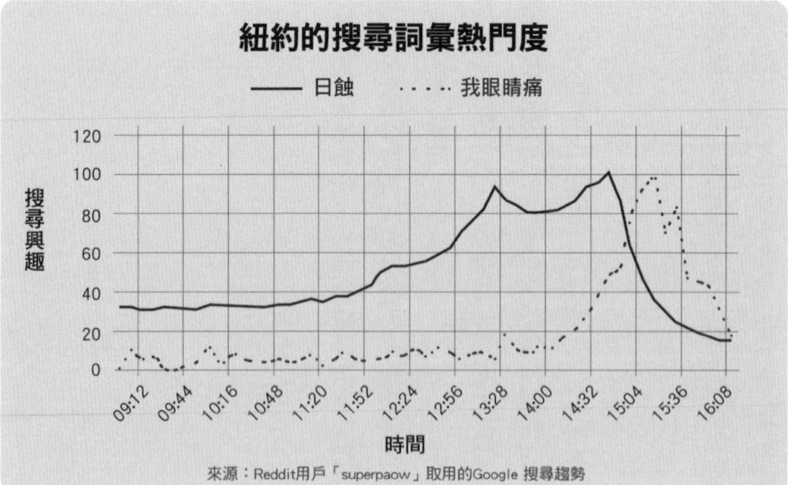

來源：Reddit用戶「superpaow」取用的Google 搜尋趨勢

搜尋詞彙在紐約的熱門程度，相同比例

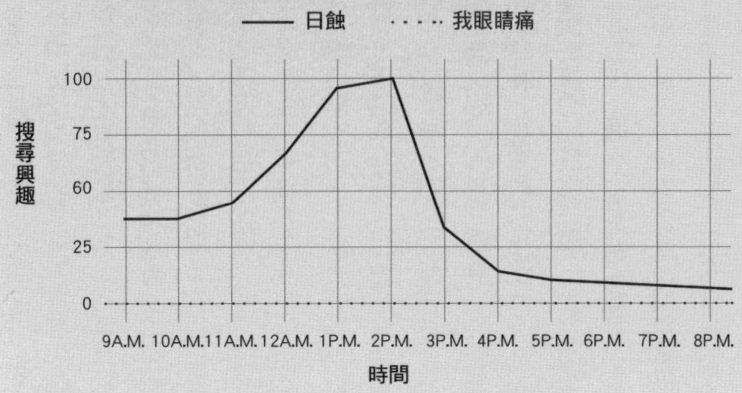

來源：Reddit用戶「superpaow」取用的Google 搜尋趨勢

個詞彙的峰值。」這也揭露了Google 趨勢字詞熱門度的另一個問題：「它沒有告訴我們搜尋次數，意思是，顯示關鍵字在不同時間的搜尋熱度幾乎毫無意義。」

事實證明，就實際數字而言，即使在搜尋「我是不是瞎了」的高峰期，更多紐約人其實在搜尋地鐵F線的相關訊息。然而拜糟糕的數據所賜，我們都浪費不少時間擔心自己失明，只因為某個Reddit 用戶這樣告訴我們。

基於數據的統計和報告也可能傷害創意、阻止我們辯論，使我們失去思考的意願。以數據為本的決策，很可能中止對話與探索其他可能性的機會，導致我們無法透過健康的辯論來調和不同觀點和直覺。我觀察到的一個常見的例子是，「沒有人用這個」的說法，雖然我們很容易得知用戶使用特定功能的次數，但那是毫無意義的統計數字，沒有考量到需要這個功能的用戶共有多少、其中有多少比例知道這個功能的存在，以及其他功能的使用模式為何。儘管單一數據看似驚人，但你必須了解蒐集方式與完整的背景，才能做出明智的決定。

以數據為本的論點可能造成很大的潛在殺傷力，導致我們妄下結論。我記得，二〇一六年美國總統大選期間，一項廣泛流傳的統計數據顯示，25%住在美國的穆斯林支持聖戰。共和黨候選人川普的支持者將這個統計數據做為支持後來名為「穆斯林禁令」（Muslim Ban）旅行限制的理由。只有少數人及少數組織，例如PolitiFact，會花時間檢視數據的來源。

事實上，這個統計數據是「自行選擇加入」式的網路調查，對象為數百名聲稱自己是穆斯林的網民。調查一開始的問題包括：要求受訪者描述，自己如何定義聖戰，多數人的定義是以和平的方式，只有16%的受訪者將其定義為以暴力手段來進行。我們甚至不知道，支持聖戰的人是否為將其定義為暴力行為之人，也無從確知，參與調查的人是否真的就是穆斯林。只要稍微檢視用來蒐集和分析調查的數據和方法，媒體記者就會意識到，這個令人矚目的統計數據其實毫無意義。

我們喜歡數據，因為它能提供我們答案，但數據如此確鑿，代表你使用時必須格外謹慎，如果有人提出可能造成廣泛影響的統計數據，你就要先了解它的本質，包括數據從何而來？統計數據的樣本數量、時間範圍和對象為何？數據蒐集的背景為何？只有充分了解之後，才能考慮如何運用。

即使數據的品質沒問題，有些問題仍需要仰賴你的直覺，如果數字支持你的方向，你就比較容易相信那是合理的作法，但我也看過和聽過太多憑直覺決定產品走向的故事，一開始也許違背邏輯，最後卻相當成功。

其中一個例子是Square，他們讓付費者用手指在螢幕上簽名，使成千上萬的小型商家得以接受顧客使用信用卡並管理付款功能，現在看來似乎沒什麼大不了。不過Square率先在二〇一一年和二〇一二年開發這項功能，為實體商店帶來更好的使用體驗。當時，世界上所有關於交易和使用體驗的研究數據幾乎都建議速度越快越好，但是Square團隊的直覺是讓顧客有更愉快的經驗，即使要更久的時間和多一點力氣，面對越快越好的普遍想法與背後支持的數據，他們仍決定相信自己的直覺。此後，公司也一直在回收成果。

當時，Square的產品負責人是梅根．奎恩（Megan Quinn），她目前是矽谷創投公司Spark的一般合夥人，她表示：「Visa和萬事達卡當時都決定不再要求商家要顧客簽署交易額低於二十五美元的商品，此舉旨在加快商家（和顧客）的交易流程。他們的數據表明，這對盜刷的影響微乎其微。」透過Square系統交易的多數商品，像是咖啡、書籍、小飾品，都在二十五美元以下，所以不再要求顧客簽名，稍微加快購買流程似乎是好事，然而團隊發現，他們最具代表性的品牌體驗就是能夠在刷卡後以手指簽名，移除這項程序可能導致他們失去競爭優勢。

梅根說：「顧客會在上面畫畫，邊簽名邊發揮創意。想像一下，光是買咖啡刷卡簽名這種平凡的小事都能從中獲得樂趣，除了他們簽得開心，那也是我們向交易雙方，也就是顧客和商家介紹Square的唯一方法。」商家必須請顧客簽名，顧客就能從這個簡單的步驟認識Square，得到與Square的產品和品牌互動的第一印象。

團隊就是否採用Visa和萬事達卡的新規則進行辯論，他們知道，移除手指簽名可以減短交易速度，卻也了解這會讓使用Square的經驗變得平淡無奇，只是另一次刷卡交易。「因此我們決定不納入新規則，」梅根說：「後來我們還是讓商家自行設定，但即便如此，我們仍然預設為每筆交易都需要簽名。」

Square現在是上市公司，每天經手數百萬筆交易，他們透過為商家及顧客提供更好的使用者體驗，違背邏輯地成功並與龐大的信用卡公司競爭。

一般邏輯和近期指標可以幫助你逐步、穩定地優化產品，但突破性的產品往往不是依據衡量指標修正的結果。相反地，成功的轉折要靠直覺，並朝著長期目標前進；這必須憑感覺，而非理性思考。有時直覺比蒐集資訊重要，你很可能在數據還沒證實的幾個月或幾年之前，就做出正確的決定。

以「極度求真」測試你的觀點

積極尋求真相，從而做出明智的判斷，這是最能讓你脫穎而出也最重要的特質。儘管你工作認真、運途順遂並因此創下佳績，仍可能因為一次錯誤的決定而失去一切，所以誠實面對自己非常重要。

這是橋水基金（Bridgewater）創業的核心原則，這間公司是有史以來績效最佳的避險基金公司，創辦人是瑞．達利歐（Ray Dalio），他打從一開始就設法打造公司文化與一套（頗具爭議的）實踐方法，以培養組織內部尋求真相和自我覺察的習慣。二〇一七年，他在溫哥華TED大會演講中表示：「我希望『創意擇優』……並意識到我們需要『極度求真』和『極度透明』）才能做到。」

我一直相信，自我覺察是領導人最大的競爭優勢，所以很喜歡這種以工具和規範來鼓勵反思的作法。如果你和團隊成員開誠布公地審查每個意見，並指出其中的偏見，會達到怎樣的結果？你們可以得到超越政治和偏見的深刻見解；如果發現爭論背後的動機是不安全感或恐懼，並當場指出的話，情況會如何？如果最好的點子最可能勝出，又會如何？雖然這種程度的坦白不免令人顧慮，卻能將生產力和表現提升到另一個境界。

記者羅布．克普蘭（Rob Copeland）和布萊德里．霍普（Bradley Hope）採訪十多名過去和現任的橋水員工，並在二〇一六年的《華爾街日報》（*Wall Street Journal*）報導中，描述這間公司的信仰和作法。

> 橋水有長達一二三頁的員工手冊，稱為《原則》（*Principles*），每名員工都必須知道並運用這些原則，除了諸如「應得終須有」這類人生格言外，也包含許多達利歐先生的建議，例如：「與其小心選擇你的戰場，不如奮力在所有戰場中贏得勝利。」
>
> 達利歐先生也認為，人類的運作就像「機器」，這個詞彙在《原則》裡出現了八十四次。他常說，問題在於人們受情緒干擾，無法達到最佳表現，不過他認為，這個問題可以透過系統化的方式加以克服。
>
> 達利歐先生常說，自己成功的基礎是相信市場反映經濟機器的運作，但這部機器往往受到誤解，要解讀其機制，必須透過「深思熟慮後的辯駁」，努力不懈地挖掘真相。這就是為什麼他們鼓勵員工反覆且毫無保留地挑戰彼此的觀點。

為鼓勵這種尋求真相和自我覺察的文化，橋水開發出極為有效的內部工具，除了替員工做心理測驗，在開會後進行即席調查，要求他們評論同儕的貢獻，另外也每天測試與個人相關的管理問題，並定期要求員工評估彼此在各種環節上的表現，例如：「傾聽」。達利歐也投注大筆資金建立促進這些作法的團隊和技術，其中包括名為「系統化智能實驗室」的獨立團隊，領導人曾經負責開發ＩＢＭ的人工智慧系統Watson，「系統化智能實驗室」分析員工的行為及各式調查、測驗和評估所產生的大量數據，並設計出專門的iPad應用程式與計畫，讓員工評估彼此的優缺點。以上種種辦法的目的都是深入洞察個人表現與團隊動態，減少惱人的辦公室政治和惺惺作態。

然而不令人意外，一些昔日員工告訴我，在橋水上班會覺得自己像是實驗室的測試對象，在裡面工作的人拚命想維持表象，無法放下戒心，公司因此必須付出代價，克普蘭和霍普的報導也指出：「橋水表示，約有五分之一的新員工在一年內離職。五名現任與前任員工也表示，留下來的人有時壓力大到會躲進廁所哭。」

橋水員工最基本的一項原則是：「了解你不知道什麼，並知道如何解決。」曾在橋水上班的朋友告訴我，無論是達利歐的《原則》或公司的每週訊息與教學影片，這個主題都會反覆出現。以下是達利歐歸納多年經驗所得之數百條原則裡面的幾條：

知道如何了解未知的事物，這樣的能力遠勝於知道一件事。

你的目標是找出最好的答案，不過可能性微乎其微，即使真的找到最佳答案，你也無法確定，除非有其他可信賴的人協助你證實。

不斷擔心自己遺漏了什麼。

成功的人要求別人批評自己，並將之納入考量。

不斷要求員工質疑自己主觀的資訊，並以同事的見解補足想法中的缺失，顯示出達利歐最重視的價值就是自我覺察。我認為，這是最能培養客觀態度，並讓見解脫離政治和情緒性觀點的機制。如果沒有意外，這絕對能在團隊中激發出難得一見的反饋循環。

評估自己的點子或旁人的意見與見解時，請要求自己提出回饋，並盡可能吸收他人的觀點。你不需要同意別人的建議，但你必須了解其他人的想法，同時開誠布公地剖析自己同意或不同意的原因。建立珍惜不同觀點的文化，不要刻意尋求或獎勵支持你自身觀點的人。

天真讓我們敞開胸懷

我的人生導師約翰．前田曾說：「知道何時該忽略自己的經歷，才是真正有歷練的人。」率先發展圖形使用者界面的知名電腦科學家艾倫．凱（Alan Kay）也說過：「沉浸於一個環境裡時，你會視而不見。」專業必須付出的代價是過度熟悉，以致於難以接受新的做事方法。

無知是幸福的，也是放膽嘗試一項計畫初期的理想狀態，不然我們很可能因為了解真相而心生畏懼。缺乏經驗讓你有信心質疑專家不敢挑戰的規矩，並對你的主題保持開放並充滿自信，但日子一久，天真就會變成缺點，因為屆時，成功已不再取決於心胸是否開放，而是憑藉優異的執行力。

維持（或重拾）天真最好的方法之一，是讓身邊圍繞各式各樣的人，來自不同背景和行業的團隊成員可讓你不斷質疑自己的既定想法。你要讓缺乏經驗的新人有辦法按自己的邏輯做事，而非墨守成規。菜鳥的「無知」可以帶入特殊的見解，不僅能夠提供新點子，還能幫助你看到其他人忽略的事。如果團隊裡的新成員認為有更好的做事方法，你應該鼓勵他們去探索，而非提倡「正確的作法」，天真能引發尚未受過去汙染（以後必然逃不掉）的開放心胸。

商業的科學可以拓展規模 商業的藝術卻無法複製

藝術的獨特之處在於無法複製或擴展，藝術能夠打動人心，就是因為它與眾不同、稀有珍貴且富含感情。把這些特質運用在商場上，也能讓產品變得獨特，但那違背一般人的想法，而且商學院也沒有教。

眼鏡公司沃比派克為什麼製作限量文具或「雪人DIY套組」？健康快餐連鎖店甜綠為何每開一間分店，都設法讓當地的手作食品職人加入？擁有數百萬粉絲的創業者和作家蓋瑞・范納洽（Gary Vaynerchuk），為何花時間親自回覆與他聯繫的人？對他們來說，這些行動都非必要，且從數字來看也不敷成本，任何短期的衡量指標都會將其判定為不明智的資源浪費。但整體而言，他們因此而與同行有所區隔。產品中無法擴展的藝術元素，讓它不再是平淡無奇的商品。

最厲害的創業家能在這些作法成為真正的區隔因素前，悉心打造並呵護這些看似不必要也難以衡量的元素。多數所謂的行家、投資人和長期營運的公司都忽視藝術，直到盈虧受影響，公司失去特色；真正創新之人從一開始就會重視藝術，他們把商業當成藝術來與既有企業競爭，並打造難以複製、擴展的事物。

從一開始就要「非常難擴展」

在創業初期，藝術比科學重要。你要設法用新點子解決問題，也許一開始令人感到陌生，也不可能符合經濟效益。你必須親自實驗，花上數不清的私人時間陪伴客戶，然後慢慢修正，直到找出對的方法。

我在指標創投公司的同事比爾．葛雷建議團隊：「從一開始就要做非常難擴展的事。」Behance 成立初期，我每天親自寫電子郵件給幾名用戶，向他們自我介紹，針對他們在 Behance 發表的作品集提供建議，並直接回答他們的問題。許多類似的交流後來引發維持多年的友誼，也讓我獲得從數據面板上得不到的客戶建議。我認識的許多創業者也會在公司成立初期親自寫短信給客戶、回覆客戶的問題，並鼓勵團隊盡可能地提供客戶一對一指導。

從一開始就做出無法擴展的決策，到後來引發深遠影響的好例子之一是 Airbnb 的喬．傑比亞和他的團隊，他們發現品質不佳的照片充斥網站上的短期租賃市場，決定聘請專業攝影師替房東拍攝高品質的相片。當時，Airbnb 在和 Craigslist 競爭，他們想盡辦法提升交易量，希望成為可行的商業模式。團隊沒有削減成本、減少刊登房源的人力，反而為房東提供免費專業攝影服務。因此 Airbnb 的民宿看起來比 Craigslist 上的房子好很多。這種照顧客戶的作法雖然在財務上絕對無法拓展，卻為 Airbnb 設下品質和美學的標準，讓他們的市場與 Craigslist 及其他一般租房網站產生明顯區隔。

要為客戶提供難以拓展、自動化或商品化的珍貴事物。在最厲害的創新點子成為新標準之前，通常令人感到陌生且太像是藝術。你要做競爭對手和長期營運的公司因為缺乏財務回報，連想都不會想做的事。只有透過這類探索，你才能找出關鍵的差異化因素，也就是讓客戶感到驚喜的藝術，進而打造出卓越的產品和品牌。

公司成長後，也別忘了這些小事

產品日漸受到歡迎，你們開始尋求提升效率的方法時，可能想開發「科學」的那一面，像是如何花更少的精力服務更多客戶？以及如何在不影響品質的情況下，降低部分成本？新點子一旦受到歡迎，你就必須平衡能拓展的部分，同時，優化一開始讓你們成功的藝術元素。如果只從金錢的角度來衡量，藝術通常最先遭到刪減。

最優秀的公司能從科學的部分賺取利潤，卻以藝術環節聞名，公司業務漸漸成長，即使難以拓展，也要保留公司品牌和服務的差異化因素，做到這點的唯一方法就是讓團隊知道，這些環節是公司的核心策略，並設計支持這些策略的方案。藝術是對企業價值的投資，無法以資產負債表來衡量。

Behance 成立幾年後，我們在全球各地舉辦「作品集講評」的活動，這是我們核心策略的一部分，若光從數字的角度來檢視，你會懷疑耗費這些資源，在世界各地舉辦數百場活動，每場活動參與人數平均為二十人，對於擁有數百萬會員的網路公司來說有何意義。我們為什麼要規劃團隊和資源，每年幫助不超過五千名的會員實際面對面；相較下，我們每天註冊的會員人數就是這個數字的三倍以上？這些數字背後代表著我們在創業初期意識到的事，而且隨著公司成長，這件事變得更重要：與會員建立真正的關係並協助會員發展情誼，才是我們的競爭優勢。相形下，其他科技公司像是 Squarespace 和 Wix，都試圖把網站和線上作品集變成商品。即使實際參與的人數不多，我們仍相信那是讓我們與眾不同的元素，在全球為五千人舉辦的活動可以帶來社群媒體數萬篇的發文，讓幾十萬人看到活動照片。但更重要的是，這些活動能引發的對話和連結，讓我們的品牌不僅是服務，而成了一種生活方式。這些人影響我們的品牌、產品決策、招募新成員時所分享的故事，以及我們對自己工作的定義。

因此，優化時別拋開你公司的藝術成分，而是維護並滋養這些讓你們與眾不同的小事。

小細節加總起來，造成大改變

對細節過度偏執是我希望在創業家或打造產品的領導者身上看到的特質，代表創辦人把他們的產品視為藝術。我第一次見到 BuzzFeed 的前任總裁、金融新聞網絡 Cheddar 的創辦人兼執行長喬恩・斯坦伯格，就對他的偏執留下深刻印象。斯坦伯格執著於每個細節，包括他們使用的攝影機、交易時的細微差異、其他同業的怪癖，當然還有新聞內容。他除了對所處產業中，顯而易見的一般事物充滿熱情，對於他認為重要的小事也相當狂熱。假使分開來檢視，這些小事似乎無關緊要，但所有小細節加總起來，就能吸引年輕觀眾，讓他們感受到 Cheddar 的外觀和氣氛與 CNBC 這類陳腐守舊的競爭對手大不相同。單一細節的價值無法量化，所以很少人關注，但加總起來的價值就相當驚人。

試著找出產品中你特別喜愛但沒人在乎的事。你的直覺可能是很好的指標，告訴你日子一久，哪些才可能是真正重要的環節。工作和生活中的許多事物都可以複製拓展，但是遇到無法拓展之物，像是藝術、人際關係或細節，就要特別留意，保留產品中的藝術層面，就是賦予它靈魂，讓它打動人心。

潤飾打磨

真正的盲點是：別人對你的看法

你不可能知道別人如何看你，因為那是透過非常個人的視角，由自身的經歷、不安全感、恐懼和渴望形成，就像你看別人一樣。你也許盡可能地為身邊的人調整，但別人眼中的你，永遠不會是你希望的模樣。你也無法了解別人如何看待你，因為他們的觀點很大程度上，取決於你如何喚起他們的記憶。

我們與員工和客戶的關係也是如此，無論想法多一致，儘管我們花很多力氣向他們明確解釋也言行如一，但一定有其他因素影響別人對你的看法，其中兩個最大的因素是背景和心理。

我們很少思考每個人的背景會造成多大的差異。例如：一個人厭惡風險的程度與他們的成長過程、財務安全感，以及過去的經歷對信心的影響都有密切關連。運氣向來不錯的人，也許能沉著應對不確定的局面；假使曾經遭逢不幸，又會透過很不一樣的鏡頭檢視相同的機會；也有人面對從未遇過的問題時，顯得過度緊張，外人也許覺得這種人缺乏企圖心。事實上，那都只是因為他們缺乏其他人擁有的背景。如果你了解對方的經歷，能夠同理他們的恐懼，就更能了解他們真正的模樣。但假使缺乏這樣的認知，你很可能無法辨識出對方的價值，就與他人建立關係。若不了解一個人的背景，你就無法和身邊的人真正有所連結。

另一個我們無法控制的強大力量是心理。那是不斷滲透到每個人潛意識的各種反應和偏見，也決定你在他們心中是什麼模樣。

每個人都以不同的方式看待你，所以要承認盲點的存在。為了意識到自己看不見哪些事情，你可以設法理解別人的看法，例如詢問對方：「假若現在你是我，會採取什麼不同的作法？」藉由這個問題，不僅能獲得建議，還可以了解其他人如何看待你的立場和作法。當然，最能減少盲點的方法就是與對方建立情誼，熟悉彼此的恐懼與不安全感。

別人眼中的你，永遠不會是你希望的模樣，所以不要妄自尊大地認為，自己有辦法掌控。不要假設你表達的觀點一定就是對方聽到的訊息，或是你想讓別人看到的自己，就是他人對你的詮釋。反之，你只能設法透過別人的鏡頭檢視自己與你所傳達的訊息。解析度不可能完整，但調整對比一定會有所幫助。

一旦答應了就該謹慎對待

每個人都可能面對兩種承諾，一種是主動，另一種是被動。如果你像我一樣，很可能兩種承諾都做得太多。**主動的承諾**是你出於自願，對於自己喜愛並致力於追求的領域投入時間、精力和資源。如果你正在創辦一間新公司，或打造一支夢幻團隊，就會為了招募人才花時間撰寫無數電子郵件、不停安排與人會面。若能因此敲定合適的人選，你絕對願意在半夜接電話，或在家庭聚會時偷傳電子郵件；同樣地，如果你有小孩，你會答應參加孩子學校的活動，或為他們籌辦生日派對。假使是基於真正的興趣與價值觀所做的主動承諾，你就會自然而然地把握所有可能的機會。

若答應去做自己不感興趣的事，那就是**被動的承諾**。也許你要維護某個舊產品，或設法留住難搞的客戶，只因為你無法鼓起勇氣說不；你也可能同意參加應酬，但你寧願在家裡睡覺；或你必須和有問題的前任員工會面，但你知道他正在應徵工作，想找人替他說好話。這種出於內疚、違背心意的被動承諾，是你在無可奈何之下答應的事。

理想主義者會建議你「學著說不」，數不清的書刊和部落格都要我們盡可能減少主動的承諾，被動的承諾則完全不要答應，因為專注於少數最重要的幾件事，才能引發最大的影響力。但真實狀況是，你無法確知眼前的機會到底有沒有價值，畢竟相親約會可能是浪費時間，但也可能讓你遇到真命天子或天女，商場上的引介也是如此。

我之所以認識麥提亞斯．科力亞，就是無意中透過非營利組織的朋友介紹；認識拼趣的共同創辦人兼執行長班．希伯曼，則是由於Behance的第一名實習生拜託我幫忙。他知道班來到紐約，想找產品顧問和種子投資人。這兩次偶遇，對我的職業生涯都影響深遠，且遠超乎我的想像。我生命中的許多事，都是因為承擔越來越多承諾帶來的結果，且通常是被動的承諾，一開始無法確知有什麼回報。如果我相信了那些人提倡的「說不就好」的建議，就會錯失很多對我來說最重要的機會。

我們必須考慮眼前的機會是否符合自己真正的興趣。判斷是否要做一件事的好方法是，看那件事是否會讓你分心。不會分散你注意力的事，也就不太可能得到他人關注，更不值得你花時間。這是天然的篩選法則。如果某件事或某個人一直出現在你的腦海中，你就應該花更多精神在上頭。不過要是你付出心力執行一項計畫或結識某人，但總是感到心餘力絀，那就要接受事實，這個一開始主動的承諾可能已經變成被動。

答應的事就要謹慎對待，假使已經提不起勁，那就放手吧。在最好的情況下，被動的承諾會煙消雲散，最糟的情況則是在抽身時導致痛苦甚至名譽受損。你做的每件事都應該是主動的承諾，不然就不要做。

快樂、高生產力的工作和生活，很大一部分取決於能否減少被動的承諾，要做到這點，首先要承認哪些承諾屬於被動，並試著分析自己為什麼接受。是擔心讓別人失望？還是工作雖然無趣，不過你希望在短時間內獲得金錢報酬？或許是不願面對短期的痛苦，以換取更大的長遠利益？如果你覺得自己力不從心，無法繼續做某件事、維繫一段關係或維持公司的部分業務，請客觀分析成本效益，把你專心做一件事的價值，以及若把時間花在其他主動承諾上的機會成本都納入考量。

建立能夠擴大訊號的人際網絡

取得越多成就，接觸到的雜音就越多，「雜音」代表無意義的玩笑、行銷訊息和已知的事物。雜音流入你的電子郵件收信匣和生活中，對你卻沒有任何幫助；「訊號」則是你從他人那裡聽到、學到進而對你造成影響的事物，包括：中肯的問題、回饋或介紹，讓你因此而改變計畫。

在所屬領域闖出一番事業後，你會從希望別人回你電話，變成很想把電話插頭拔掉。你必須學會放大可靠的訊號來源。若想繼續前進，就要更仔細地辨別訊息來源、過濾雜音，並學會尋找訊號，然後將訊號傳出去。到頭來，最佳的決策和最好的投資都是靠直覺，以及來自你敬重的人和訊號源頭為你帶來的機會。

建立人際網絡和訊號來源有兩種方法，分別是增加廣度和深度。在你職業生涯的初期必須增加廣度，你會希望見到業界與相關領域種種不同層級和角度的人。打造團隊和專業人脈並確認自己的興趣時，你往往為形勢所迫。若能拓展學習範圍與結識的人脈，就可以提高找到更多訊號來源的機會。Behance 成立初期，我時常參加廣告和設計年會，並要求自己盡可能約人共進午餐（對我這種內向者來說，這是相當艱鉅的任務！）。雖然多數對話都沒有實值的成果，但每次與人聊天，都讓我更深入地了解這個領域，我得知廣告公司如何運作，自由接案者如何找工作，以及他們使用的工具為何，我也更能判斷自己想和什麼人合作，還有最好避開什麼人。剛著手執行計畫或創業初期，你很難區分訊號和雜音，但接觸越多，你就越知道如何辨別。

等你越來越投入，自己也成為訊號來源時，就應該從增加廣度轉變為深度，也就是深入了解令你佩服的一小群人，與其盡可能認識更多人，你寧可把時間花在你認為最有能力的人們身上。這些人熟悉自己的領域，對事情自有一套看法，也有履行承諾的記錄，他們是所謂的「高頻訊號」。這些人分享的資訊和反饋往往經過深思熟慮，他們的談話內容比我從別人那裡讀到或聽到的多數資訊都還重要。

當然，要接收優質訊號並減少雜音時，必須先確保自己已經做好吸收聲波的準備。有些創業家希望建立人脈，卻老是在同儕間發表高論，沒有傾聽並分享原創、獨特的觀點。高頻訊號的人不喜歡談論什麼東西受歡迎，而是討論什麼不受歡迎，或流行的事物有哪些問題。若遇到你認為能力很強的人，希望和對方建立關係，那就要發問並傾聽，了解他們對什麼感興趣，以及他們知道些什麼，而非亟欲展現自己的才華。

隨著人際網絡成長，雜音也會越來越多。領導人在職業生涯巔峰時期得到的第六感，是建立人脈並過濾訊息，以增加高頻訊號、減少雜音的結果。與你認為最有能力的人深入交談，就能在你的生活中放大訊號的力量。

把時間花在什麼事上，就可以看出一個人的價值觀

對於價值觀，我們時常是說一套做一套。例如：假設你相信經營公司「最重要的是人」，卻把多數時間花在檢視試算表上，那你重視分析和報表的程度就超越人與人的關係。如果對你來說，人真的那麼重要，那麼你花在栽培員工、與他們一對一談話的時間，就應該反映出這個價值才是。

我們太常把時間花在馬上看得到回報的任務上；決定如何花時間時，我們更常受到渴望感受到生產力的影響，而非堅守價值觀。檢查電子郵件信箱或解決小問題會分泌多巴胺，這時更重要的任務就會被我們拋諸腦後。

你可以找各種藉口，合理化自己的一天是如何度過，但行事曆不會說謊，你花時間的方式反映出你真正的價值觀。

從幾年前開始，我每個週末都會回顧一週的行事曆，自問有哪些會面和活動符合我的優先事項，哪些不相符，例如：看到上面記載著自己要參加小孩學校的活動或回家吃晚餐，我就覺得很開心；同樣地，有助於協調團隊或招募優秀領導人的會面也讓我感到愉悅。但我經常發現，行事曆記了太多與我最關注的事物脫節

的活動，也就是與親朋好友間的關係或與打造團隊、產品無關的事。我把時間花在安撫別人，或履行我沒有魄力拒絕的承諾上。

檢視自己如何花時間並不容易，因為我們無法承受真相。繁重的日常業務、希望取悅他人，或想立即得到回報都導致我們每天花時間做週末可能令我們後悔的事。重新思考自己的行程，你可能會驚覺真相有多殘酷，但這是敦促你好好安排下週時間的不二法門。

當然，每天的時間安排不可能真正反映出你的優先順序。有時候你必須解決短期危機，或想稍微放縱一下。不過你必須找到平衡，也許不用時時刻刻都處理優先事項，而是要求自己在一段時間內做到就好。無論你對工作和生活秉持什麼價值觀，這都應該是你大半人生的重心。越接近這個標準，你就越不會後悔。

你有沒有持續審視並面對真相？

為了更聰明地運用時間，我們也必須檢視慣例，別讓它變成盲目的習慣，也許你每週一早上都和員工開會，採用特定的格式做筆記，每天固定瀏覽幾個社群媒體網站，或每小時檢查數據，到最後這些可能成了習慣，反而讓你忘記做這些事的初衷。你曾經刻意反覆執行的事，變成不經思考也不見得有幫助的例行公事。

設法找出「沒有為什麼」的行為，然後仔細審查。每週一早上的會議有沒有實質幫助？開會前準備資料花的時間是否值得？每天檢視的網站和數據面板能否提供你有用的資訊？不要認為自己有忠於慣例的必要，而是質疑它們是否還有存在的意義。有些慣例已經過時，且如果花時間檢視，幾乎所有慣例都可以改善。所以要打破常規，看看這麼做是否有助於釋放時間與精力。

如果開始不假思索地做一件事，很可能適得其反，所以要不時打破慣例。

留點餘裕探索偶然的機會

每個人都希望自己的一天很有生產力，若能擠進更多會議或回覆更多電子郵件，就會自鳴得意，我也不例外，總想在最短的時間內盡可能完成最多事。但不停追求效率反而犧牲了彈性，如果不留一點餘裕，你就無法接納偶然出現的機會。缺乏彈性很難調整，所以我們必須安排空閒時間，才能讓潛力發揮到極致。

行程排得滿滿的雖然令人感到振奮，但那是勝算很低的賭注。滿檔的行程沒有留下犯錯的餘地，讓你整天都處於危險之中。每次僥倖脫身，你也許自覺幸運，但只要一件事出錯，整天的行程就會如同滾雪球般越積越多。

你也需要留點空間，探索偶然的機會和出乎意料的事物。時裝設計師艾薩克．米茲拉希（Isaac Mizrahi）曾解釋說，他最好的點子來自於「一時眼花或看錯」，許多知名的創新商品都是源自於錯誤，但產品的發明者容許自己探索這些錯誤，像是失敗的黏劑後來成了便利貼，以及因為好先生巧克力棒（Mr. Goodbar）融化，發現可以用微波加熱食物等。若能從容面對意外的結果，而非手足失措，你就可以選擇馬上調頭、彌補失去的時間，或稍微進一步探索。你有沒有時間和人共進午餐，延續一場偶遇，也許能帶來新的計畫或突破？你有沒有時間探索可能引發不同觀點的意外結果？

不要排滿每分鐘的行程，例如：我們可以把來回的交通時間增加一倍，或留下空檔以隨時應變。若想發現更多新事物，就要保留探究錯誤和機會的空間。在提升生產力的同時，請留下空閒時間。

謹慎管理並檢視時間的運用，也包括充分利用當下的機會。例如吃晚餐時，有機會坐在不同行業的人旁邊，就要試著了解他們的專業。我們越忙碌、企圖心越強，就越傾向保護自己的時間，希望謹慎運用，但也可能做得太過；有時，機會比企圖心重要。

無法暫時抽離會損壞我們的想像力

對一件事的偏執超過一定程度時，回收會開始遞減，我對這個現象向來很感興趣。過度聚焦可能導致你看不見周遭事物，堅定不移的決心反而成了負擔。這些年來，我擔任數間新創後期公司的產品顧問，因此了解最優秀的團隊也可能偏離原有的路徑和信念。外部顧問很重要的角色就是提出觀察結果，並指出對我們來說可能顯而易見，卻遭到團隊忽視的問題，只因為那些問題不在他們的視野範圍內。

領導人必須不時浮出水面呼吸新鮮空氣。只有暫時離開，才能從不同觀點檢視大局，如同從劇院包廂和舞台看到的景觀並不一樣，你可以從更寬廣的角度了解自己所在的位置。發現自己的觀點有多狹隘，讓我們了解自己的渺小，凝視身邊廣闊的大地、無窮的機會可以帶來鼓舞的力量，所以要暫時脫離每天的奮鬥或追求，讓我們重拾活力，讓想像力煥然一新。脫掉遮住眼角餘光的眼罩，專注於思考各種輔助的點子，有助於提升創意思考的能力。

可惜的是，暫離變得越來越難。在這個電子裝置不離手的時代，我們把空閒時間花在關注別人做了些什麼上，但卻不知道身邊了發生什麼事。我們撿拾片段資訊，努力讓自己浮在水面上。這個問題的嚴重度超乎想像，因為我們無法也沒時間深入思考。

我們每天活在別人的待辦事項清單裡，總是不停對索求我們注意力的事物做出回應，我將之稱為「反應式工作流」的年代。因為不斷地連結彼此，加上周圍有無數訊息在流動，導致我們越來越被動；我們回應別人發送的最新訊息，而非進行自己認為最重要的事；我們完成待辦事項清單，認為這麼做很有效率，而不是花時間追求長遠來看有重大影響力的創意工作。曾在奇異公司（GE）擔任副總裁與行銷長（CMO）的貝絲・康斯托克（Beth Comstock）有次向我解釋，如果她需要退一步思考，讓自己脫離不斷流入的訊息，就會飛一趟中國，十多小時的飛行時間讓她必須脫離這些連結，也成了她主動思考的綠洲。

有些人刻意安排不受外界干擾的時間，強迫自己關閉電子郵件、退出社群網絡，思考必須深思熟慮的問題與長期計畫，也許每天幾小時，也可能每週一天，讓自己擺脫現代科技的控制，有意識地選擇如何過生活。

我則因為這個問題，發現安息日的重要性，許多宗教都有不同版本的「休息日」，相同之處是都得暫時放下工作。二〇〇八年，非營利組織 Reboot 發起「安息日宣言」（Sabbath Manifesto）運動，第一個計畫就叫做「不插電挑戰」（Unplug Challenge），參與者必須一整天不使用科技產品，他們聯絡記者、作家、部落格主，挑戰他們拔掉插頭並報告結果，幾乎每個人都覺得深受啟發，至少讓他們感到耳目一新。

隔年，該組織呼籲舉行「全國離線日」（National Day of Unplugging），全球媒體爭相報導，諷刺的是，# nationaldayofunplugging 成為推特上的熱門話題，這真是太奇妙了。

他們為「全國離線日」寫下《二十一世紀的安息日宣言》（*Sabbath Manifesto for the 21st Century*），提出暫時脫離現代社會的十項原則：

1 避免使用科技產品
2 與摯愛的人聯絡
3 照顧健康
4 到戶外去
5 避免商業交易
6 點蠟燭
7 喝葡萄酒
8 吃麵包
9 沉默
10 回饋世人

無論用什麼方法，我們都必須強迫自己離線。不管你喜不喜歡儀式，那的確是一個幫助我們安排休息和深層思考時間的好方法。科技並非壞事，但我們必須有意識地運用科技來替我們做事，而非受其掌控。

二十一世紀最大的挑戰之一就是保持專注與心靈澄澈，這讓我們得以創造，進而對自己真正在乎的事物發揮影響力。想像力自由奔馳時，創意才會出現。如果你永遠在線上、總是能夠找到答案，很可能停止思考和發想。可惜的是，在「反應式工作流」的年代，我們的思緒很難自由奔馳。

所以，留意持續上線必須付出的代價，若想保持正確的視角，滋養你的想像力，請排出不受外界干擾的時間以及離線的儀式，或讓自己暫時脫離現狀，好好思考新問題、滿足自己的好奇心。

不要變得高高在上，難以親近

越需要別人表揚你的功勞顯示你的影響力越小

太陽帶給我們溫暖，使我們的作物成長，讓地球變得宜於人居。人類的命運取決於太陽射線帶來的能量，但終究約五十億年後，太陽會像其他恆星一樣爆炸，讓周圍的行星變成灰燼。我們應該好好珍惜美好時光，不是嗎？

水能載舟，亦能覆舟。大自然和生活中的許多事物皆如此。同樣的道理也適用於創業上，能滋養你前進的力量，包括：獎勵、自尊心和榮譽感，往往也會阻礙你的進展。

自尊心會腐蝕生銹，它慢慢衰敗，同時破壞價值和潛力。成就很少越陳越香，除非你不斷打磨，使其發亮。最令我佩服的同業都不會鋒芒畢露，而是曖曖內含光，他們任用並授權優秀的創造者、頌揚團隊的功勞；他們創造有意義的事物，引介合適的人才到團隊裡；他們不會拚命自我推銷，而靠口耳相傳；他們受人敬重，卻不會因此難以接近，這讓他們的影響力又更上一層樓。

希望得到他人肯定是很自然的事，許多人一旦諸事順遂，就居功自傲；失敗了就怪罪他人。但若你反其道而行，就能開啟團隊更多潛力，而非安撫自己的不安全感；如此一來，你將更有機會在幕後發揮更大的影響力，不受羨慕、自負與渴求肯定的天性阻礙。如果把功勞歸諸於一人而非一個團隊，等於稀釋了團隊的主控感，他們就不再那麼坦白真誠，認同感和執行力也會深受影響。

創業初期，你時常感到不足。這種感覺讓你腳踏實地，不但能與同事建立出肝膽相照的情誼，也能同理潛在客戶的感受。我合作過的初次創業者，警覺幾乎都非常敏銳，只要能從新客戶那裡得到有建設性的反饋，他們都會反覆思索，並對團隊的感受和情緒狀態十分敏感。這種敏感度能培養出極具成效、非常專注的氛圍。

團隊取得進展後，創辦人就漸漸有了信心。雖然成功可以歸諸於許多因素，像是：謙虛、勤奮、時機和運氣好，但多數創辦人會把功勞歸到自己身上，並將失敗歸咎於他人以及無法掌控的因素。結果領導人變得過度自信，不再側耳聆聽，也沒那麼在乎反饋和團隊的憂慮，產品因此變得沒那麼好。

別為了強調自己的功勞，淡化團隊扮演的角色。許多領導人為了維護自尊，做出令人驚訝的破壞性舉動。我看過家族企業為了爭奪掌控權，一邊的家族不希望另一邊介入，導致公司四分五裂，雙方都得付出高額律師費，一切都是自尊心作祟；我看過公司的共同創辦人，因不願紆尊降貴而被趕出公司，不得不賤價出售股份。諸如上述情況，自尊心不僅在帳面上榨乾領導人的銀行帳戶，也傷害他們未來的潛力。

若想延續成功，就必須反覆提醒自己：那不是你的功勞。把這句話深植大腦，只有抱持這種謙遜的態度，你才能承認自己的錯誤，釋放不切實際的想法，並接受重要的事實：你的團隊做的比你想像中還多，而你做的事比你意識到的還少。你的環境受到各種力量影響，遠超越你擁有的任何技能，最厲害的領導人能夠駕馭這些力量。

優越感會腐蝕團隊的潛力，一旦瞧不起周圍的人、美化自己的能力，就會錯失良機。一個人若自覺優越，就會對周遭的環境感到麻木，錯過認識潛在客戶和人才的機會，也很難從他人的經驗中汲取教訓、理解客戶需求，並對市場的力量沒那麼敏銳。你忘記當初成功是因為時機湊巧，且不是因為你知道什麼，而是儘管你有所不知，卻依然成功。

所以，要抗拒編織自己英勇不凡偉大故事的衝動，這樣的故事會讓你顯得難以親近，甚至連朋友或家人都會有這種感受。雖然我們都希望別人眼中的自己比實際上還好，但這麼做你就無法接近維持上升動力所需的人才和力量，無論生意上或精神上的支持。若時常提醒自己多幸運、多常感到不確定，就可以與他人產生連結。在這個狂野荒涼、難以預測的世界裡，你只是個想解決問題的人，一旦相信自己隻手擎天，反而會事與願違。

不斷提醒自己，成功不代表你知道自己在做什麼，而是種種因素正好對你有利、團隊表現優異，且你很克制地沒有搞砸他們的成就。一旦發現自己固執任性、相信自己無往不勝，就要把注意力轉移到團隊身上。

假使當下你渴望得到功勞與讚揚，那就把它想成長期投資，就算只為了自己好，也要把握每一次機會，把鎂光燈打在別人身上。

退居幕後可以讓其他人的點子站穩腳步

成功的創意團隊通常有個創造力豐沛的創辦人，雖然為這些才華洋溢的領導人做事，或投資他們的事業都令人感到開心，但團隊成員的創意可能很難在這種環境下紮根。

播客節目《歌曲探索》（*Song Exploder*）曾經針對音樂人進行一系列訪談，讓他們介紹自己創作一首歌的故事。威瑟樂團（Weezer）的主唱瑞弗斯．柯摩（Rivers Cuomo）描述他所寫歌曲〈Summer Elaine and Drunk Dori〉的創作過程。他在寫好歌詞和曲子的初稿後，把這首歌交給團員。樂團首次演奏這首歌時，他根本不在場。

他說：「我非常欣賞民主的力量。寫歌的人，也就是我，雖然出於好意，卻可能限制其他團員的創造力，因為你投注感情在原始的版本上，產生了既定的想法，認為這首歌應該是怎樣。但一個人的視角畢竟有限，而且你的權力一定比其他人大，即使一片好意，其他人還是會想：『這首歌是他寫的，如果他不喜歡我這樣演奏，也許就不該這麼做。』所以我讓他們和製作人傑克．辛克萊爾（Jake Sinclair）一起到錄音間，自己詮釋自己的部分，等他們完成後我才去聽，然後回去聽原始版本，幾乎每一部分都令我感到驚喜。他們讓那首歌變得好酷，不但新鮮、層次鮮明，且很有深度。」

為了充分挖掘團隊的潛力，有時你必須放下韁繩，讓團隊成員自行發揮創意。即使你認為自己的初稿已經十分完美（不太可能），也要容許同事在你不在場的情況下嘗試他們的點子，這麼做就能培養主控感和認同感，並加快執行的速度。還不錯的點子通常能引發精采絕倫的想法，並讓樂團更有向心力。

渴望引起關注表示你很可能不再關注別人

希望得到關注反而會導致分心。創業初期我們雖然孤立無援、沒沒無聞，但最大的好處就是能保持專注。你不用像炙手可熱的名人那樣，花時間篩選邀約或在網路上閱讀和自己相關的報導，而是把心力放在打造團隊、產品以及規劃和學習上。

我在前面討論優化產品策略的章節中，解釋過「自我評價分析」的重要性，以及如何運用這種心態，來滿足顧客的虛榮心、吸引他們繼續使用，像是朋友按的「讚」和遊戲的排行榜。我們知道Instagram和推特的用戶在發文後，會更頻繁地使用這些平台，因為他們希望了解別人對自己發文的反應。但想引人注目，就會對別人發表的內容沒那麼感興趣，因此他們減少探索，把時間花在檢視什麼人幫他按讚或在下面留言。

這個道理也適用於個人生活。你推出產品並得到媒體和眾人的讚譽後，花在他人身上的時間通常會減少，因為你開始注意自己受到怎樣的關注。

我記得以前獲得媒體報導後，電子郵件信箱和不同社群媒體往往湧入大量訊息，這時我就會花時間瀏覽並回覆所有善意（有時沒那麼善意）的訊息。一天下來，剛開始我還覺得飄飄然，但很快就意識到，自己那天一事無成。眾人的關注使我忽略身旁正在發生的事。雖然為了自己的成就感到開心，卻又很奇妙地夾雜著挫敗感，彷彿知名度拖累了我的進展。

這樣的注意力也會影響創意的進程，若能全心體會周遭的一切，想像力才會茁壯成長。當你敞開心胸接納身邊的事物，偶然的機會和錯誤都可能變成好點子。但打造新產品時，你會對周遭事物變得麻木，即使只是很短的時間。你將所有心力放在作品引發的效應上。渴望得到認可的原始需求占據了你的注意力，你想知道什麼人看到你的創作，以及他們有何評論。

每天在聚光燈下工作的人或備受矚目的公司必須設法區隔這種關注。有些執行長和公眾人物似乎以好奇心克服這個問題，例如有一次，我和 Behance 的早期投資人貝佐斯（Jeff Bezos）一起參加一場小型晚宴，他提出許多和我們公司相關的問題，並想了解我們對設計、科技新趨勢與其他主題的看法，令我感到印象深刻。晚宴散場後，我發現談話完全沒有觸及他的太空飛行公司「藍色起源」（Blue Origin），或他擁有的報社《華盛頓郵報》（*Washington Post*）。這個正在打造火箭、探索宇宙最後疆界並掌控全美規模數一數二媒體的人，對於發問和新創公司相關的問題更感興趣。

我這才發現，亞馬遜之所以能夠持續成長，以及貝佐斯似乎了解那麼多行業，也許就是因為他的好奇心超越別人對他的關注。多數人都欣然接受別人對他的讚譽，並滔滔不絕分享自己的故事。貝佐斯則渴望了解其他人的專業知識，這讓他不斷學習和探索，也使他不受盛名所累。

持續引發騷動

幾年前，我的人生導師賽斯．高汀寫了一封短箋給我，上面寫著：

史考特，持續引發騷動。

賽斯

這些年來，這張紙條在我心裡代表不同的意義，但最重要的是提醒我，不要規避衝突。它提醒我繼續戰鬥，並鼓勵我擁抱困境、不要安於現狀。

有時日子一久，我們才真正體會到這類建議的價值，後來證實，「持續製造騷動」是對我優化團隊和產品最有幫助的建議。在Adobe工作期間，我面臨的挑戰是在公司運作順暢之際，試圖解決雖然重要卻沒那麼急迫的問題時，我必須提出難以回答的問題，擾亂原有的平靜。遇到這種狀況，人們自然希望維持平靜，避免討論看似沒必要的風險。開會時，也許所有指標看起來都很好，但似乎在掩蓋什麼問題，這時我的腦海就會浮現賽斯的建議：「如果覺得不對勁，就直接發問！」有時問題沒什麼幫助，有時也可能戳中「房裡的大象」。

擔任非營利組織的董事時，我也遇過類似挑戰，不過是出於完全不同的原因。在非營利組織的世界，很多人為了解決重要的問題，自願投注時間或接受低薪，因此你很難質疑他們的策略或批評其領導能力。但在這種環境下，鼓起勇氣說出自己的想法反而更重要。因為從長遠來看，忽視問題可能造成疏離和傷害。無論是人、策略、戰略或既定想法都必須與時俱進，負責的領導人必須願意擔任催化劑。

但是，如何拿捏引發騷動的程度？每個體系都有承受壓力的臨界點，一旦超過就可能瓦解。祕訣在於明智地選擇戰場，設法將人們往前推，卻又不干涉他們的做事程序。有時一對一談話最能推動改變，先讓問題像種子一樣在對方心裡慢慢紮根，由於直覺反應往往蓋過理性思考，因此召開大型會議前，你可以針對可能引發爭議的問題先提出暗示或表達憂慮，以規避本能的反應。機會在於，你可能不是唯一有疑慮的人，所以要願意攪局，好讓事情朝著正確的方向前進。

提出質疑或捅馬蜂窩、揭露真相，必然會導致不快。我們都希望避免衝突，以後的問題留到以後再面對，但實話實說、導致別人失望是優化的不二法門。所以，去引發騷動吧。

第三篇

最後一哩

抵達終點

二〇一二年十二月中旬，再過幾天就是耶誕節，地點在紐約市。

我從來沒有睡得這麼少，鬍子沒刮，快生病了，也久久沒和家人朋友聯絡。經過約三十天的密集談判，努力敲定細節、不斷商議，我們終於在前一天晚上和 Adobe 簽下併購契約，他們決定以一億五千萬美元買下我們這個前五年全憑自己的能力支應開銷、後來才籌募到約六百萬美元資金的小團隊。此外，團隊成員都拿到優渥的聘用條件，能夠繼續共事。我們當中有十二個人即將成為百萬富翁。

生命中總有些時刻，身旁一切事物似乎完全靜止，我不斷回想到創業的起點：我在高盛像往常一樣上班，下班後則到聯合廣場的星巴克和麥提亞斯碰面，他也是我第一個找來幫助我實現瘋狂點子的人；六個月後，好幾天的深夜，我們從各自的公司下班後，邊喝葡萄酒、吃外賣中國菜，邊模擬、辯論 Behance 的計畫；七年後的現在，我們走到即將改變一生的轉捩點。

早上約八點三十分，我搭乘電扶梯，準備到 Behance 位於蘇活區（Soho）七樓的辦公室，各種感觸突然湧上心頭，世界彷彿靜止了。我的情緒澎湃，喉頭和眼睛都好緊，一方面覺得興高采烈，卻又感到難以置信；我似乎發出了笑聲，又像在嗚咽（簽約期間工作過度，導致嚴重感冒、發高燒也是可能因素之一）。七年的起伏不定、懷疑和擔憂都積累在心中，這時終於有了明確的出口：我們做到了！我們做到了！

我走進辦公室，召集團隊。大家都安靜地迅速聚集，他們雖然已經知道發生了什麼事，但這個消息應該由我來宣布。公司營運長威爾·艾倫站在我身旁。我看著二十幾名員工，回想公司只有我和麥提亞斯、四處尋覓提供免費無線網路咖啡店的景況，當時我還沒開口，就已經開始哽咽了。

我不記得自己確切說了什麼，因為那天我實在魂不守舍。我記得我說：謝謝你們、謝謝團隊讓我們走到這一步，以及他們為實現目標所付出的一切；我告訴他們，這是他們應得的，以及我真心以他們為榮。眼淚奪眶而出時，我告訴他們，領導這個團隊是我一生中最大的榮耀。

然而，當時的心情並非全然興奮，我也擔心自己會後悔。Adobe會不會保護我們辛苦打造的產品和社群？我們的文化是否因而改變？得到財富後，會不會影響我們的企圖心和價值觀？我雖然開心卻也害怕，不知道生活會變成怎麼樣。

不久後，「紐約市出現金額高達九位數的科技業併購案」的消息登上新聞版面，媒體替這個併購消息下了簡潔有力的標題，並以併購金額替這件事作結。這些起伏不定的心情都

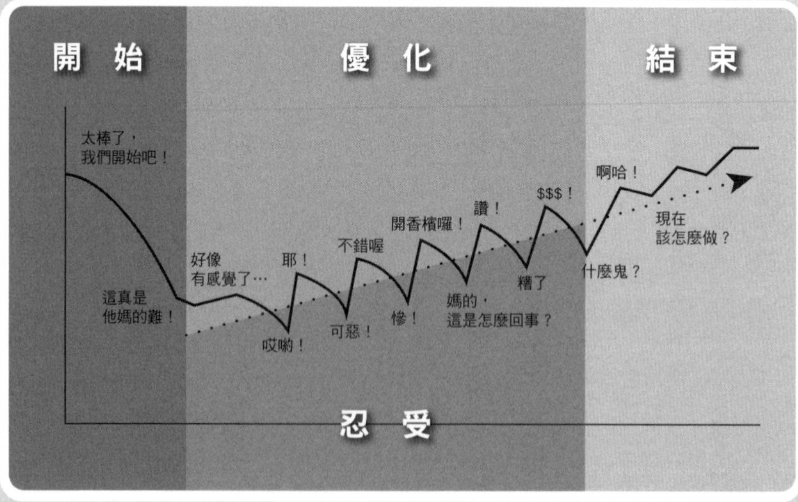

只是故事背後的層次。電話輪番作響，除了要求提供評論外，不同階段的投資人也紛紛來電道賀。雖然金額不到十億美元，但投資人得知併購消息仍然相當開心，他們一年前投資的數目只是併購價格的一小部分。公司剛成立時，我們從未想像到會有這樣的結果，多數員工都還在繳學貸，夢想能買一間房子。我知道，我們的生活多少會變得不一樣。

人的記憶實在很有趣，平常我對很多東西幾乎完全沒印象，卻忘不了某些片刻和行為。像是二〇〇六年，我們印製網站原型的事，也就是把用戶上網的每個步驟印出來掛在牆上，然後標記需要修改的地方，接著又印出一套新流程，但當時，我們根本還沒找到可以實現這些原型的工程師。我記得，每次從印表機取出「最新版本」時，都覺得自己很有進展，即使一切都只是紙上談兵；另一件令我印象深刻的事是，我們當時如果接到實體紙類商品的訂單（像是用來增加公司進帳的《行動記事本》〔*Action Books*〕），都會親自送貨以節省運費。我和專業快遞員一起站在曼哈頓摩天大樓的入口，等著把筆記本交給廣告公司或對沖基金的員工。沒有對外募資那些年，我們手頭拮据，我得時常和辦公室經理貝里特．安賽爾（Brit Ancell）坐下來討論如何錯開賬單的付款時間，才發得出薪水。

我記得那些「只要多做一件事，我們就撐得下去」的時候，凌晨坐在螢幕前，眼睛已快闔上，但我只想再多發一封郵件、多聯絡一名客戶、邀請網路上的設計師試用產品。許多年來，我都想「再做一件事」。

創造事物的過程中，最令人感到謙卑的部分在於，你永遠不會真正完成。你發現終點只是抽象的里程碑，讓你能夠消化漫長的旅程。惟有了解到，自己走到創造週期的哪一階段，以及輪子正往什麼方向前進，才能讓齒輪繼續運轉。每次走到終點，都會發現新的可能，只要你領導有方，然後交棒出去。

接近終點線

「最後一哩」是另一種比賽

投資人接到公司執行長傳來的簡訊，說希望「今天碰一下面」，通常代表三件事，不是他拿到併購提案，公司瀕臨倒閉或資金即將用盡，不然就是必須做出影響未來經營方向的重要決策。二〇一六年年底，我就接到了類似的電話，這來自一間資安公司的創辦人，他又驚又喜地告訴我，臉書想併購他的公司，已經快要談成了。我說：「太好了。」接著問了他一些問題：「併購條件為何？臉書是否會讓你們的團隊繼續合作？你有沒有和其他可能收購的公司談過？」

他想了一下說：「我們馬上會談到這些，不過我已經認識幾名主管，他們的開發團隊上週來跟我們見面。」

「我們？」我問道：「他們去見你的團隊？你們談好交易了？」

「沒有，」他回答說：「還沒談那麼多，我想聽聽你的建議。」

這時，我才意識到發生了什麼事，因此低頭嘆了口氣，再確定一次：「所以你已經和臉書討論過產品和公司方向、讓幾名高層主管和你的團隊見面，但還沒有討論到價格或交易條件？」

這位創業家沒有發現，臉書只是把他的公司當成「人才併購」[6]的目標，代表他在無意間導致團隊心神不寧，最終導致了失望。他讓潛在收購者占盡優勢，跳過應有的程序，最後談判破裂。整件事完全在浪費時間，公司停擺了好幾個月。就像跑步一樣，你可能一開始跑得很好，卻在最後一哩搞砸然後輸掉比賽。

優秀的創辦人未必擅長處理終點，最後一哩路是完全不同的比賽。意思是說，你必須找到不同的教練，採用另一套訓練方式。假使終點線就在眼前，你的直覺可能是邊持續做原本在做的事，邊朝著光亮處奔跑，但冒險之旅即將結束時，一切都會變得不一樣。無論你在旅途中取得多大成就，都需要一套新戰術並尋求大量指導，那個階段需要的已經不是忍受和優化，而是準備好劃下終點。

Behance 踏上最後一哩路，是從我們三度與 Adobe 討論合作、但三次都沒談成後才展開。Adobe 和 Behance 合作雖有諸多好處，但每次快要談成的時候，Adobe 都認為，他們最好建立或管理自己的線上作品集，而不是和其他公司合作。他們的想法沒有錯，因為就訂閱服務的角度來看，Adobe 必須與創意社群建立關係，當時，社群與作品集管理等線上服務正逐漸成為 Adobe 主要業務「創意雲端資料庫」的重心。他們不是得自己建立社群，就是得併購最佳選項。

幾個月後，我有機會見到當時在 Adobe 掌管數位媒體業務的資深副總裁大衛．瓦德瓦尼（David Wadhwani），他和我分享他對創意雲端資料庫的想法，以及 Behance 若能成為 Adobe 的一部分，可以發揮哪些重要作用：自從讓數千萬名創意專業人士從使用 Photoshop 等工具創作和發表作品的那一刻起，就把他們連結起來。與大衛及 Adobe 開發團隊幾次談話以來，我相信這是重大的機會，我馬上去請教一批能替我保密的顧問，在談判過程中提供指導。

例如：我與公司董事和投資人、聯合廣場創投（Union Square Ventures）的艾伯特・溫格（Albert Wenger）一起列出各種選項，也曾打電話詢問其他有經驗的創業家，他們不是經歷過大企業收購，就是決定保留經營權，繼續籌募後續資金。我記得，我好幾次和公司的天使投資人克里斯・迪克森（Chris Dixon）在半夜討論各種交易條件，設法把更多價值轉移到部分應得的員工身上。

那段期間，我覺得自己走出舒適圈，彷彿過去七年內累積的專業知識突然變得毫無價值。面對職業生涯中數一數二的重要時刻，我完全成了菜鳥，但我不害怕開口向別人求教（剛入行時並非如此），也很高興自己能夠做到這件事。

要走到最後一哩路，你不能仰賴過去的市場經驗或經營公司的自信，即使覺得自己正逐漸加速，也要放慢腳步、尋求協助，把選項歸結到簡單的「是或不是」的問題上。你的計畫是否準備好劃下終點？這樣的作法是否對客戶有利？你的目標實現了嗎？這樣的終點能否讓團隊得到足夠的獎勵？試著釐清問題、思考答案時，要借重可靠顧問的力量。

任何旅程走到最後一哩路，眼前的地勢都會產生變化。心理上，你開始思考終點的意義，可能百感交集，開始質疑自己的作法和動機，你也許想靠自己的力量獨自往前走，但是你不能這麼做，最後一哩路不能孤單獨行。

---

6 譯注：talent acquisition，併購目的是針對公司內部的人才，原來的服務多半在事後關閉。

維持剛起步的心態

如果來到臉書總部，這間以「敢作敢為」精神出名的公司你會發現，許多筆記型電腦上的便利貼或海報上都寫著：「我們完成了1%。」

進展的矛盾在於，我們會越過願意大膽嘗試、因而加速進展的早期階段，多數公司的作法都像失敗的社群網路Myspace，不斷重複「成功」的產品，然後全心維持下去。相形下，臉書一直表現地像是處於草創階段。

維持「我們才剛起步」的心態，才能不斷質疑既有假設、提出更遠大的想法。我相信二〇〇四年成立的臉書，若非因為這些年來多次徹底轉變，否則無法蓬勃發展這麼久。臉書一開始只是大學的通訊錄，後來變成讓用戶登錄其他網站與服務的平台，然後成為串連號召的工具與聚集眾人的媒介，再來，又發展到涵蓋Instagram、即時通訊平台WhatsApp，以及虛擬實境科技公司傲庫路思（Oculus）。臉書不斷進化，只有在團隊開始感覺、表現地像是接近終點線，成長才會受限。

臉書收購全球即時通訊平台WhatsApp的消息對外公布後，許多人懷疑標題是否寫錯了，他們怎會以一九〇億美元的天價併購一間沒有營收的公司。但假使臉書希望主導訊息服務市場以及大眾相互聯繫的管道，除了臉書之外，還必須擁有引領業界的通訊軟體WhatsApp。這次併購的結果很成功。二〇一八年二月，根據WhatsApp的報告，他們每個月的活躍用戶超過十五億人。只有相信自己只完成1%的公司，才能做出如此大膽的賭注。

創業初期是公司最豐饒靈活的階段，你不會因為既有的成就而驕傲自滿，而是願意承擔風險和犯錯。產品剛萌芽時，容許大幅度的轉變，那時你睡前、剛起床時都在思考調整產品的新點子或好方法，也因此能引發重大影響。在創業初期，你不停地推銷，遇到的每個人都是可能的支持者、投資人、員工、導師或顧客。那不是時間的問題，而是一種心態。

創業計畫接近尾聲，你的挑戰是如何保有剛創業時的開放、謙虛和鹵莽。持續重新定位，把目標訂得越遠越好，永遠不要忘記越成功盲點就越多。所以無論在心態或精神上，都要停留在剛起步的階段。

克服抗拒圓滿結果的心態

投注這麼多心血在一項計畫上，最後一哩路可能令你百感交集。無論好壞，辛苦耕耘後得到的成果都成為你的一部分。接近終點線時，你當然希望知道這趟旅程如何改變了你，你必須試著調適這整件事對自己身分認同的影響。

Behance被收購後，對團隊每一名成員造成的影響都不太一樣，雖然每個人都因為這次經歷而變得更堅強，但有些人更有信心，有些人則自愧不如；有些同事提升自己的生活水準、花大錢購物，有些則拚命想維持原來的生活。儘管大家都對財務報酬和眾所皆知的勝利感到滿意，但我也觀察到出乎意料的行為。

收購即將定案前，一名資深同事突然出現舉止失當、判斷力不佳的問題，他出言不遜，使同事感到不自在，有時還會爆怒。很多人向我抱怨，我也一直試著解決，但類似行為仍不斷出現。對此我困惑不已，他顯然知道在如此關鍵的談判和查核期間，事情一旦搞砸，影響有多大，但類似事件依然層出不窮。

我記得有天晚上回家，告訴擔任臨床心理師的妻子艾瑞卡（Erica）這個令我百思不解、深感挫折的問題。

「他在抗拒。」她說。

我很困惑：「什麼意思？他努力了這麼多年，終於可以收成。為什麼要抗拒一直想得到的東西？」

如果沒有做好接受結果的準備，或不確定自己值不值得，就可能在不知不覺中產生抗拒的心態。潛意識會洩露那些我們不願對那個較有意識且理性的自我承認的不安全感和懷疑。假使沒有打從心裡相信那是自己應得的結果，就可能反應在行為上。

我發現，那位製造麻煩的同事下意識地在破壞自己的前途，那不是他平常會做的事。我決定處理原因，而非問題。

隔天晚上，我和他坐在辦公室看不到的會議室角落，他一開始還是態度挑釁，試圖解釋自己的行為，並堅持說他會停止，所以沒什麼好擔心。我停頓了一下，把椅子拉近，看著他的眼睛說：「你工作地那麼努力，這是你應得的。」

一開始，他看起來有點困惑，防衛心還是很重，似乎完全不懂我在說什麼。我又重複一遍：「這是你應得的成就，不需要抗拒，這是你努力得來的。」他的表情開始轉變，眼眶泛淚，我永遠不會忘記那種感覺，也許只是一瞬間，我們碰觸到更深層的東西。我們站起來擁抱，他向我道歉，我們一起走出去。我不確定會議室的談話究竟對他造成了什麼影響，不過這已經足以讓他接受自己的進展。

多數失常行為都源自於更深層的心理因素。我看過太多領導人在公司和生活面臨重大轉變時出現反常之舉。每個人的內心都有不願接受自己進展的一部分，克服這種阻力是為終點架設舞台的第一步。

這是你應得的。好好想一想。

不要低估多加一塊磚的價值

二〇〇九年，我有幸受邀擔任庫柏-休伊特國家設計博物館（Cooper-Hewitt National Design Museum）的董事，這間博物館是文化遺產機構，隸屬史密森尼學會（Smithsonian），必須和政府、紐約市以及不同地區、世代的捐款人打交道。由於對設計和快速崛起的互動數位設計領域向來就很感興趣，我決定加入他們的董事會。儘管期待看到博物館展示這類新型態的設計，但開完第一次會後，我只感到洩氣。

平常在節奏明快、以行動為導向的新創領域工作的我，來到一個有百年歷史、重視程序的非營利組織董事會開會，之間的落差讓我感到有點挫折。有些人因為財務上的貢獻而成為董事，其他人則因為專業知識而受邀，因此與會者多半背景顯赫，但每個人的資歷和目標都不同，意見與溝通風格也南轅北轍。為了讓每個人開心、有參與感，執行董事花了很多時間協調不同意見。開完這種會後，你不免覺得：「我們完成了什麼？這不是在浪費時間嗎？」

朝著出口、穿過博物館大廳時，長年指導我的約翰．前田靠過來詢問我的想法。我告訴他，自己對會議進展緩慢、效率不彰的挫折感，並問他在羅德島設計學院擔任院長的經歷，是否讓他學會忍受這種大型組織緩慢、繁瑣的程序。

他笑了笑，一如往常地以冷靜明智的語調說，我太習慣創造短暫的事物，像是數位產品和新創公司，他說：「史考特，無論那種創作有多傑出，都可能在百年後消失，變得無關緊要。但這樣的博物館會一直傳承下去，你所做的每項改變，都會永久改變這個永遠存在的事物，即使只是在博物館的地基加一塊磚，你的貢獻也會永遠留存下來。」

約翰的觀點完全改變我的想法，也許這樣的機構能夠抵禦改變是好事，反而是優點而非缺點，畢竟它必須能夠抵擋管理團隊或趨勢的一時興起。

更重要的是，約翰讓我能夠珍惜生命中難得的機會，可以加一塊磚、守護與貢獻，而非創造新事物。他也讓我意識到，我過度沉浸於新創世界，除了創造新事物和解決新問題，我們也可以對社會發揮完全不同層次的影響力。當然加一塊磚也許感覺起來沒那麼重要，甚至很難看到進展，但這對世人的貢獻無法以一般的標準來衡量。

保留一點耐性，改善能夠永遠留存的事物。有時除了創新之外，加一塊磚，對世界的貢獻可能超越我們的生命。

最後，若希望自己的創作成為制度、經得起時間考驗，就要從製造者的身分轉變為貢獻者，也許留下一些未完成的部分，把責任交給接班人，讓他們在你打造的基礎上進一步發展，而不是納為己有。如果接班人覺得自己擁有產品的一部分，就會花心思呵護並繼續往上加蓋。

交棒

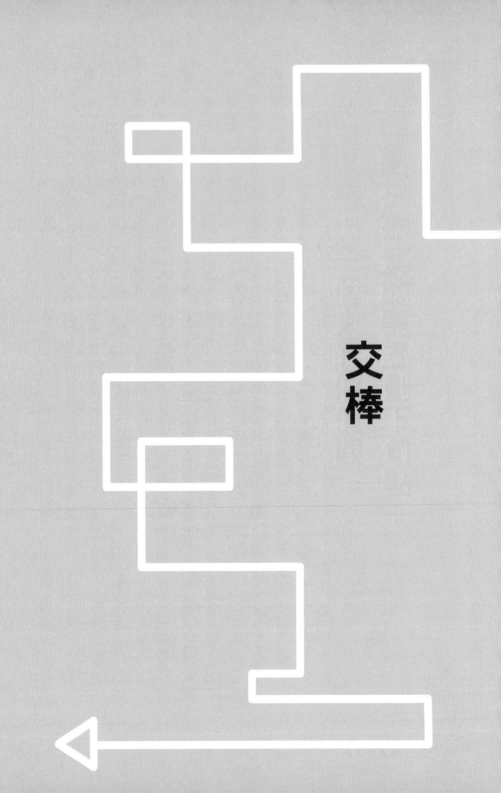

如果無法精彩收手就請優雅結束

旅程終點不會如你想像，也很少依你所願。若公司無法按計畫取得進展、不得不結束，請克制想快速抽身、將之拋諸腦後的衝動。最後一哩路有許多可以學習的地方，為了維持聲譽，也有必須採取的步驟，另外，還要照顧一路上幫助你的人。

有些創業者選擇默默收手，不想讓人把目光聚焦於他們的失敗，也不願回答令他們感到不自在的問題。遇到這種情況時，顧客或投資人得不到任何解釋，不免因而感到困惑和怨恨；有些人則會找藉口或扭曲事實，像是把公司解散說成「併購」，儘管他們只是到另一間公司上班。但令人敬重的創業家無論結果為何，都能坦然面對，優雅結束。

我收過不少創業者通知壞消息的電子郵件和電話，其中，包括Getable公司的創辦人兼執行長提姆・赫爾（Tim Hyer）的電子郵件。他原本認為，消費者會希望租用多數時間堆在車庫內的昂貴器具，像是割草機、烤肉架和電動工具。我認同提姆的論點，相信千禧世代的趨勢應該是以租代買，於是在二〇一二年投資了他的公司。但他們一直找不到正確的市場，也無法留住客戶，因此幾年後，提姆把經營方向轉移到承包商和建築公司，而不是閒暇之餘在家裡做木工的客戶。但這樣的轉變還是不夠，最後由於種種因素，公司停止成長、無以為繼，只好做出結束公司的困難決定。

在給投資人的信件中，他坦誠反省，並表達感激之意：

> 八年來，歷經種種波折，我剛提交了Getable公司的解散登記。只要參與過創業的人都能了解，從無到有打造一項事業，必須面對多少高低起伏，幾乎所有力量都和你作對，但你依然全力奮戰。我可以自豪地說，我和團隊成員以及共同創辦人，一起為公司全力打拚了將近十年……自行支應開銷、組織團隊、建立原型、籌募資金、成立董事會、和早期的客戶簽約、發展團隊、籌募更多資金、業務轉型、品牌重塑、調整團隊、招聘、解雇、抵達里程碑、籌募更多資金、再次轉型、尋找併購機會等。到達高峰後，低谷隨之出現，我們投入難以衡量的精力，但到了最後，這些都還是不夠。承認這樣的事實很不容易，不僅對我自己來說是如此，對一路上支持我和團隊的人來說也一樣。你們提供我達到目標所需的一切，但我很遺憾地說，我們沒有做到。

這就是混亂中程之後的優雅結束。身為投資人，我尋找的創業者是能夠同理，並有一群為問題所苦的客戶，且熱愛解決問題，有自我覺察的能力，也能從真實生活經驗中汲取教訓，因此能忍受並優化創業過程。提姆具備上述所有特質，只是沒那麼幸運，他沒有憤世嫉俗或找藉口，而是坦然面對不如意的事實，並向受牽連的人致歉。提姆處理第一場冒險失敗的態度，對他接下來想做的任何事都絕對有幫助。

如同小說或電影的結尾，計畫結束的方式決定以後能不能看到續集。不要讓憤怒、羞恥或焦慮阻礙你優雅劃下句點。如果處理得當，失敗只是朝著正確方向邁出的一步。

你的工作不等於你

表現傑出的創業家或藝術家經常遇到的一個問題就是，別人老把他們和他們的事業連在一起。例如音樂人永遠被十年前出名的樂團定義、公司領導人因為年輕時創業成功的經驗出名，除了工作之外，他們找不到自己的身分。

成長過程中，我在我的外公斯坦利．卡普蘭（Stanley Kaplan）身上看過這個現象。一九三〇年代末期，他開始在爸媽家的地下室替學生補習，協助他們準備ＳＡＴ一類的標準化測驗。他出身移民家庭，希望替家裡賺錢，後來也真的替他們買了家中第一輛車。

接下來五十年，他一直在經營課業輔導的生意。我的外公就是「那個卡普蘭」[7]我記得小時候到紐約玩，和他一起搭計程車，他都會問司機，他們或他們的孩子有沒有考過ＳＡＴ，他笑嘻嘻地問：「他們考得怎麼樣？考前如何準備？」然後等待對方回應。他錄下每次訪談，享受自己和公司共同擁有的身分。後來他去世後，我還翻看過錄下這些訪談的數百卷舊錄音帶。我的外公等同於他的事業。

他比較擅長幫學生補習，而非經營事業。一九八〇年代初期，他把公司賣給華盛頓郵報公司，並將多數資金拿去成立一間非營利基金會。今天，華盛頓郵報公司已將卡普蘭轉變為跨國企業，擁有一百多間實體學校與包羅萬象的線上服務，創造出數十億美元的收入。對於移民水管工的小孩來說，這是相當驚人的成就；

他當年開始替學生補習，是因為當時的醫學院對猶太學生有名額限制，所以才沒被錄取。

但在卡普蘭的業務開始成長、他決定賣掉公司後，再多的金錢也無法彌補他因為賣掉公司而失去的那一部分。他晚年患有憂鬱症，後來我才知道，他可能一輩子都有憂鬱傾向。我記得他極端鬱悶的模樣，只有問及與創業初期相關的事時，他的眼睛才會發亮。彷彿賣掉公司、失去定義他身分的事物，他也因而失去自我。

考慮賣掉Behance時，每次想起外公的事，就讓我心情沈重。我只花了七年打造Behance，不是一輩子。但就像外公一樣，我的身分與之緊密相連，除了很多朋友都出自相同領域外，我之所以受到眾人矚目，也是因為Behance，而非生活中的其他角色。我害怕變得像外公一樣，被這間公司所定義。

我有很多朋友在離開備受矚目的工作或他們創辦的公司後，都必須面對類似的問題。我很喜歡的初創時期投資人、Homebrew創投的杭特．沃克，曾任YouTube的高層主管多年，在該領域廣為人知。他離職後在部落格寫了一篇文章，坦白描述那段心路歷程。他提到，當時必須試著承認自己很難「區分『我上班的地方』、『我存在的意義』和自我價值」，他解釋道：「職業生涯是一系列的決定，你每隔一段時間都有機會脫蛹而出，讓世人和自己看到進化的結果。你不等於你在組織結構圖的位置、部門預算或頭銜。別讓你在一間公司的成就，阻礙你追求令人畏懼卻美好的新機會。我花了好一陣子才體會到這點，但現在我可以說，這種感覺真的很棒。」

能對自己抱持足夠信心，拋開過去的身分，這種事說來容易，卻不容易做到。一旦走過幾乎耗盡所有精

7 譯注：卡普蘭集團（Kaplan, Inc.）現在是美國最大的教育培訓集團，共有超過二萬四千名員工，遍布全球四百個地區。

力的旅程，那段旅程就會成為你生命的一部分。

我們很難讓自我價值脫離自己親手打造的產品，尤其是那些作品就是在表達自我的創意人士。我記得二〇一五年時99U大會有場演講，主講人是思想家羅翰・古納特拉克（Rohan Gunatillake），他提倡正念與冥想，並製作一系列與正念相關的產品，包括：Buddhify、Kara和Sleepfulness。那場演說的內容是關於創意人的恐懼，最後一點在討論，對於區隔個人價值和工作的恐懼（也是培養積極生產力重要的一步）。如何創造能夠表達自我的作品，但要是失敗了，又不代表你個人的失敗？羅翰向聽眾建議的第一個步驟是重複正面的句子，同時留意那些話為我們帶來什麼感受。

幻燈片打出的第一句是：「**我不等於我的推特簡介。**」

觀眾笑了。「這個比較簡單。」羅翰漢解釋道，你當然不等於你的推特簡介。

然後，他給我們看下一句：「**我不等於我的履歷表。**」大家又笑了，不過音量小了些。

然後是第三句：「**我不等於我的公司。**」

我站在後台，倒抽了一口氣。我的生活中有很大一部分等於我的事業，Behance就是其中一部分。只要是創業者，可能都會停下來思考，身為公司創辦人，你投注那麼多心力在上面，最後公司就如同你的一部分，是你個人興趣、優點和缺失的延伸，所以很難與之脫離。同時很大的定義上，這也是你的創作。

羅翰給我們看最後一句：「**我不等於我的工作。**」

現場鴉雀無聲。

他說：「把這句話放在心裡，留意自己是否在想：『但是，我就等於我的事業，我把所有心力投注在上面。』讓自己脫離工作的練習是留意這個行為、仔細體會它帶來怎樣的痛苦和掙扎。」

抵達終點，你的命運也和你工作的命運分離，但你還是你，你不等於你的工作。你打造出事業或作品，它可能失敗、出售或被遺忘，但那並不等於你。最後一哩路需要放手，放開你的創作，回歸個人的本質和價值觀，然後再去追求另一件點燃你好奇心的事物。

按照自己希望的方式劃下句點

二〇一七年，我和一群產品設計師到日本旅行，遇到櫻田五十鈴（Isuzu Sakurada）的女婿，並因此得知櫻田和他京都米其林星級餐廳的故事。櫻田五十鈴年少時在禪寺修習，立志成為廚師；二十多歲時，他在京都一條小巷開了間名為櫻田（Sakurada）的小餐館，共有四張桌子和十個吧台座位。他的高湯特別有名，日本各地的年輕廚師都會到京都拜櫻田五十鈴為師，學習製作傳統日本料理。他精緻的創作漸漸廣為人知；數十年後，櫻田獲評為米其林二星級餐廳，成了世界上數一數二的知名餐廳。

獲得米其林星星後不久，櫻田五十鈴宣布，他將在一百天後關店，令員工、社區和烹飪界驚訝不已。

在巔峰時期離開是一回事，但得到這種世界級認可後，這麼快就收掉餐廳，又完全是另一回事。世界各地的美食家紛紛趕在關店前到櫻田用餐，忠實顧客到店裡吃完飯後，流著淚離開。他宣布關門的舉動引起各方關注，後來還因此拍了一部紀錄片，記錄他收掉餐廳的過程。電影最後的場景是他取下掛在門上的傳統布簾。

人們往往難以接受，如此才華橫溢的人就此收手，但他的女婿告訴我們，他的岳父覺得心滿意足，櫻田五十鈴不僅備受當地人敬重，還得到來自國際的米其林肯定，他的女婿描述說，一切都「讓他感到無比滿足」。他決定關閉餐廳，這在外人看來，也許是想趁著巔峰離開，事實上更大的理由是，他對自己的事業成就已經感到開心滿足，他別無所求，只希望花更多時間陪伴家人和到大自然走走。我想，那也許是他一生中僅存、尚未滿足的願望吧。

那天稍晚，我們奇蹟似地巧遇櫻田主廚，他和孫女在小廣場上玩耍，看起來相當平靜、幸福。從他的微笑和舉止上，你知道他輕鬆自在，真的非常滿足。

我心想，這就是按自己希望的方式劃下終點的模樣，不僅是到達自己期望的高度，希望別人永遠記得你當時的模樣，想「在巔峰時引退」，也是感到心滿意足，容許自己追求不同的事物。

我的父親是事業成功的骨科醫生，退休的情況也很類似（雖然沒有米其林星星），他獲得想得到的所有頭銜，包括成為紅襪隊（Red Sox）和愛國者隊（Patriots）的隊醫。到了六十多歲，也是職業生涯最忙碌的階段，他認為與其在手術室度過一天，不如陪伴孫子、孫女或從事其他休閒活動，所以決定向兩位與他一起開業的年輕醫師提出退休時間表，最後完全不再執業，轉為從旁輔助和指導。這並非容易的決定，但他對自己的工作成果感到滿足，也發現自己的精力和興趣開始轉移到其他地方，所以當機立斷，沒有等到工作表現受影響才退休。

我記得當時我很佩服他的作法。這對他來說並不容易，卻是深思熟慮後所下的決定，也如他所願。他主導結束的過程，而非被迫離開。最好的終點出現在你想保留那種滿足感的時候，然後按自己希望的方式劃下句點。如果能夠脫離過去的成就，找出自己的身分認同和萌芽中的興趣，就能迎接新的篇章。你對世界的貢獻不會跟著退休，而是永遠地留下註記。

我最喜歡的其中一句古老格言是：「感覺富有，是覺得自己得到所有應得之物。」完成一項計畫，我希望從中得到滿足感；臨死前，我希望能回顧自認滿意的一生。

永遠沒有完結

持續學習是長生不老的仙藥

撰寫本書時，華倫・巴菲特（Warren Buffett）已經八十七歲，卻依然是全世界數一數二的投資人。他創辦的波克夏海瑟威公司（Berkshire Hathaway），資產超過六千億美元，另外還擁有諸如：GEICO、利捷航空（NetJets）和冰雪皇后（Dairy Queen）等公司，也是美國運通（American Express）、蘋果、可口可樂（Coca-Cola）和富國銀行（Wells Fargo）的最大股東。從他每年的致波克夏海瑟威股東信，我們可以發現，他為什麼能夠維持這樣的地位。只要看其中幾封，就能從中歸納出幾項特質。

首先，巴菲特非常擅長自我反省且相當謙虛，他常說自己的購買決定很「愚蠢」，並反覆說自己做錯了、「沒有神奇的計畫」，或者有些事他要經過一番掙扎才有辦法理解。他很能接受新的模式並改變心意，一九九〇年末期，巴菲特公開表示，他從不投資科技股，卻在二〇一六年成為蘋果最大的股東之一。對於錯失一開始投資Google和亞馬遜等公司的機會，巴菲特承認自己「有很多提問的管道和自我學習的方法，但我搞砸了。」

了解自己過去堅持的信念有誤，是生活的新契機，代表你還是學生，仍然不斷學習，華倫・巴菲特也不例外。多數人到了職業生涯後期，由於已經取得諸多成就，通常會花更多心力在慶祝勝利與鞏固貢獻上，而非嘆息自己犯了什麼錯、學到什麼教訓，但巴菲特不是。他不停思考自己做錯了什麼，也願意改變過去堅持的想法，就像剛踏入職場的新手，能吸納不同觀點，且很有彈性，反而不像接近終點線的老手。

我認識的人只要遇過巴菲特，都會提到他無法滿足的好奇心。巴菲特說他在投資生涯初期，每天要看六百至一千頁的書，現在仍將80％的時間用在閱讀上。有人曾經詢問他成功的關鍵，據說巴菲特指著書桌上的一疊書說：「每天像這樣讀五百頁。這就是知識的運作方式，如複利般累積。每個人都可以做到，但我保證，你們很多人都不會去做。」

好奇心、自我反省與願意改變想法都根植於同樣的主題：不斷學習的渴望。學習是長生不老的仙藥，巴菲特每天都在喝。

你若不是活著，就是在等死

世上唯一確定的事，就是人終將一死；至少這是看待死亡的一種角度，你也可以想，我們現在還活著，短期內也都會如此。從什麼角度看這件事，會影響你如何安排時間與你的生產力。

挑戰不是令人沮喪，就是讓我們發現努力的新方法，但不會二者兼具。假使把挑戰視為即將來臨的終點，就可能更快失敗。但若能專注於運用眼前的時刻，將其發揮到極致，反而能讓你活得更精彩。

我的阿姨埃莉斯．艾倫（Arlis Aron）持續十五年都在對抗第四期癌症。她看過幾十名醫生，每次醫生宣判她可能活不了太久，她就投入更多時間在園藝、家庭、旅行和與身邊的人際關係上；每次有人勸她接受自己死期將近的命運，埃莉斯就更專注地生活。在生命最後一個月，埃莉斯還在談論她花園裡的花，描述自己吃早餐時如何忘我地欣賞花朵的圖案和顏色。

像我這種連小感冒都擔心自己死掉的人，從埃莉斯身上得到很大的啟發。我認識一些重症患者，都不像埃莉斯那樣堅定地選擇加入活著的那一邊。她幾乎無時無刻都能發現美好或有趣的事物，相信多活一天，她就有更多機會做她喜歡的事。每次我發現自己憂慮工作上的小事，或被文書作業、送孩子去托兒所前的準備工作弄得很煩時，我都會提醒自己，那一天埃莉斯比我活得更專注。

她去世時，留給我們的是對生命的勇氣和熱情，雖然葬禮難免悲傷，尤其像埃莉斯這麼年輕、充滿活力的人，不過每個人都提到，自己受到她的精神和面對生活的態度鼓舞。我相信埃莉斯違反醫生的說法又多活了十五年，就是因為她拒絕等死。

無論遇到怎樣的挑戰，你都可以好好運用，決定自己是否希望活得淋漓盡致。如果發現自己滿腦子都是旅程的盡頭，那就要加倍地享受那一天的快樂和好奇，因為那些才是讓你活得更精彩豐富的真實事物。

年輕時，我們希望以時間換取金錢
年紀漸長，寧可用金錢換取時間

我們年輕時，會想用時間換取金錢，因為生命還很長，而金錢似乎比時間有限。我和我的朋友剛踏入職場時，為了養家活口與希望取得一定的成就，會花很多時間工作，只希望得到多一點的回報。

但隨著年紀漸增，你會覺得時間慢慢變少、發現自己越來越忙，我開始迫切希望自己有更多時間。身為父親，必須有時間才能和孩子相處。只有花時間與你愛的人在一起，才能夠享受到資源。回顧職業生涯初期，我發現自己揮霍掉了不少時間。

你應該假設自己活不久還是活很久？前者讓你珍惜每一刻，後者則鼓勵你，為了長遠利益犧牲短期的快樂。這會影響我們的決策方式，也決定我們願意為了什麼而犧牲。

不只一位人生導師告訴過我，終極的成就是能按自己的意願安排時間；但時間上能夠自主與真正的自主是兩回事。我的會計師尼爾．艾許（Neil Ash），他的爺爺名叫埃倫．艾許（Allan Ash），也是那間會計事務所的創辦人，他時常告訴客戶一些金玉良言，其中一句傳給了他的孫子，再由他的孫子告訴我。埃倫說：「我損失一千美元雖然不開心，但一定能把損失的錢賺回來，然而如果損失一天或一個週末，就永遠無法把時間賺回來，那才是真正的損失。」

讓別人花我們的時間，就等於我們的損失。雖然你也許知道，自己想如何安排那些時間，但如果你和我一樣，缺乏說不的勇氣或自我控制，就會無法拒絕朋友，即使你寧可把時間花在其他地方；或者你不想放棄令他人羨慕的專業機會，即使感覺上這並不適合你；也可能是你不願錯過所屬行業或喜愛球隊的一舉一動，即使身邊的人對你來說更重要。但如果別人要求你做的事，或手機螢幕上的東西不是你希望記得的經歷，為什麼要花時間做你很可能忘記，甚至希望忘記的事？我聽過最管用的建議是，如果和孩子或你所愛的人相處時，發現自己因為科技產品或其他事物分心，那就去想像自己比現在老四十歲，只希望與這些人再多相處一刻。這是很好的方法。

生活中有些環節需要我們投注大量資源，你必須接受那些事必然花掉很多時間。培育新事物，無論是產品或小孩，一開始必得面對挫折，需要花時間慢慢摸索。如果你正在領導團隊、思索新產品的遠景，就必須專注於協助團隊的每一名成員了解你的計畫；養育孩子也需要長年投注大量時間和精力。如果縮短和家人相處的時間，一定會帶來負面影響。你越珍惜自己的時間，就越感受到必須好好安排的壓力，面對這些生活中無法走捷徑的部分，也越可能覺得時間不夠用。提醒自己這些部分不能操之過急。針對生活中必須耗費大量時間、充滿摩擦或衝突的部分，可將投注其上的時間想像成為了牢記這些經驗所做的努力。這些挫折除了耗費時間之外，還有另一層意義：讓你生活中的某些部分更難忘。為了讓我們無法忘懷某次經歷，就必須有所挫折與摩擦，就像我們到頭來會分不清這輩子在海邊度過的那些假期有何不同。沒有摩擦的經歷很難記住。

時間安排的方程式，並非僅止於對你想花時間所做的事說「好」，對不想做的事說「不」那樣簡單。生活中有些最重要、令人難忘的那些回憶是花最多時間做的事。決定是否投資時間做一件事時該考慮的是，自己希不希望永遠記得那次經驗。臨死前回顧一生時，你想不想記起自己花很多時間執行特定計畫？還是花時間陪伴孩子？努力改善和另一半的關係？或指導他人的事業？

如果那只是你想完成卻不希望記住的事，就可以考慮拒絕；然而，如果是你希望記得的經驗，就要花時間忍受挫折和摩擦，才能創造出永難忘懷的回憶。因為生命中最精彩的部分必然會有所摩擦，而我們擁有的，就只有回憶。

永遠沒有做完的一天

「做完」一件事，暗示你對那件事也許不再那麼感興趣，但如果是熱愛工作的人，這種狀況就不會發生。對創意的追求應該是永無止境，永遠不會結束。

紐約創業家布拉德．史密斯（Brad Smith）連續創辦多間公司，經歷過不少新創事業的循環，包括：Virb、Wayward Wild 和 Simplecast 等，回顧他雲霄飛車般高低起伏的旅程，他意識到自己還會遇到更多高峰。

「我四度創業，每次都會先想好最終目標，但到頭來都和我想的不一樣，並非結局不好或沒有好好收尾，而是我發現，旅程本身似乎會改變預期的結果。每次都是如此。我之前會說自己『做完』一項計畫，但真正的意義只是，我有時間開啟另一項計畫。創業是不斷循環的過程，塵歸塵，土歸土；試算表歸損益表。真正的計畫不只是計畫，而是一種熱情，而熱情永不消逝。」

的確是塵歸塵，土歸土。我們熱切追求的計畫可能消逝，但只會像植物枯萎一樣，最後變成土壤，滋養新生命。所有計畫的餘燼，都會成為下次計畫的能量。作品完成、推出後，你應該感到喜悅，所有榮譽都是你應得的，但也不要覺得自己「做完」一件事，而是以繼續創造新事物來破壞這種狀態。

印度教有三大主神，各司其事。梵天（Brahma）主管創造，是創意與新事物的來源；毗濕奴（Vishnu）

是守護神，維護並滋養已存在的事物；濕婆（Shiva）則是摧毀一切的破壞之神。然而祂們並非按順序行事，例如：梵天創造、毗濕奴守護、濕婆毀滅之類，而是同時發揮作用、不斷相互滋長；濕婆也並非邪惡之神，而是代表再生的力量，讓更新更好的東西有空間出現。如果三大主神裡沒有濕婆，完整的循環就會中斷。

計畫歷經完整循環、回到原點後，你必須重新開始，此時就得摒棄自己過去的成就。我最佩服的公司、領導人和設計師都會不斷設法淘汰自己最厲害的創作，像是推出 iPhone，與廣受歡迎的 iPod 相殘，或藝術家開創新風格，使自己的舊作變得過時等。你應該努力讓以前的作品變得不符潮流，這在創意領域才是健康的作法。雖然頗具挑戰，卻能使作品的根基更穩固。捲起袖子，向前邁進，與自己競爭的美妙之處，在於比賽永遠不會結束。

重大計畫即將完成時，你必須讓心態回歸到「剛起步」的狀態，喚起自己的不滿與好奇，在清單裡增添更多尚待完成的事項，以壓抑完成的感覺。義大利小說家、哲學家安伯托．艾可（Umberto Eco）曾說：「我們喜歡列清單，因為我們不想死掉。」清單讓我們停留在未完成的狀態，感覺自己還有好多事要做，才能保有學習和努力的動力，也讓我們保持活力。所以要對生活和自己正在做的事感到滿意，但不要滿足於過去的成就。我們要不斷努力。

最好的結束應該是全新的開始，而最大的障礙莫過於感覺自己已經完成。所以最後一哩路必須引導出不同的體驗，促使你再度開啟另一項計畫，因為你滿腦子都是那件事，且天真地相信什麼事都有可能做到。你想解決令你感興趣或挫折的問題（最好是二者兼具），並深切體會因其所苦之人的感受。你必須不斷滋養自己的興趣，保持吸收新事物的彈性，永遠不要假設以前管用的作法往後也一定有效。

我們必須忍受和優化，才能通過混亂的中程，這個階段不會變得輕鬆容易，也不會重複出現，因為那是理想和現實之間的護城河。混亂的中程是我們一輩子都必須面對的功課，只要有人越過終點線，推出優秀的創作，所有人都能從中受益。從這個角度去看，我們都在同一條船上，必須在跌跌撞撞中學習，各自分享從旅程中得到的獨特見解，將中程的效益發揮到極致，讓更多精彩的點子有機會見到天日。未來是由能夠忍受混亂的中程、不斷提升的人們所創造，為了所有人，我們要繼續努力。

致謝

假使公司的創辦人和團隊沒有容許我以共同創辦人、投資人、顧問、好友和學生的身分，參與他們的創業過程，那麼這本書就會是一片空白。在此，要感謝我為了寫這本書而採訪或調查的數百名創業家和公司領導人，尤其是這些年來與我共事的伙伴，我因你們而得到的經歷以及你們分享的智慧，都啟發我寫下本書。我盡全力如實呈現，希望別人也像我一樣從中受益；另外，也要感謝 Adobe 優秀的設計師、工程師和領導人，謝謝你們敞開雙臂歡迎我和團隊加入公司，讓我們能夠全力發揮，取得輝煌的成果，我很喜歡 Adobe 和 Adobe 的遠景，能和你們共事真的很幸運；還要感謝麥提亞斯・科力亞、戴夫・史坦、克里斯・亨利、布萊恩・拉騰（Bryan Latten）、賈基・包瑟（Jackie Balzer）、札克・麥克勞（Zach McCullough）、克萊門・費迪、艾力克斯・克魯格（Alex Krug）以及 Behance 創業初期的團隊成員，陪伴我走過混亂的中程。

感謝喬吉亞・法蘭西斯・金（Georgia Frances King）在本書初稿撰寫期間擔任編輯，並在我覺得自己永遠陷在中程、無法完成這本書的時候，協助我思考並幫我打氣；感謝利亞・費斯勒（Leah Fessler）在我需要額外資料時，替我蒐集並統整資訊；謝謝瑞溫・布倫登（Raewyn Brandon）協助我設計書裡的圖表和封面，以及她長年來對視覺傳達設計的種種支持；非常感謝企鵝出版集團旗下的 Portfolio 出版社的編輯史戴芬妮・費洛克（Stephanie Frerich），在我的想法只是雜亂無章的筆記時，鼓勵我著手撰寫這本書，並協助我完成。我要感謝長年擔任我經紀人、萊文格林伯格羅斯坦文學經紀公司（Levine Greenberg Rostan Literary Agency）的吉姆・萊文（Jim Levine），他在約十年前，讓我有機會出版《想到就能做到》，這次又鼓勵我寫這本書。另外，感謝一路指引我的人生導師，或從旁鼓勵我完成這本書的人，無論他們知不知道，這些人包括：伊塔・戴紐爾（Itai Dinour）、麥可・史沃比（Michael Schwalbe）、麥可・布朗（Mike Brown）、艾倫・布瑞南（Erin Brannan）、艾利克斯・夏普西斯（Alex Shapses）、蓋瑞特・坎普、提姆・費里斯、伊夫・畢爾（Yves Behar）、戴夫・莫林、珍・海曼（Jenn Hyman）、喬瑟琳・葛利（Jocelyn Glei）、費爾西塔斯・葉斯（Felecitas Yeske）、麥可・邁爾（Michael Meyer）、指標投資的團隊、Homebrew的杭特・沃克和薩提亞・帕特爾（Satya Patel）、弗雷德・威爾遜、喬安・威爾遜（Joanne Wilson）、艾伯特・溫格、Founder Collective投資公司、傑比・奧斯朋（JB Osborne）、艾蜜莉・海沃（Emily Heyward）、貝琪・葛羅斯曼（Becky Grossman）、班恩・葛羅斯曼（Ben Grossman）、波斯特納克（Posternack）一家、喬許・艾爾曼（Josh Elman）、賽米爾・夏（Semil Shah）、朱利奧・瓦斯康賽羅斯、安德魯・巴爾（Andrew Barr）、Prefer團隊、Adobe優秀的產品領導團隊、甜綠團隊、原本開音樂商店，現在變成起司店的麥可（Mike）、拉比・艾略特・克斯格羅夫（Rabbi Elliot Cosgrove）、詹姆斯・希格、艾略特・賽佐爾（Elliot Zeisel）、約翰・前田、賽門・西奈克（Simon Sinek）和賽斯・高汀。另外要特別感謝長年擔任我特別助理的妮娜・賓漢（Nina Bingham），她除了深具判斷力、才華洋溢又相當敬業，幫助我充分運用每一天。

感謝我的父母，南希（Nancy）和馬克（Mark），以及我的姐妹茱莉（Julie）和吉拉（Gila），一直在旁邊替我加油打氣，使我培養出絕對超越能力的自信；另外要藉此感謝我的眾多親戚，相當支持我高低起伏的職業生涯、經歷數次跨州搬家，以及過程中的許多創意計畫，艾倫和埃倫．羅森（Ellen and Alain Roizen）、安德魯和雷米．韋恩斯坦（Andrew and Remy Weinstein）、艾力克斯．莫戴爾（Alex Modell）、蘇珊．卡普蘭（Susan Kaplan）和艾休維．戈登（Ahuvi Golden），謝謝你們。

最重要的，我要感謝我的妻子艾瑞卡、女兒克洛伊和兒子邁爾斯支持我寫這本書，並容忍我多年來在週末或獨自到外面專心寫作，以及半夜起床記筆記，如此才能把書寫完。你們除了支持我也沒讓我忘記，要把真正重要的事擺在最前面，並堅守自己的價值。我好愛你們，你們是最好的團隊，陪伴我忍受、優化與享受中程。

參考資料

刻意設計獎勵制度

- Monica Mehta,"Why Our Brains Like Short- term Goals," Entrepreneur, January 3, 2013, www.entrepreneur.com/ article/ 225356.
- "Medicine and Health," Stratford Hall, accessed March 22, 2018, www.stratfordhall.org/ educational- resources/ teacher- resources/ medicine- health.
- "Death in Early America," Digital History, December 30, 2010, https:// web.archive.org/ web/ 20101230203658/ http:// www. digitalhistory.uh.edu/ historyonline/ usdeath.cfm.

別為了尋求正面回饋或慶祝虛假的勝利而犧牲真相

- Ben Horowitz,"How to Tell the Truth," Andreessen Horowitz, accessed March 22, 2018, https:// a16z.com/ 2017/ 07/ 27/ how to tell- the- truth.

摩擦讓我們更緊密

- Hugo Macdonald,"Friction Builds Fires, Moves Mountains, and Makes Babies— And May Be the Key to Social Progress," Quartz, March 29, 2017, https:// qz.com/ 944434/ friction- builds- fires- moves- mountains- and- makes- babies- and- may be the- key to social- progress/.
- Richard F. Taflinger,"Taking ADvantage: Social Basis of Human Behavior," Social Basis of Human Behavior, May 28, 1996, https:// public.wsu.edu/~taflinge/ socself.html.
- E. O. Wilson,"Why Humans Hate," Newsweek, April 02, 2012, www.newsweek.com/ biologist eo wilson- why- humans- ants-

need- tribe- 64005.

- Sarah Green Carmichael,"Sheryl Sandberg and Adam Grant on Resilience," Harvard Business Review, April 27, 2017, https:// hbr.org/ ideacast/ 2017/ 04/ sheryl- sandberg- and- adam- grant on resilience.html.
- Eric Ravenscraft,"The Impediment to Action Advances Action," LifeHacker, October 9, 2016, https:// lifehacker.com/ the-impediment to action- advances- action- 1788748064.

套用現成模式，沒人記得也無法打動人心

- Maria Popova,"Do: Sol LeWitt's Electrifying Letter of Advice on Self- Doubt, Overcoming Creative Block, and Being an Artist," Brain Pickings, accessed March 22, 2018, www.brainpickings.org/ 2016/ 09/ 09/ do sol- lewitt- eva- hesse- letter.
- Tim Ramsay, Sarasa Togyama, Alexander Tuttle, et al,"Increasing placebo responses over time in U.S. clinical trials of neuropathic pain," Pain 156, no. 12 (December 2015): 2616–26, https://journals.lww.com/pain/pages/articleviewer.aspx?year=2015&issue=12000&article=00027&type=abstract.

決定放棄之前先嘗試從不同角度思考

- Angela Duckworth, Grit: The Power of Passion and Perseverance (New York: Scribner, 2016).
- Angela Duckworth,"Grit: The Power of Passion and Perseverance," filmed April 2013 in Vancouver, Canada, TED video, 6:09, www.ted.com/ talks/ angela_ lee_ duckworth_ grit_ the_ power_ of_ passion_ and_ perseverance.
- Julie Scelfo,"Angela Duckworth on Passion, Grit and Success," New York Times, April 8, 2016, www.nytimes.com/ 2016/ 04/ 10/ education/ edlife/ passion- grit- success.html.

有時必須重新來過才能向前邁進

- Jennifer Wang,"How 5 Successful Entrepreneurs Bounced Back After Failure," Entrepreneur, January 23, 2013, www.entrepreneur.com/ article/ 225204.
- Kathryn Minshew,"The Muse's Successful Application to Y Combinator (W12)," The Muse, accessed March 22, 2018, www.themuse.

com/ advice/ the- muses- successful- application to y combinator- w12.
- Wang,"How 5 Successful Entrepreneurs Bounced Back."
- "Women of Character: Kathryn Minshew," Anthropologie, September 30, 2015, www.youtube.com/watch?v=M32tPGYzCXs.

長期作戰必須採取的行動無法以傳統規則衡量

- Derek Thompson,"The Amazon Mystery: What America's Strangest Tech Company Is Really Up To," The Atlantic, November 2013, www.theatlantic.com/ magazine/ archive/ 2013/ 11/ the- riddle of amazon/ 309523.

以耐心滋養策略

- Jeffrey P. Bezos,"1997 Letter to Shareholders," Amazon, accessed March 22, 2018, www.amazon.com/ p/ feature/ z6o9g6sysxur57t.
- Arjun Kharpal,"Amazon CEO Jeff Bezos Has a Pretty Good Idea of Quarterly Earnings 3 Years in Advance," CNBC, May 8, 2017, www.cnbc.com/ 2017/ 05/ 08/ amazon- ceo- jeff- bezos- long- term- thinking.html.
- Aaron Levie (@levie),"Startups win by being impatient over a long period of time," Twitter, January 12, 2013, 5:17 p.m., https:// twitter.com/ levie/ status/ 290266267682758656.
- Marc Graser,"Epic Fail: How Blockbuster Could Have Owned Netflix," Variety, November 12, 2013, http:// variety.com/ 2013/ biz/ news/ epic- fail- how- blockbuster- could- have- owned- netflix- 1200823443.
- Greg Satell,"A Look Back at Why Blockbuster Really Failed and Why It Didn't Have To," Forbes, September 5, 2014, www.forbes.com/ sites/ gregsatell/ 2014/ 09/ 05/ a look- back at why- blockbuster- really- failed- and- why it didnt- have to/#223776561d64.
- Paul R. La Monica,"Netflix Is No House of Cards: It's Now Worth $70 Billion," CNN Money, May 30, 2017, https:// money.cnn.com/ 2017/ 05/ 30/ investing/ netflix- stock- house of cards/ index.html.
- Alexandra Appolonia and Matthew Stuart,"Wonder Woman Director Patty Jenkins on the Biggest Challenge She Faced Bringing the Hero to the Big Screen," Business Insider, May 30, 2017, www.businessinsider.com/ wonder- woman- director- patty- jenkins- biggest- challenge- faced- pressure- 2017 5.

熬得夠久就能成為專家

- Jason Fried (@jasonfried),"Outlasting is one of the best competitive moves you can ever make. Requires a sound, sustainable business at the core which is why it's so hard for so many to do." Twitter, January 28, 2018, 5:25 p.m., https://twitter.com/jasonfried/status/957786841821802496.

無論是否分內之事都要努力去做

- James Murphy,"The Best Way to Complain Is to Make Things," Startup Vitamins, accessed March 22, 2018, http:// startupquotes.startupvitamins.com/ post/ 41941517470/ the- best- way to complain is to make- things- james.

善用資源比擁有資源重要

- James Temple,"Everything You Need to Know About Skybox, Google's Big Satellite Play," Recode, June 11, 2014, www.recode.net/ 2014/ 6/ 11/ 11627878/ everything- you- need to know- about- skybox- googles- big- satellite- play.
- Jessica Livingston,"Subtle Mid- Stage Startup Pitfalls," Founders at Work, April 29, 2015, http:// foundersatwork.posthaven.com/ subtle- mid- stage- pitfalls.

多元化能帶來市場區隔

- Nicholas Negroponte,"Being Decimal," Wired, November 1, 1995, https:// www.wired.com/ 1995/ 11/ nicholas.
- John Maeda,"Did I Grow Up and Become the Yellow Hand?" Medium, January 25, 2016, https:// medium.com/ tech- diversity- files/ did i grow up and- become- the- yellow- hand- dea56464237c.
- Peter Schulz,"Introducing The Information's Future List," The Information, October 6, 2015, www.theinformation.com/ articles/ introducing- the- informations- future- list.
- Gabrielle Hogan- Brun,"People Who Speak Multiple Languages Make the Best Employees for One Big Reason," Quartz, March 9, 2017, https:// qz.com/ 927660/ people- who- speak- multiple- languages- make- the- best- employees- for- one- big- reason.
- Gabrielle Hogan- Brun,"Why Multilingualism Is Good for Economic Growth," The Conversation, February 3, 2017, http://

theconversation.com/ why- multilingualism is good- for- economic- growth- 71851.

- Simon Bradley,"Languages Generate One Tenth of Swiss GDP," Swiss Info, November 20, 2008, www.swissinfo.ch/ eng/ languages- generate- one- tenth of swiss- gdp/ 7050488.
- Hogan- Brun,"People Who Speak Multiple Languages."
- Angela Grant,"The Bilingual Brain: Why One Size Doesn't Fit All," Aeon, March 13, 2017, https:// aeon.co/ ideas/ the- bilingual- brain- why- one- size- doesnt- fit- all.

協助人才成為團隊一分子與招聘人才一樣重要

- Amy Edmondson,"Psychological Safety and Learning Behavior in Work Teams," Administrative Science Quarterly 44, no. 2 (June 1999), www.iacmr.org/ Conferences/ WS2011/ Submission_ XM/ Participant/ Readings/ Lecture9B_ Jing/ Ed mondson,% 20ASQ% 201999.pdf.
- Erica Dhawan,"The Secret Weapon for Collaboration," Forbes, April 14, 2016, www.forbes.com/ sites/ ericadhawan/ 2016/ 04/ 14/ the- secret- weapon to collaboration/#54a66efa7b50.
- Charles Duhigg,"What Google Learned from Its Quest to Build the Perfect Team," New York Times, February 25, 2016, www. nytimes.com/ 2016/ 02/ 28/ magazine/ what- google- learned- from- its- quest to build- the- perfect- team.html.

穩定狀態很難持續，必須讓團隊不斷移動

- Tim Ferriss (@tferriss),"The more voluntary suffering you build into your life, the less involuntary suffering will affect your life," Twitter, January 15, 2017, 1:28 p.m., https:// twitter.com/ tferriss/ status/ 820744508778246144.

公司文化是由團隊講述的故事所形成

- Ben Thompson,"The Curse of Culture," Stratechery, May 24, 2016, https:// stratechery.com/ 2016/ the- curse of culture.

對內宣傳才能抓住並維持團隊的注意力

- Johana Bhuiyan,"Drivers Don't Trust Uber. This Is How It's Trying to Win Them Back," Recode, February 5, 2018, www.recode.net/ 2018/ 2/ 5/ 16777536/ uber- travis- kalanick- recruit- drivers- tipping.
- Teresa Amabile and Steven J. Kramer,"The Power of Small Wins," Harvard Business Review, May 2011, https:// hbr.org/ 2011/ 05/ the- power of small- wins.

視覺稿是闡述理念的最佳媒介

- Peep Laja,"8 Things That Grab and Hold Website Visitor's Attention," Conversation XL, May 8, 2017, https:// conversionxl.com/ blog/ how to grab- and- hold- attention.

授權、託付、匯報然後重複

- David Marquet,"The Counterintuitive Art of Leading by Letting Go," 99U, accessed March 23, 2018, https:// 99u.adobe.com/ articles/ 43081/ the- counter- intuitive- art of leading by letting go.

掌握說話的時機和方法

- Marshall McLuhan, Understanding Media: The Extensions of Man, (New York: McGraw-Hill, 1964).
- Vanessa Van Edwards,"3 Tips for Women to Improve Their Body Language at Work," Forbes, May 21, 2013, www.forbes.com/ sites/ yec/ 2013/ 05/ 21/ 3 tips- for- women to improve- their- body- language at work/ #7d8f65c98153.

處理「組織債」

- Scott Belsky,"Avoiding Organizational Debt," Medium, September 12, 2016, https:// medium.com/ positiveslope/ avoiding- organizational- debt- 3e47760803a0.
- Aaron Dignan,"How to Eliminate Organizational Debt," Medium, June 30, 2016, https://medium.com/the-ready/how-to-eliminate-organizational-debt-8a949c06b61b.

很多大問題沒有被解決只因小問題能更快處理

- Charles Duhigg, Smarter Faster Better (New York: Random House, 2016), Kindle location 80.
- Jocelyn Glei, Unsubscribe: How to Kill Email Anxiety, Avoid Distractions, and Get Real Work Done (New York: Public Affairs, 2016), 11.

創意枯竭是逃避真相的後果

- Paul Graham (@paulg),"It's easier to tell Zuck that he's wrong than to tell the average noob founder. He's not threatened by it. If he's wrong, he wants to know," Twitter, May 8, 2017, 1:31 a.m., https:// twitter.com/ paulg/ status/ 861498777160622080.
- Paul Graham (@paulg),"What distinguishes great founders is not their adherence to some vision, but their humility in the face of the truth," Twitter, May 8, 2017, https:// twitter.com/ paulg/ status/ 861498048949735424.

慢工出細活

- Daniel Gilbert,"Humans Wired to Respond to Short- term Problems," NPR, July 3, 2006, www.npr.org/ templates/ story/ story.php? storyId= 5530483.

要求原諒而非許可

- Pauline de Tholozany,"Paris: Capital of the 19th Century," Brown University Library Center for Digital Scholarship, 2011, https:// library.brown.edu/ cds/ paris/ worldfairs.html.
- CBS Team,"Eiffel Tower— The Fascinating Structure," CBS Forum, January 14, 2013, www.cbsforum.com/ cgi- bin/ articles/ partners/ cbs/ search.cgi? template= display& dbname= cbsarticles& key2= eiffel& action= searchdbdisplay.
- Phil Edwards,"The Eiffel Tower Debuted 126 Years Ago. It Nearly Tore Paris Apart," Vox, March 31, 2015, https://.vox.com/ 2015/ 3/ 31/ 8314115/ when- the- eiffel- tower- opened to the- public.
- Oliver Smith,"Eiffel Tower: 40 Fascinating Facts," Telegraph, March 31, 2014, www.telegraph.co.uk/ travel/ destinations/ europe/ france/ paris/ articles/ Eiffel- Tower- facts.

- CBS Team,"Eiffel Tower."
- Paul Goldberger,"Pei Pyramid and New Louvre Open Today," New York Times, March 29, 1989, www.nytimes.com/ 1989/ 03/ 29/ arts/ pei- pyramid- and- new- louvre- open- today.html.
- Elizabeth Evitts Dickinson,"Louvre Pyramid: The Folly That Became a Triumph," Architect, www.architectmagazine.com/ awards/ aia- honor- awards/ louvre- pyramid- the- folly- that- became a triumph_ o.
- Richard Bernstein,"I. M. Pei's Pyramid: A Provocative Plan for the Louvre," New York Times, November 24, 1985, www.nytimes.com/ 1985/ 11/ 24/ magazine/ im pei s pyramid a provative- plan- for- the- louvre.html.
- "The Louvre Pyramid: History, Architecture, and Legend," Paris City Vision, accessed March 23, 2018, www.pariscityvision.com/ en/ paris/ museums/ louvre- museum/ the- louvre- pyramid- history- architecture- legend.
- Dickinson,"Louvre Pyramid."
- "Life of Pei: Creator of Famous Louvre Pyramid Survived the Critics, and Today He Turns 100," South China Morning Post, April 26, 2017, www.scmp.com/ news/ world/ europe/ article/ 2090450/ life- pei- creator- famous- louvre- pyramid- paris- was- savaged- then.

信念比共識重要

- M. P. Singh, Quote Unquote (Detroit: Lotus Press, 2005), 85.
- Charalampos Konstantopoulos and Grammati Pantziou, eds., Modeling, Computing and Data Handling Methodologies for Maritime Transportation (New York: Springer, 2017), 2.
- Mark Suster,"My Number One Advice for Startups or VCs: Conviction > Consensus," Both Sides of the Table, May 3, 2015, https:// bothsidesofthetable.com/ my number- one- advice- for- startups or vcs- conviction- consensus-7a73d7d8b45b.

殺死你的寶貝

- Forrest Wickman,"Who Really Said You Should 'Kill Your Darlings'?" Slate, October 18, 2013, www.slate.com/ blogs/ browbeat/ 2013/ 10/ 18/_ kill_ your_ darlings_ writing_ advice_ what_ writer_ really_ said_ to_ murder_ your.html.

- Scott Belsky, Making Ideas Happen (New York: Portfolio, 2010), 75.

如果連自己都覺得不夠棒就別做了！

- Aaron Levie (@levie),"To make everyone happy with the decision, you'll make no one happy with the outcome." Twitter, April 23, 2013, 5:06 a.m., https://tweetgrazer.com/levie/tweets/6.
- Jeffrey P. Bezos,"2016 Letter to Shareholders," SEC, accessed March 23, 2018, www.sec.gov/ Archives/ edgar/ data/ 1018724/ 000119312516530910/ d168744dex991.htm.

檢查太仔細可能適得其反

- Becky Kane,"The Science of Analysis Paralysis: How Overthinking Kills Your Productivity & What You Can Do About It," Todoist, July 8, 2015, https:// blog.todoist.com/ 2015/ 07/ 08/ analysis- paralysis- and- your- productivity.
- Barry Schwartz,"The Tyranny of Choice," Scientific American, December 2004, www.scientificamerican.com/ article/ the- tyranny of choice.
- “Herbert Simon," Economist, March 20, 2009, economist.com/ node/ 13350892.
- Kane,"The Science of Analysis Paralysis."

成功的設計是看不見的設計

- Muriel Domingo,"Dieter Rams: 10 Timeless Commandments for Good Design," Interaction Design Foundation, March 9, 2018, www.interaction- design.org/ literature/ article/ dieter- rams 10 timeless- commandments- for- good- design.

同理心和謙虛比熱情重要

- Daniel McGinn,"Life's Work: An Interview with Jerry Seinfeld," Harvard Business Review, January– February 2017, https:// hbr.org/ 2017/ 01/ lifes- work- jerry- seinfeld.

你只是社群（線上或離線）的管家不是社群擁有人

- Austin Carr,"I Found Out My Secret Internal Tinder Rating and Now I Wish I Hadn't," Fast Company, January 11, 2016, www.fastcompany.com/ 3054871/ whats- your- tinder- score- inside- the- apps- internal- ranking- system.
- Bo Burlingham,"Jim Collins: Be Great Now," Inc., May 29, 2012, www.inc.com/ magazine/ 201206/ bo burlingham/ jim- collins-exclusive- interview be great- now.html.

神祕感是吸引顧客投入的魔法

- Alice Calaprice and Trevor Lipscombe, Albert Einstein: A Biography (Westport, CT: Greenwood, 2005), 2.
- Russell Golman and George Loewenstein,"An Information- Gap Theory of Feelings About Uncertainty," Carnegie Mellon University, January 2, 2016, www.cmu.edu/ dietrich/ sds/ docs/ golman/ Information- Gap% 20Theory% 202016.pdf.
- George Loewenstein,"The Psychology of Curiosity: A Review and Reinterpretation," Psychological Bul¬letin, 116, no. 1 (July 1994): 75– 98, https:// pdfs.semanticscholar.org/ f946/ 7adac17f3ef6d65cdcf38b46afb974abfa55.pdf.
- Eric Jaffe,"Upworthy's Headlines Are Insufferable. Here's Why You Click Anyway," Fast Company, www.fastcodesign.com/ 3028193/ upworthys- headlines- are- insufferable- heres- why- you- click- anyway.
- Jonah Lehrer,"The Itch of Curiosity," Wired, August 3, 2010, www.wired.com/ 2010/ 08/ the- itch of curiosity.
- Jaffe,"Upworthy's Headlines Are Insufferable."
- Lehrer,"The Itch of Curiosity."
- 84 Lumber,"84 Lumber Super Bowl Commercial— The Entire Journey," February 5, 2017, YouTube video, 5:44, www.youtube.com/ watch? v= nPo2B- vjZ28.
- Victor Luckerson,"Tesla's New 'Ludicrous Speed' Might Make Your Brain Explode," Time, July 17, 2015, http:// time.com/ 3963205/ tesla- ludicrous- speed.

制定計畫，但不要固守計畫

- Tom Kendrick, Identifying and Managing Project Risk: Essential Tools for Failure- Proofing (New York: AMACOM, 2015), 335.

無法專注就無法成功地拓展

- Barry Schwartz, The Paradox of Choice: Why More Is Less (New York: Ecco, 2004).
- Gerd Gigerenzer, Gut Feelings: The Intelligence of the Unconscious (New York: Viking, 2007), 5.

不要執著於沉沒成本

- Tom Stafford,"Why We Love to Hoard . . . and How You Can Overcome It," BBC, July 17, 2012, www.bbc.com/ future/ story/ 20120717- why we love to hoard.
- Jason Fried,"Some Advice from Jeff Bezos," Signal v. Noise, October 19, 2012, https:// signalvnoise.com/ posts/ 3289- some-advice- from- jeff- bezos.

藉著矛盾的建議和別人的懷疑來培養自己的直覺

- Joe Fernandez (@JoeFernandez),"Look for investors that respect the fact you're not always going to follow their advice," Twitter, May 20, 2016, 7:03 a.m., https:// twitter.com/ JoeFernandez/ status/ 733659372535091200.
- Macworld Staff,"What They Said About the iPod: 'Another One of Apple's Failures Just Like the Newton,' " Macworld, October 23, 2006, www.macworld.com/ article/ 1053500/ consumer- electronics/ ipodreax.html.

不要盲目優化，持續檢視你的衡量指標

- Seth Godin,"Measure What You Care About (Re: The Big Sign over Your Desk)," sethgodin.typepad.com, February 14, 2015, http:// sethgodin.typepad.com/ seths_ blog/ 2015/ 02/ measure- what- you- care- about- avoiding- the- siren of the- stand in.html.

數據來源影響結果而且不能取代直覺

- superpaow,"My eyes hurt," Reddit, August 2017, www.reddit.com/ user/ superpaow.
- Nikhil Sonnad,"The Misleading Chart Showing Google Searches for 'My Eyes Hurt' After the Eclipse," Quartz, August 23, 2017, https:// qz.com/ 1060484/ solar- eclipse- 2017- solar- eclipse- 2017- google- search- data- for my eyes- hurt- didnt- really- spike-

after- the- solar- eclipse.

- “Poll of U.S. Muslims Reveals Ominous Levels of Support for Islamic Supremacists' Doctrine of Shariah, Jihad," Center for Security Policy, June 23, 2015, www.centerforsecuritypolicy.org/ 2015/ 06/ 23/ nationwide- poll of us muslims- shows- thousands- support- shariah- jihad.
- Lauren Carroll and Louis Jacobson,"Trump Cites Shaky Survey in Call to Ban Muslims from Entering US," PolitiFact, December 9, 2015, www.politifact.com/ truth o meter/ statements/ 2015/ dec/ 09/ donald- trump/ trump- cites- shaky- survey- call- ban- muslims- entering.

以「極度求真」測試你的觀點

- Ray Dalio,"How to Build a Company Where the Best Ideas Win," TED talk, April 2017, www.ted.com/ talks/ ray_ dalio_ how_ to_ build_ a_ company_ where_ the_ best_ ideas_ win/ transcript? language= en.
- Rob Copeland and Bradley Hope,"The World's Largest Hedge Fund Is Building an Algorhythmic Model from Its Employees' Brains," Wall Street Journal, December 22, 2016, www.wsj.com/ articles/ the- worlds- largest- hedge-fund is building an algorithmic- model of its- founders- brain- 1482423694.
- Ray Dalio,"Full Text of ‘Bridgewater Ray Dalio Principles,’ " archive.org, 2011, https:// archive.org/ stream/ BridgewaterRayDalioPrinciples/ Bridgewater% 20 % 20Ray% 20Dalio% 20 % 20Principles_ djvu.txt.

天真讓我們敞開胸懷

- John Maeda (@johnmaeda),"Knowing *when* to ignore your experience is a true sign of experience," Twitter, May 1, 2016, 8:32 p.m., https:// twitter.com/ johnmaeda/ status/ 726977556008701952.

留點餘裕探索偶然的機會

- Behance Team,"Seek Stimulation from Randomness," 99U, accessed March 23, 2018, http:// 99u.adobe.com/ articles/ 5693/ seek- stimulation- from- randomness.

無法暫時抽離會損壞我們的想像力

- Sabbath Manifesto," www.sabbathmanifesto.org, 2010, www.sabbathmanifesto.org.
- "Join Our Unplugging Movement," sabbathmanifesto.org, 2010, www.sabbathmanifesto.org/ unplug_ challenge.
- "National Day of Unplugging," accessed March 23, 2018, www.nationaldayofunplugging.com.
- "Sabbath Manifesto."

退居幕後可以讓其他人的點子站穩腳步

- Hrishikesh Hirway,"Episode 70: Weezer," Song Exploder, April 18, 2016, https:// songexploder.net/ weezer.

維持剛起步的心態

- Josh Constine,"A Year Later, $19 Billion for WhatsApp Doesn't Sound So Crazy," TechCrunch, February 19, 2015, https:// techcrunch.com/ 2015/ 02/ 19/ crazy- like a facebook- fox.
- Rani Molla,"WhatsApp Is Now Facebook's Second- biggest Property, Followed by Messenger and Instagram," Recode, February 1, 2018, www.recode.net/ 2018/ 2/ 1/ 16959804/ whatsapp- facebook- biggest- messenger- instagram- users.

你的工作不等於你

- Rohan Gunatillake,"You Are Not Your Work," 99U, 2015, 99u.adobe.com/ videos/ 51943/ rohan- gunatillake- you- are- not- your- work#.

按照自己希望的方式劃下句點

- Isuzu Sakurada, Sakurada: Zen Chef, directed by Hirokazu Kishida, Seattle, 2016, http:// zenchef.strik ingly.com.

持續學習是長生不老的仙藥

- "Warren Buffett: Latest Portfolio," Warren Buffett Stock Portfolio, February 14, 2018, http:// warrenbuffettstockportfolio.com.
- Henry Blodget,"Here's the Real Reason Warren Buffett Doesn't Invest in Technology— Or Bitcoin," Busi¬ness Insider, March 26, 2014, www.businessinsider.com/ why- buffett- doesnt- invest in technology- 2014 3.
- Chuck Jones,"Apple Is Now Warren Buffett's Largest Investment," Forbes, February 15, 2018, www.forbes.com/ sites/ chuckjones/ 2018/ 02/ 15/ apple is now- warren- buffetts- largest- investment/#35e572fb4313.
- Jen Wieczner,"Not Buying Google Is Berkshire Hathaway's Biggest Mistake," Fortune, May 6, 2017, http:// fortune.com/ 2017/ 05/ 06/ warren- buffett- berkshire- hathaway- apple- google- stock.
- Andrew Merle,"If You Want to Be Like Warren Buffett and Bill Gates, Adopt Their Vora¬cious Reading Habits," Quartz, April 23, 2016, https:// qz.com/ 668514/ if you- want to be like- warren- buffett- and- bill- gates- adopt- their- voracious- reading- habits.
- Steve Jordon,"Investors Earn Handsome Paychecks by Handling Buffett's Business," Omaha World- Herald, April 28, 2013, www. omaha.com/ money/ investors- earn- handsome- paychecks by handling- buffett s business/ article_ bb1fc40f- e6f9- 549d- be2f- be1ef4c0da03.html.

你若不是活著，就是在等死

- Susanne Beyer and Lothar Gorris,"We Like Lists Because We Don't Want to Die," Spiegel, November 11, 2009, www.spiegel.de/ international/ zeitgeist/ spiegel- interview- with- umberto- eco we like- lists- because we don t want to die a 659577.html.

國家圖書館出版品預行編目 (CIP) 資料

混亂的中程 / 史考特 . 貝爾斯基 (Scott Belsky) 著 ; 方祖芳譯 .
-- 初版 . -- 臺北市 : 遠流 , 2019.11
面； 公分
譯 : The messy middle : finding your way through the hardest and most crucial part of any bold venture
ISBN 978-957-32-8668-4(平裝)
1. 創業 2. 職場成功法
494.1 108017043

混亂的中程

創業是 1% 的創意 +99% 的堅持
熬過低谷，趁著巔峰不斷提升，終能完成旅程！

The Messy Middle: Finding Your Way Through the Hardest and Most Crucial Part of Any Bold Venture

作　者——史考特・貝爾斯基（Scott Belsky）
總監暨總編輯——林馨琴
責任編輯——楊伊琳
編輯協力——施靜沂
行銷企畫——趙揚光
封面設計——陳文德
內頁設計——邱方鈺

發 行 人——王榮文
出版發行——遠流出版事業股份有限公司
地址：台北市 10084 南昌路二段 81 號 6 樓
電話：（02）36926899 **傳真**：（02）23926658
郵撥：0189456-1
著作權顧問——蕭雄淋律師

2019 年 11 月 01 日　初版一刷
新台幣定價 450 元　（缺頁或破損的書，請寄回更換）

ISBN 978-957-32-8668-4